"十三五"国家重点出版物出版规划项目

计算机网络

主　编　姚　兰

副主编　刘　铮　高福祥

参　编　刘　莹　夏　利

机械工业出版社

计算机网络的原理、技术及方法是计算机科学与技术及相关专业的重要专业知识内容。本书主要介绍了数据通信初步原理及计算机网络相关知识。全书分为七章，涵盖了计算网络发展历史、体系结构、数据通信理论基础、局域网技术、路由原理及技术、Internet 协议体系——TCP/IP 体系结构原理及技术等。内容深入浅出，重点突出，图文并茂，说明及讨论条理清晰，易于理解。为帮助读者理解重点内容，检验学习效果，本书各章均配有习题。

本书适合作为高等院校计算机科学与技术、物联网工程、电子信息与工程、通信工程等专业计算机网络课程的教材，也可作为致力于学习计算机网络基础知识的读者的参考书。

图书在版编目（CIP）数据

计算机网络/姚兰主编. —北京：机械工业出版社，2021.4
（2024.7 重印）

"十三五"国家重点出版物出版规划项目

ISBN 978-7-111-67657-7

Ⅰ.①计⋯ Ⅱ.①姚⋯ Ⅲ.①计算机网络-高等学校-教材
Ⅳ.①TP393

中国版本图书馆 CIP 数据核字（2021）第 037241 号

机械工业出版社（北京市百万庄大街 22 号　邮政编码 100037）
策划编辑：路乙达　责任编辑：路乙达　侯　颖
责任校对：赵　燕　责任印制：常天培
北京机工印刷厂有限公司印刷
2024 年 7 月第 1 版第 3 次印刷
184mm×260mm・13 印张・317 千字
标准书号：ISBN 978-7-111-67657-7
定价：39.00 元

电话服务　　　　　　　　　网络服务
客服电话：010-88361066　　机　工　官　网：www.cmpbook.com
　　　　　010-88379833　　机　工　官　博：weibo.com/cmp1952
　　　　　010-68326294　　金　书　网：www.golden-book.com
封底无防伪标均为盗版　　机工教育服务网：www.cmpedu.com

前言

　　计算机网络以及在其基础上发展而来的 Internet 和移动互联网已经成为人们分享信息和使用各种应用功能不可缺少的技术。了解和掌握计算机网络知识，是对包括计算机专业学生在内的所有现代科技人才的必然要求。

　　计算机网络知识之所以难以理解和掌握，其主要原因在于它的原理和协议设计与具体的技术和工程实现略有差别。前者设计和定义了多种异构网络体系结构及其细节的原理和标准，属于逻辑上的网络；而后者是具体的实现方法和技术，是网络用户能够实实在在感受到的信息网络提供的应用和服务。对于网络用户来说，了解后者对于指导生活和工作中的网络技术问题已经足够了，但对于计算机及相关的信息专业的学生来说，更希望了解和掌握其体系设计原理和协议细节，为今后的深造和更深层次的研究工作奠定基础。本书正是为了帮助此类读者而编写的。

　　本书共 7 章，5 个知识模块。

　　第 1 个知识模块为计算机网络体系结构，由第 1 章的内容具体呈现。介绍了计算机网络的基础知识及体系结构设计原理与实例，是后续各个章节的基础，也是计算机网络的核心内容。理解好这部分内容，对于全书的学习至关重要。

　　第 2 个知识模块为计算机网络低层协议，包括第 2 章和第 3 章。分别介绍了计算机网络体系结构中的物理层和数据链路层的功能、设计原理及协议实例。

　　第 3 个知识模块是局域网技术，即第 4 章。局域网技术建立在数据链路层之上，因此学习完数据链路层，即可开始这一模块的学习。本模块介绍了局域网的体系结构及其具体的实现技术。局域网与广义的计算机网络相比，被赋予了与计算机网络体系结构不同的体系结构，且具有一定的工程性，因此本模块也涉及了部分局域网的具体实现技术。

　　第 4 个知识模块是 TCP/IP 体系结构中的网络层协议及路由原理，即第 5 章。本模块介绍了 TCP/IP 协议簇中网络层的 IP、ARP、ICMP 等协议，及其协作完成 Internet 上的主机寻址和数据报传送的原理，还有在传送过程中，当需要选择路径时，Internet 的路由协议及其原理。这部分内容是本书的重点，也是读者理解 Internet 网络运行原理的关键部分。

　　第 5 个知识模块是 TCP/IP 体系结构中的高层协议，包含第 6 章和第 7 章。分别讨论了TCP/IP 的传输层和应用层功能、原理及典型协议。其中，传输层的 TCP 和 UDP 为 Internet 上的主机提供了进程寻址的功能，并具备进一步保证传输可靠性的功能；而应用层协议是 Internet 与网络用户之间的直接"窗口"，用户通过它们调用和应用 Internet 提供的多种形式的信息共享方式。

　　本书由具有多年高校教学经验的教师编写，特别注意重点内容的逻辑组织关系和解析方法，深入浅出，条理清晰，重点明确，并配有习题和电子教学资源，是读者学习计算机网络核心知识的理想教材。

　　姚兰担任本书主编，并对全部书稿进行了审定和修改。参与本书编写的其他教师还有高福祥、刘铮、刘莹和夏利。其中，第 1、2 章由高福祥编写，第 3 章由夏利、刘莹编写，第 4 章由姚兰编写，第 5、6、7 章由刘铮编写。在此，感谢在本书编写过程中给予编者支持和帮助的同事。

由于编者水平有限，书中难免有不足和遗漏之处，敬请专家及读者批评指正。

编　者

目录

第1章

计算机网络概述

1.1　计算机网络的定义

　　"计算机网络"是计算机之间连接的一种途径，计算机可以利用这种连接关系相互通信，达到资源和信息共享的目的。人们给计算机网络下过各种各样的定义，目前，使用的比较多的计算机网络的定义是由荷兰人 A. S. Tanenbaum 在他著名的著作《计算机网络》中给出的："互连的、自治的、计算机的集合。"该定义主要强调了三点：第一是互连，指将地理上分散的各计算机通过通信设备和通信介质连接起来，并且相互之间可以交换数据；第二是自治，即这些计算机在功能上是独立的，没有主从关系，一台计算机不能完全受控于另一台计算机，或者离开别的计算机它就不能正常工作；第三是集合，即计算机网络必须由多台计算机组成，当然，这里的计算机是广义的计算机，它可以是专用计算机、平板计算机、智能手机，也可以是各种可以连网的设备，如网络打印机、大容量硬盘等。

　　这个定义有些抽象，也可以这么认为，凡是将地理上分散的、具有独立功能的多个计算机系统，通过通信设备和通信线路按不同的拓扑结构连接起来，且配以功能完善的网络软件实现网络资源共享的系统，称为计算机网络系统。"地理上分散"是一个相对的概念，可以小到一个房间，也可以大至全球范围内。"通信设备"是指在计算机和通信线路之间按照一定通信协议传输数据的设备，可以是一台专用计算机，也可以是一块通信接口板。"通信线路"即通信介质，它可以是有线的，如双绞线、同轴电缆和光纤等，也可以是无线的，如微波、通信卫星等。"资源共享"是指在网络中的每台计算机都可以使用系统中的硬件、软件和数据等资源。

　　从上面给计算机网络所下的定义和解释中不难看出，计算机网络是现代计算机技术与现代通信技术紧密结合的产物。它不仅使计算机的作用范围超越了地理位置的限制，而且也大幅加强了计算机本身的能力。计算机网络具有单台计算机所不具备的功能和特点，主要包括：

　　1）能实现信息的快速传输和集中处理。计算机与计算机之间能快速、可靠地相互传输数据和程序信息，根据需要可以对这些信息进行分散、分级或集中管理、处理和发布，这是计算机网络的最基本功能。例如，民航的自动订票系统、政府的计划统计系统、银行的结算系统、气象信息收集与发布系统、证券信息的发布系统等。

　　2）能实现计算机系统资源的共享。由于许多资源是非常昂贵的，所以，充分利用计算机系统资源是组建计算机网络的主要目的之一。例如，海量磁盘存储器、大型数据库、应用软件及某些特殊的外部设备等。早期的资源共享主要是共享硬件设备，而现在的资源共享除共享硬件设备外，主要是共享数据和软件。例如，某些专用程序在某处研制好后可供别处调用，可用来处理别处送来的数据，然后再将结果送回原处；在少数地点建立好的数据库可给全网提供服务；一些具有特殊功能的计算机和外部设备可以面向全网。资源共享使得网络中的分散资源能够互通有无，分工协作，使资源的利用率大幅提高，数据处理能力大幅加强，费用也大幅下降。

3）能提高计算机系统的可靠性及可用性。在单机的情况下，如果没有备用机，则该计算机有故障便会导致停机，如果有备用机，则会使费用大幅增加。当计算机连成网络后，各计算机可以通过网络互为后备，当某一计算机发生故障时，可由其他计算机代为处理。还可以在网络的一些节点上设置备用设备，起到全网公用后备的作用，使系统的可靠性进一步得到提高。计算机网络能起到提高可靠性和可用性的作用，就像许多发电厂连成电力供电系统后，能提高供电的可靠性，起到保证不间断供电的作用一样。特别是在地理上分布很广且具有实时性管理和不间断运行的系统中，建立计算机网络可保证更高的可靠性和可用性。

4）能均衡负载，相互协作。在计算机连成网络之后，当某台计算机的计算任务很重时，可以通过网络将某些任务传送给空闲的计算机去处理。许多计算机网络具有这种功能，这就使得整个网络的资源能均衡负载，以免网络中的计算机忙闲不均，既影响任务的完成，又不能充分利用计算机资源。

5）能进行分布处理。在计算机网络中，用户可以根据问题的性质和要求选择网络内最合适的计算机来处理，以便使问题迅速而经济地得以解决；对于综合性的大型问题可以采用合适的算法将任务分散到不同的计算机上进行分布处理；各计算机连成网络也有助于相互协作进行重大科研课题的开发与研究；利用网络技术还可以将许多小型机和微型机连成具有高性能的分布式计算机系统，使其具有解决复杂问题的能力，而费用却大幅降低。

6）能实现差错信息的自动重发，从而为用户提供了优化的通信方式。

7）能提高性能价格比，易于扩充，便于维护。计算机组成网络后，虽然增加了通信费用，但明显提高了性能价格比，降低了维护费用，因此，系统易于扩充。

计算机网络的以上功能和特点使得它在社会生活和生产的各个领域得到了广泛的应用。

1.2　计算机网络的发展历史

计算机网络的发展经历了一个从简单到复杂的过程，从为解决远程计算信息的收集和处理而形成的联机系统开始，发展到以资源共享为目的而互连起来的计算机群。计算机网络的发展又促进了计算机技术和通信技术的发展，使之渗透到社会生活的各个领域。其发展过程可归结为以下六个阶段。

1. 具有通信功能的单机系统

早期的计算机价格昂贵，是一种宝贵的资源，只有为数不多的计算中心才拥有这种资源，使得要使用计算机的用户只能不远千里到计算中心去上机。位于计算中心的计算机称为主机（host）。在使用这种主机系统时，除花费大量的人力和物力外，还无法及时处理一些实时性要求很强的信息。为了解决这些问题，就在计算机的内部增加了通信功能，即把远程的输入/输出设备通过通信线路直接和计算机主机相连。这样，用户在终端上输入信息后，主机就可为其进行处理，最后再把处理结果通过通信线路回送给远程用户。这样的系统称为具有通信功能的单机系统，如图1-1所示。计算机的这种联机工作方式，提高了计算机系统的工作效率和服务能力，同时也促进了计算机技术和通信技术的结合。

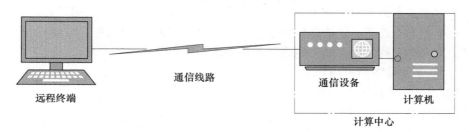

图1-1 具有通信功能的单机系统

2. 具有通信功能的多机系统

上述的单机系统在终端过多时，存在两个明显的缺点：一是由于主机既要承担数据处理任务，又要完成数据通信任务，造成自身负担过重，当通信量很大时，几乎没有时间处理数据；二是通信线路利用率低，特别是在终端远离主机时更为明显。

针对以上两个缺点，通常采取了以下措施。

1）为主机配备前端处理机，又称接口信息处理机（Interface Message Processor，IMP），由IMP负责数据通信工作，使主机能集中更多的时间去进行数据处理。

2）在终端较为集中的地方设置区域线路集中器，把多个终端通过低速线路连到集中器上，经集中器按一定格式将终端信息汇总，再通过集中器连接到主机的高速线路，把信息传送给主机。

配备了IMP和集中器的系统如图1-2所示，这就是具有通信功能的多机系统。其中IMP和集中器均采用小型机。由于小型机具有一定的内存和运算速度，除了完成通信任务外，还可以负责数据压缩和代码转换等工作，因而大幅减轻了主机的负担。这种具有通信功能的多机系统已具有了现代计算机网络的雏形，即两级结构（主机一级，IMP一级），将数据通信功能与数据处理功能分开。

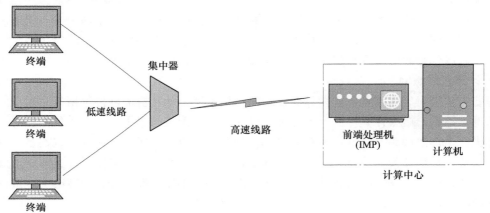

图1-2 具有通信功能的多机系统

3. 计算机通信网络

随着计算机应用的发展和计算机硬件价格的下降，一个部门或一个大的公司拥有多台计算机，这些计算机有可能分布在不同的地方，它们之间经常需要进行信息交换。对于大的公司，其处于异地的子公司由于业务关系，也需要将其局部地区的信息汇总后送给总公司的主机系统，供有关人员使用。这种以传输信息为主要目的而用通信线路与主机系统连接起来的计算机群，称为计算机通信网络。它是计算机网络的低级形式。

在计算机通信网络中，用户把整个通信网络看作是若干个功能不同的计算机系统的集合。用户为了访问这些资源，需要了解网络中是否有所需要的资源，以及这些资源在哪里。如图 1-3 所示，用户若需要文件 1，需要了解文件 1 放在哪个子系统中，然后才能到该子系统中调用文件 1，而到别的子系统中是调不出文件 1 的。所以，计算机通信网络的特点是用户必须具体地了解网内所有计算机的资源情况。在计算机通信网络内，各个计算机系统相对独立，形成一个松散耦合的大系统。

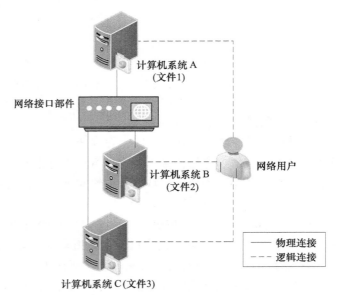

图 1-3　计算机通信网络

4. 计算机网络

随着计算机通信网络的发展和广泛应用，通信网络用户对网络提出了更高的要求，即希望共享网络内计算机系统的资源或联合几个计算机系统共同完成某项工作。这就形成了以共享资源为主要目的的计算机网络。为了实现这个目的，除了要有可靠且有效的计算机和通信系统外，还要求制定一套全网共同遵守的规则（网络协议）并配备网络操作系统，由网络操作系统负责网络的管理工作，使得用户使用网络中的资源就像使用本主机资源一样方便。

在计算机网络中，用户无须知道所需的数据、文件等资源在哪个子系统中，而由网络操作系统来完成这些任务。所以，计算机网络的特点是通过网络操作系统实现资源共享。从结构上看，可以分为通信子网和资源子网。计算机网络的结构如图 1-4 所示。

5. 计算机局域网

随着大规模集成电路和微型计算机技术的迅猛发展，计算机的硬件价格越来越低，而其性能却越来越高，微型计算机已远远超过了以往许多小型机的水平，一个单位内拥有多台微型计算机已是普遍现象。随着计算机的普及，计算机的应用领域和应用水平也逐步得到扩大和提高，特别是在办公自动化领域。在当今信息化时代，单位内部要处理和交流的信息越来越多，因此，在一个单位内部将计算机连成网络，共享单位内部的各种资源的需求推动了计算机局域网（Local Area Network，LAN）的产生和发展。

计算机局域网是在计算机广域网（Wide Area Network，WAN）的基础上发展起来的，广域网的很多技术也在局域网中得到了应用，它们除了覆盖的地理范围不同外，通信子网的

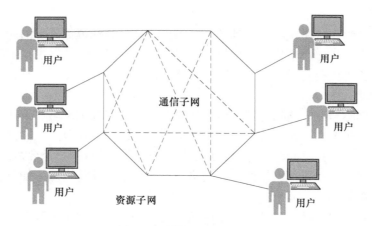

图1-4 计算机网络的结构

实现技术也有很大的差别。可以给计算机局域网下一个不十分严格的定义，即局域网是在有限的地理范围内具有高数据传输率、低误码率和低延迟的物理传输信道，且为一个部门或几个部门共同拥有的一种计算机网络。

最早的局域网是由美国的 Xerox、DEC 和 Intel 三家公司于 1979 推出的以 CSMA/CD 为介质访问技术的 Ethernet 网络产品，它后来成为局域网最重要的技术标准。

6. 计算机互联网

在当今信息化社会中，局域网已经不能满足日益增长的需求，人们迫切希望实现不同网络之间互连。例如，在国际贸易中的电子数据交换（Electronic Data Interchange，EDI）系统中，所有的贸易业务往来都必须通过通信网络来完成。因此，要想成为国际贸易伙伴就必须拥有 EDI。互联网传输介质可采用光纤、微波和通信卫星等，传输信号可直接采用数字信号，也可以采用模拟信号。Internet 是互联网的典型例子。它是由若干个网络松耦合而成，目前已连接了数亿台计算机，并且，每天都有新的计算机加入到 Internet 中。

网络互联技术的发展，带来了许多急需解决的问题，如多网的互联技术、网络的安全和保密、远程通信的传输速率、互联网的维护和管理问题，等等。

1.3 计算机网络的构成及分类

1.3.1 计算机网络的构成

计算机网络是由计算机系统、通信链路和网络节点组成的计算机群，它是计算机技术和通信技术相结合的产物，承担着数据处理和数据通信两类工作。图1-5所示为计算机网络的构成。从逻辑功能看，计算机网络可分为资源子网和通信子网两部分。用户通过主机访问网络。

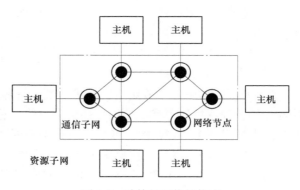

图1-5 计算机网络的构成

1. 资源子网

资源子网由各种主机系统组成，其功能是提供访问网络和数据处理的能力。

主机可以是微型机、小型机、中型机，也可以是大型机。通常在主机中备有用户要访问的数据库、打印机等主要资源。它通过高速线路与通信子网的节点机（即网络节点）相连。

2. 通信子网

通信子网由网络节点、通信链路和信号转换器组成，它提供网络通信功能。网络节点既是和资源子网接口的节点，又是转发信息到其他网络节点的转发节点。资源子网接口节点负责收/发本地主机的信息，而转发节点为远程节点送来的信息选择一条合适的链路转发出去。所以说，网络节点具有双重作用。此外，网络节点还要依赖软件完成诸如避免网络拥挤和有效地使用网络资源等功能。

网络节点通常是通信控制处理机，也叫接口信息处理机。它是一种在数据通信系统或计算机网络中负责通信控制的专用计算机。按功能和用途的不同，可分为前端处理机、转接处理机、智能集中器等类型。例如，在主机中插入的网卡就是一种接口信息处理机。

通信链路是两个节点之间的通信信道。用作通信链路的介质有架空明线、双绞线、同轴电缆、微波、光纤和卫星等。

信号转换器（通常是调制解调器）实现数字信号与模拟信号之间的转换。例如，电话线路只能传输模拟信号，而网络节点只能接收数字信号，这就需要在传输线路和节点之间设置信号转换器。

1.3.2 通信子网的拓扑结构

按照通信信道的类型，可将通信子网分为点到点式的通信子网和广播式的通信子网两种类型。以下分别讨论这两种类型的通信子网。

1. 点到点式的通信子网

在点到点式的通信子网中，每一条信道的两端都连接着一对网络节点。如果网中任何两个节点之间没有直接的信道相连，则它们之间的通信必须通过其他中间节点转发。在信息（报文）传输过程中，每个节点将所收到的信息存储起来，直到所请求的输出线路空闲，再转发至下一个节点。因此，点到点式的通信子网又称为存储转发型（store and forward）的通信子网。

如图 1-6 所示，在点到点式通信子网中，常见的有如下几种拓扑结构。

1）星形：网络存在一个中心节点，任意两个节点之间的通信都要经过中心节点。这种拓扑结构简单，建网容易，便于管理，且适合在智能大楼建设中预布线；但通信线路总长度较长，成本较高，且对中心节点的可靠性要求较高，一旦中心节点出现故障就会引起全网瘫痪。

2）环形：网中各个节点连成环状，数据信息沿着一个方向传送，通过各中间节点存储转发，最后到达目的节点。这种拓扑结构简单，总路径长度较短，延迟时间固定；但可靠性低，网中任意一个节点出故障或任意一条信道断路都将使全网无法通信。

3）树形：网中各节点按层次进行连接，层次越高的节点，其可靠性要求越高。这种拓扑结构比较复杂，但总路径长度较短，成本较低，容易扩展，适合需要进行分层管理的场合。

4）完全互连形：在这种结构中，任意两个网络节点之间都有一条链路相接。这种结构的优点是任意两个节点之间的通信都是直接的，无须转发，因此可靠性高，通信速率较高；但所需要的通信线路的长度会随着节点数的增加而增加得非常快，因此成本很高。

5）随机网状形：这种结构的最大优点是可靠性高，一个节点可以取道若干条路径到达另一个节点；但所需要的通信线路较长、成本较高，需要有一定的路由选择算法来控制信息的转发。

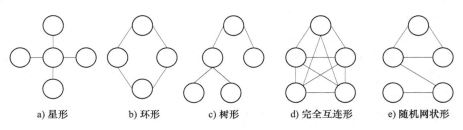

a) 星形　　　　b) 环形　　　　c) 树形　　　　d) 完全互连形　　　e) 随机网状形

图 1-6　点到点式通信子网的拓扑结构

2. 广播式的通信子网

在广播式的通信子网中，所有节点共享一条信道，对于每个网络节点发送的信息，网中的所有节点都可以直接收到，但只有目的地址是本站地址的信息才被节点保存下来。

如图 1-7 所示，在广播式的通信子网中，常见的有如下几种拓扑结构。

1）总线型：网中各节点连在同一条总线上，任一时刻，只允许一个节点占用总线，且只能由该节点发送信息，其他节点处于封锁状态，但允许接收信息。在总线型网络中，必须有一控制机制来解决因两个以上节点同时发送信息而产生的冲突问题。

2）卫星或无线电广播：网中的所有节点共享通信信道，任一节点发送的信息，通过广播可被其他节点收到。

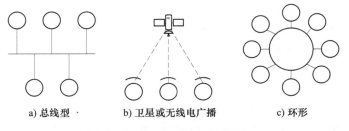

a) 总线型　　　　b) 卫星或无线电广播　　　　c) 环形

图 1-7　广播式通信子网的拓扑结构

3）环形：与点到点式的环形网类似，信息都是沿环单向传送的，但两者采用的通信控制机制不同。在点到点式的环形网中，每个中间节点仅当收到了整个信息才将其转发出去，因此，每一段可同时传送不同信息。而在广播式环形网中，被传送信息的每一位在环上都独立地循环一周，经过每一中间节点的延时短（通常只有一位的延迟），循环一周的时间由各节点引入的延迟和各段链路的延迟决定。

从以上的介绍中，不难看出，网络拓扑结构的选择依赖于诸多因素。那么，如何选择网络拓扑呢？一般而言，范围较广的远程网的网络拓扑结构受到计算机地理分布的影响，大多数采用随机网状形，其中任一节点或链路的故障不会给网络其他节点的通信带来破坏性影响。此外，远程网也可以采用无线电广播或卫星通信链路。局域网由于其覆盖的范围较小，通信线路的成本相对较低，因此，往往采用对称结构，如星形、总线型或环形等，以方便网络节点对链路访问的控制。

1.3.3　计算机网络的分类

计算机网络的种类有很多，其分类方法也有多种。如果按照计算机网络的归属可以将计算机网络分为专用网（一个或几个部门所有）和公用网（国家或全球性网络）。也可以按照网络中采用的信息交换方式把它分为电路交换网、包交换网和综合业务数字网等。有时为了突出计算机网络某个方面的特点，采用不同的分类方法。例如，光纤网突出了它的传输介质是光纤；基带网突出了它在介质上传送的是基带信号；其他如总线型网、环形网、异构网和同构网等都突出了网络的拓扑结构和组成计算机网络的计算机类型的异同。但最常见的分类方法还是按照网络系统内计算机之间的耦合程度和覆盖范围来进行分类。按照这种分类方法，可将计算机网络分为个域网（Personal Area Network，PAN）、局域网（Local Area Network，LAN）、城域网（Metropolitan Area Network，MAN）、广域网（Wide Area Network，WAN）和互联网（Internet）。

1. 个域网

个域网是指应用短距离无线电新技术构成的"个人小范围"的信息网络。其中"个人小范围"是指用户个人家庭、办公室或个人携带的信息设备之间，无须使用电线、电缆、插接件等进行相互连接，只需要在互连的设备上加上一片很小的无线电收发芯片，就可以实现个人身边的各种信息设备之间的互连。其覆盖范围一般在 10m 半径以内。

个域网可以看作是一种覆盖范围很小的无线局域网。其核心思想是用无线电传输代替传统的有线电缆，实现个人信息终端的智能化互连，组建个人化的信息网络。例如，家庭娱乐设备之间的无线连接，计算机与其外设之间的无线连接，蜂窝电话与头戴式蓝牙耳机之间的连接等。

PAN 的优点在于它能够以一种无缝和透明的方式自动发现覆盖范围内的任何设备，并与其建立连接。PAN 的范围通常只有几米，但是这很有效，因为个人需求很少会超出这个距离。

2. 局域网

局域网属于松散耦合系统。网络中各计算机间由通信信道相连，一台计算机可以把其他计算机看成是某个输入/输出设备，从而在计算机系统间实现信息传输，用这种方法来共享局域网内的资源。在局域网内，每台计算机都拥有自己的操作系统，连网的计算机可以分布在一个房间内、一个大楼内或在一个部门内。

就覆盖的地理范围而言，高速局域网（High Speed Local Network，HSLN）和计算机化交换机（Computerized Branch Exchange，CBX）也可归入局域网的范畴。HSLN 通常限制在一个计算机房内，主要用于主机与大容量存储器之间的高速数据传输。因此，在 HSLN 中一般要求有高速通信接口，信道的距离也不能太远，网络上的设备数也受限制。

CBX 是在小型电话交换机的基础上发展起来的，它既能处理声音连接，又能处理数据连接。各种需要进行数据交换的设备通过双绞线连接到 CBX 上，形成星形拓扑结构，采用点到点通信的方式。CBX 可以与终端、计算机、局域网、广域网进行互连。由于其灵活的互连方式和低廉的连网成本，使 CBX 的应用比较普遍。

3. 城域网

城域网是在一个城市范围内所建立的计算机网络，属于宽带局域网。由于采用局域网技术中的交换元件是有源的，网中传输时延较小，它的传输媒介主要采用光缆，传输速率在 100Mbit/s 以上。

MAN 的一个重要用途是用作骨干网，通过它将位于同一城市内不同地点的主机、数据库以及 LAN 等互相连接起来。这与 WAN 的作用有相似之处，但两者在实现方法与性能上有很大的差别。

4. 广域网

广域网是连接不同地区局域网或城域网计算机通信的远程网。通常跨接很大的物理范围，所覆盖的范围从几十千米到几千千米，它能连接多个地区、城市和国家，甚至横跨几个洲，并能提供远距离通信，形成国际性的远程网络。广域网并不等同于互联网。

5. 互联网

互联网又称网际网络，它是利用广域网将局域网或城域网互相连接起来形成的大型网络。互联网始于 1969 年美国的 ARPANET。它用一组通用的协议将各种网络互相连接形成逻辑上的单一巨大国际网络。通常，INTERNET 泛指互联网，而 Internet 则特指因特网。这种将计算机网络互相连接在一起的方法可称作"网络互联"，在这个基础上发展出覆盖全世界的全球性的互联网络称为互联网，即互相连接在一起的网络结构。

1.4　计算机网络的体系结构

通常把计算机网络协议和网络各层功能的集合称为计算机网络的体系结构。下面从网络协议着手简述计算机网络的体系结构。

1.4.1　计算机网络协议

1. 计算机网络协议概述

如前所述，计算机网络是由多种计算机和各类终端，通过通信线路连接起来的一个复杂系统。要实现资源共享、负载均衡、分布处理等功能，就离不开信息交换（即通信），而信息的交换必须按照共同的规约进行。例如，网络中的两个操作员利用各自的终端通过网络进行通信，如果这两台终端使用的字符集不同，那么操作员就识别不了彼此的输入。为了进行通信，必须规定每个终端都要首先将各自字符集中的字符转换为标准字符集中的字符，才进入网络传输，到达目的终端后，再转换为该终端字符集的字符。当然，对于不兼容的终端，除了需要转换字符集外，还要进行其他的参数转换，如显示格式、行长、行数、屏幕滚动方式等。这样的协议通常称为虚拟终端协议。又如，通信双方常常需要约定如何开始通信，如何识别通信内容，如何结束通信，这也是一种协议。一般说来，所谓网络协议就是通信双方共同遵循的规则和约定的集合。

2. 计算机网络协议分层

为了简化计算机网络设计的复杂程度，一般将网络功能分为若干层次，每层完成确定的功能，上层利用下层提供的服务，下层为上层提供服务。两个主机对应层之间均按同等层协议通信。为了使不同类型的计算机之间能够相互连接，许多国际或地区性的组织，甚至一些计算机的生产厂家各自建立了不同网络分层模型。较著名的有 ISO 的开放系统互连参考模型（Open System Interconnection/Reference Model，OSI/RM）、IEEE（Institute of Electrical and Electronic Engineer）的 802 标准、Internet 的 TCP/IP 协议簇、IBM 的 SNA（System Network Architecture）协议簇、DEC 的 DNA（Digital Network Architecture）协议簇等。

1.4.2　ISO 的开放系统互连参考模型

为了使网络系统结构标准化，ISO 提出了开放系统互连参考模型。这里所谓的开放系统是指一个系统在它和其他系统进行通信时能够遵循 ISO 的 OSI 标准的系统，按照 ISO 的 OSI 标准研制的系统均可实现互连。ISO 从 1978 年 2 月开始研究 OSI 模型，1982 年 4 月形成了国际标准草案，1983 年形成正式标准。在 ISO 发布 OSI 的正式标准之后，许多厂商和一些国家的政府纷纷宣布支持该标准，但是 10 年后，随着 Internet 覆盖全球，TCP/IP 协议簇成了事实上的标准，究其原因，主要是因为 OSI 协议过于复杂，甚至没有一个完全按照 OSI 标准生产的网络设备进入市场。尽管 OSI 协议在商业竞争中失败了，但是它的层次概念还是有助于学习网络基础知识的。在以后的介绍中，还会用到 OSI 的一些概念，因此，在这里还是首先介绍一下 OSI 参考模型。

1. OSI 参考模型的分层结构及分层原则

OSI 参考模型包括七层功能及其对应的协议，如图 1-8 所示，每层完成一个明确定义的功能并按协议相互通信。每层向上提供所需服务，在完成本层协议功能时使用下层提供的服务。各层的服务相互独立，层间的相互通信通过层接口实现，只要保证层接口不变，那么任何一层实现技术的变更均不影响其余各层。

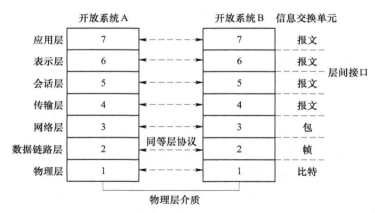

图 1-8　ISO 的 OSI 参考模型

OSI 参考模型的分层原则如下：

1）层不要太多，以免给描述各层和将它们结合为整体的工作带来不必要的困难。

2）每层的界面都应设在使穿过接口的信息量最少的地方。

3）应建立独立的层次来处理差别明显的功能。

4）应把类似的功能集中在同一层。

5）每一层的功能选定都应基于已有的功能经验。

6）应对容易局部化的功能建立一层，使该层可以整体地重新设计，并且当为了采用先进技术对协议做较大改变时，无须改变它和上、下层之间的接口关系。

7）在需要将相应接口标准化的那些地方建立边界。

8）允许在一个层内改变功能和协议，而不影响其他层。

9）对每一层仅建立它与相邻上、下层的边界。

10）在需要不同的通信服务时，可在每一层再设置子层；当不需要该服务时，也可绕过这些子层。

2. OSI 参考模型的各层内容

（1）物理层　物理层是 OSI 参考模型的第一层。其功能是提供网内两实体间的物理接口和实现它们之间的物理连接，按比特传送数据流，将数据从一个实体经物理信道送往另一个实体，为数据链路层提供一个透明的比特传送服务。

物理层的主要功能如下：

1）确定物理介质的机械、电气功能以及规程的特性，并能在数据终端设备（Data Terminal Equipment，DTE）如计算机、数据电路终端设备（Data Circuit-terminating Equipment，DCE）如调制解调器，以及数据交换设备（Data Switching Equipment，DSE）之间完成物理连接，并且提供启动、维持和释放物理通路的操作。

2）在两个物理连接的数据链路实体之间提供透明的比特流传输。这种物理连接可以是永久的，也可以是动态的；可以是全双工的，也可以是半双工的。

3）在传输过程中能对传输通路的工作状态进行监视，一旦出现故障可立即通知 DTE 和 DCE。

典型的物理层标准有电子工业协会（Electronic Industries Association，EIA）的 EIA-232 标准和 RS-449 标准，国际电报电话咨询委员会（Consultative Committee for International Telegraph and Telephone，CCITT）的 X. 21 标准等。

（2）数据链路层　数据链路层是 OSI 参考模型的第二层。其主要功能是对高层屏蔽传输介质的物理特性，保证两相邻（共享一条物理信道）节点之间的无差错信道服务。数据链路层的具体工作过程如下：

1）接收来自上层的数据。

2）给它加上某种差错校验位（因物理信道有噪声）以及数据链路协议控制信息和首、尾分界标志。

3）组成帧（Frame）。它是数据链路协议单元。

4）从物理信道上发送出去，同时处理接收端的回答，检查是否重传出错和有丢失的帧，保证按发送次序把帧正确地交给对方。

5）负责传输过程中的流量控制、启动链路、同步链路的开始和结束等。

6）完成对多站线、总线、广播信道上各站的寻址。

可以将数据链路层协议分为两类：面向字符的协议和面向位的协议。

（3）网络层　网络层是 OSI 参考模型的第三层。该层的基本功能是接收来自源计算机的报文（Message），把它转换成包（Packet），选择正确的输出通路，送到目标计算机。包在源机和目标机之间建立起的网络连接上传输，当它到达目标机后再装配还原成报文。

网络层是通信子网的边界层次，它决定主机和通信子网的接口的主要特征，即传输层和数据链路层接口的特点。

(4) 传输层　传输层又叫端到端协议层，它是 OSI 参考模型的第四层，也是网络高层与网络低层之间的接口。该层的功能是提供一种独立于通信子网的数据传输服务（即对高层屏蔽通信子网的结构），使源主机与目标主机像是点到点的简单地连接起来一样，尽管实际连接可能是一条租用线或各种类型的包交换网。传输层的具体工作是负责两个会话实体之间的数据传输，接收会话层送来的报文，把它分成若干较短的片段（因为网络层限制传输的包的最大长度），保证每个片段都能正确到达，并按它们发送的顺序在目标主机重新汇集起来（这一工作也可在网络层完成）。

传输层使用传输地址建立传输连接，完成上层用户的数据传输服务，同时向会话层，最终向应用层各进程提供服务。

(5) 会话层　会话层是 OSI 参考模型的第五层。该层的任务是为不同系统中的两个进程建立会话连接，并管理它们在该连接上的对话。

"会话"是通过"谈判"的形式建立的。当任意两个用户（或进程）要建立"会话"时，要求建立会话的用户必须提供对方的远程地址（会话地址）。会话层将会话地址转换成与其相对应的传送站地址，以实现正确的传输连接。会话可使用户进入远程分时系统或在两主机间进行文件交换。

会话层的另一个功能是会话建立后的管理。例如，若传输连接是不可靠的，则会话层可根据需要重新恢复传输连接。

会话层还可为其上层提供下述服务：

1）会话类型。连接双方的通信可以是全双工的，也可以是半双工的或单工的。

2）隔离。当会话信息少于某一定值（隔离单位）时，会话层用户可以要求暂不向目标用户传输数据。这种服务对保证分布式数据库的数据完整性是很有用的。

3）恢复。会话层可以使用同步点来进行差错恢复。一旦两个同步点之间出现某种差错，会话层实体便可以重新发送从上一同步点开始的所有数据。

(6) 表示层　表示层又称为表达层，它是 OSI 参考模型的第六层。该层完成许多与数据表示有关的功能。这些功能包括字符集的转换、数据的压缩与解压、数据的加密与解密、实际终端与虚拟终端之间的转换等。

(7) 应用层　应用层又称为用户层，它是 OSI 参考模型的最高层。该层负责两个应用进程之间的通信，为网络用户之间的通信提供专用应用程序包。应用层相当于是一个独立的用户。其功能包括网络的透明性、操作用户资源的物理配置、应用管理和系统管理、分布式信息服务等。它包括了分布环境下的各种应用（有时把这些应用称为网络实用程序）。这些实用程序通常由厂商提供，包括电子邮件、事务处理、文件传输等。

1.4.3　Internet 的 TCP/IP 分层模型

TCP/IP 是传输控制协议和网际协议（Transmission Control Protocol/Internet Protocol）的缩写，它是针对 Internet 开发的体系结构和协议标准。TCP/IP 起源于 20 世纪 70 年代中期，当时为了实现异种网之间的互连，美国国防部高级计划研究署 ARPA（Advanced Research Project Agency）资助研究网络互连的技术，于 1977—1979 年推出了 TCP/IP 的体系结构和协议规范。在 1980 年，将美国国防部高级计划研究署所建立的计算机网络（ARPANET）上的所有计算机转向 TCP/IP，并以 ARPANET 为主干建立了 Internet。经过 40 余年的发展，TCP/IP 越来越完善，目前已成为异种计算机联网的主要协议，成为许多操作系统中的标准配置。

TCP/IP 分层模型与 OSI 参考模型的对应关系如图 1-9 所示。

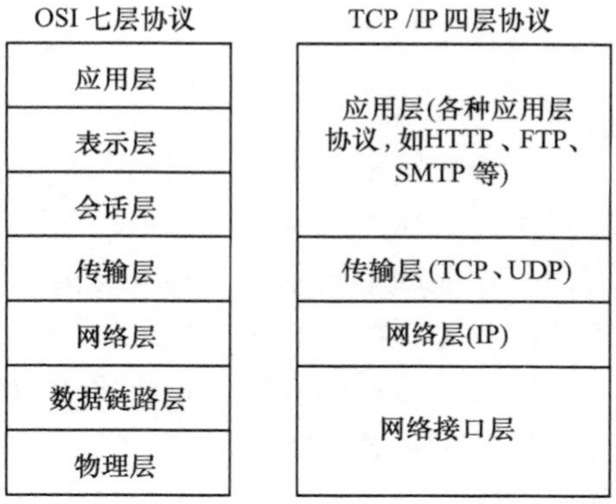

在 TCP/IP 中，实际只有四层，因为它是网络互连协议，可将各种不同的网络连接在一起，它本身并不涉及具体的网络硬件，所以，物理层和数据链路层实际上是与 TCP/IP 无关的。TCP/IP各层的功能如下：

OSI 七层协议	TCP/IP 四层协议
应用层	应用层(各种应用层协议，如HTTP、FTP、SMTP 等)
表示层	
会话层	
传输层	传输层(TCP、UDP)
网络层	网络层(IP)
数据链路层	网络接口层
物理层	

图 1-9 TCP/IP 分层模型与
OSI 参考模型的对应关系

（1）网络接口层 该层负责管理设备与网络之间的数据交换，以及同一网络中设备之间的数据交换。客观存在接收上一层的 IP 包，通过物理网络向外发送，或者接收和处理从网络上来的物理帧，从中抽取 IP 包，并传递给上层。

（2）网络层 该层完成 OSI 参考模型中网络层的功能，它把来自传输层的报文封装成一个个 IP 包，并根据要发往的目标主机的地址进行路由选择处理，最后将这些 IP 包送到目标主机。

（3）传输层 该层为应用层的应用进程和应用程序提供端到端的通信功能。

（4）应用层 该层位于 TCP/IP 的最上层，与 OSI 参考模型的最高三层相应对应，为应用程序提供相应的功能。

1.4.4 其他网络体系结构

1. IBM 的 SNA

IBM 的系统网络体系结构（System Network Architecture，SNA）也包括七层，与 OSI 的七层协议非常相像（实际上 ISO 在制定 OSI 参考模型时主要参考了 SNA）。它主要用于解决 IBM 产品之间的互连问题。

2. DEC 的 DNA

DEC 的数字网络体系结构（Digital Network Architecture，DNA）包括五层，与 Internet 的 TCP/IP 模型比较相近。它主要用于解决 DEC 产品之间的互连问题。

3. Xerox 的 XNS

XNS 即 Xerox 网络服务（Xerox Network Service），是一组用于连接 Ethernet 的网际传输协议。它主要是针对 TCP/IP 做了一些改动，使其开销更小，效率更高。其改动主要是在高层减少了差错控制，因为局域网本身要比广域网可靠得多。

应用层
传输层
网络层
数据链路层
物理层

还有其他许多网络体系结构，限于篇幅，在此就不再介绍了。

综上所述，ISO 的 OSI 协议由于其本身存在的许多问题，应用很少，但它的层次概念很好，有助于理解计算机网络的工作原理；而 TCP/IP 用得很多，但它是面向网络互连的，在网络的物理连接方面又基本不涉及。因此，为了以后讲解的方便，引出一个如图 1-10 所示的 OSI 和

图 1-10 网络的混合分层模型

TCP/IP 的混合模型。在该模型中，网络协议分为五层，低四层分别对应 OSI 的低四层，第五层对应 OSI 的高三层。

1.5 小 结

本章首先给出了计算机网络的定义，即它是一个互连的、自治的计算机的集合。阐明了计算机网络的功能及特点。根据计算机通信及网络的功能及规模，将其发展分为六个阶段：具有通信功能的单机系统，具有通信功能的多机系统，计算机通信网络，计算机网络，计算机局域网和计算机互联网。从逻辑功能上可将计算机网络分成为资源子网和通信子网两大部分。根据通信信道的类型又将通信子网分为广播式通信子网和点到点式通信子网。计算机网络的拓扑结构取决于通信子网的拓扑结构，本章对通信子网的各种拓扑结构进行了简要描述。

计算机网络的分类方法大致有三种，即按网络的归属、网络中使用的信息交换方式及网络中计算机之间的耦合程度和覆盖范围进行分类，尤其以最后一种分类方法最为普遍。它将计算机网络分为个域网、局域网、城域网、广域网和互联网五大类。

通常把网络协议层次和各层次功能的集合称为计算机网络的体系结构。常见的计算机网络的体系结构有 ISO 的 OSI、Internet 的 TCP/IP、IBM 的 SNA、DEC 的 DNA 和 Xerox 的 XNS 等。

习 题

1. 解释下列名词术语：

DTE DCE LAN MAN WAN OSI TCP/IP SNA DNA XNS

2. 什么是计算机网络？
3. 计算机网络的主要功能是什么？
4. 常见的通信子网的拓扑结构有几种？各有什么特点？
5. 如何对计算机网络进行分类？最常用的分类方法有哪些？是如何划分的？
6. 什么是计算机网络的体系结构？常见的网络体系结构有哪几个？
7. 比较 ISO 的 OSI 与 Internet 的 TCP/IP 有何异同？
8. 协议分层主要的优点和缺点各是什么？

第2章

物 理 层 协 议

物理层是计算机网络的最底层，它提供通信介质连接的机械、电气、功能和规程特性以建立、维护和释放数据链路实体之间的物理连接。物理层的功能包括物理连接的建立和拆除，数据的发送和接收及内部管理等。因此，物理层的特性都与数据通信有关。本章首先介绍数据通信的有关概念，然后再介绍物理层协议及相关标准。

2.1 数据通信基础

概括地说，数据通信就是计算机与通信系统相结合的一种通信方式。其功能就是把快速传输数据的通信技术和数据处理、加工及存储技术紧密结合起来，给用户提供及时、准确的数据。它是继电报、电话之后的第三种通信。

2.1.1 数据通信的基本概念

1. 数据与信号

通信的目的是传输信息，如语言、文字、数码、符号和图像等。数据（Data）是传递信息的实体，它总是和一定的形式相联系；而信息（Information）则是该数据的内容或含义。数据分为模拟数据和数字数据，前者取连续值，后者取离散值。

模拟数据反映的是连续信息，如语音和图像。语音的声压是时间的连续函数。

数字数据反映的是离散信息，就是一系列符号代表的信息，而每个符号只可以取有限个值。在传送时，一段时间内传送一个符号，所以在时间上是离散的。因此，用来反映在取值上是离散的文字或符号的数据是数字数据。如表示电灯亮还是不亮，电机正转、反转还是停转等状态的数据都是数字数据。

信号（Signal）是数据的电编码或电磁编码，它也分为模拟信号和数字信号两种。模拟信号是一种连续变化的电（电磁、光等）信号，它用电信号模拟原有信息。显然模拟信号的取值可以无限多个。而数字信号是一种离散信号，它的取值是有限个，就像电报系统中的那样。但数字信号不像模拟信号那样，其取值可直接与信息相对应，而常常是利用数字信号的编码来反映信息。

2. 模拟传输与数字传输

所谓传输就是将符号从一个位置传送至另一个位置。

模拟数据和数字数据两者均可用模拟信号或数字信号表示和传输。通常，模拟数据是时间的函数，并占有一定的频率范围，这种数据可以直接用占有相同频率范围的电磁信号表示。如声音数据，作为声波，其频率范围为 20Hz～20kHz；而语音数据的频率范围则为 300～3400Hz，因此，以传输语音为目的的电话系统其输入也在此范围内。像声音这样的模拟数据也可以由数字信号表示和传输。这时，需要一个将模拟数据转换为数字信号的设备，该设备称为 Codec（编码解码器）。同样，数字数据可以由数字信号直接表示，也可以通过一个称为 MODEM（调制解调器）的转换器用模拟信号来表示。数据与信号之间的四种关系如图 2-1 所示。

图 2-1　数据与信号之间的四种关系

　　模拟传输是用模拟信号传输数据的一种方法。这种传输方法与这些信号是代表模拟数据或数字数据无关。这些信号可以代表模拟数据，如声音；也可以代表数字数据，如通过 MODEM 转换了的二进制数据。模拟信号传送一定距离后，幅度会衰减，所以远距离传送时，需要在沿途增设放大器将信号放大。但放大器放大信号的同时也放大了噪声，会引起误差，且误差是沿途累加的。通常该误差不可避免的。但这种误差不能太大。误差太大了对于声音这样的模拟数据听起来是很大的干扰，对于数字数据则是二进制位的误差，这是不允许的。

　　数字传输是用数字信号传输的。它可以直接传输二进制数据或经 Codec 编码后的模拟数据。在数字传输中，也会由于信号幅度衰减而失真，但由于数字信号只包含有限个电平值，如二进制数字信号只有两个电平值，分别为"0"和"1"，因此，只要在数字信号衰减到可能不能辨认是原电平之前，在沿途适当的地方加设中继器将该信号恢复原值，再继续传输即可。中继器比较简单，且它的引入不会引入积累误差，这也是当今采用数字传输方法传输模拟数据的原因之一。

3. 数据传输速率

　　数据传输速率是指单位时间内传送的信息量。对于不同的传输形式、不同的要求，反映的含量的单位也不同，因此有多种表示传输速率的方法。

　　（1）调制速率　当采用数字数据的模拟传输时，以调制速率表示传输速率。它定义为某种调制状态的最小时间间隔 T 的倒数，单位为波特（Baud）。因此，调制速率又称为波特率，用 B 表示：

$$B = \frac{1}{T}$$

其中，T 为调制状态的最小时间间隔，单位为 s（秒）。调制速率也可表达为每秒调制状态变化的最大次数。

　　（2）数据传输率　数据传输率为每秒传输的二进制位数，以 bit/s（bits per second，位/秒）为单位。

　　（3）信息传输速率　这是从用户的角度来衡量通信系统在单位时间内能传输的用户信息的总量。数据传输率并不能反映在单位时间内传送的用户信息量。例如，为了数据传输的需要，会附加很多对用户来说是冗余的信息，如异步传输方式的起始位和停止位。另外，通信介质负载情况、误码率都会影响用户信息的传输速率。信息传输速率的单位没有统一的规定，它可以是单位时间内传输的字符数、包数或报文数等。

4. 误码率

误码率是衡量通信系统传输可靠性的一个参数。其定义是，在传输二进制位时被误传的概率。当所传送数字序列足够长时，它近似地等于被传错的二进制位数与所传输的总位数的比值。若传输的总位数为 N，传错的位数 N_e，则误码率 P_e 为

$$P_e = \frac{N_e}{N}$$

在计算机网络中，一般要求误码率低于 10^{-6}，即平均每传输 1Mbit 才允许有 1bit 错。

应该指出，对于执行不同任务的通信系统，对可靠性的要求是不同的，不能笼统地说误码率越低越好。对于一个通信系统在满足可靠性的基础上应尽量提高通信的效率，如果通信系统的传输速率给定，误码率越低，设备就越复杂。因此，在研制通信系统确定误码率指标时，要根据具体用途而定。

在实际应用中，常常由若干码元构成一个码字，所以可靠性也可以用误字率表示。误字率是码字错误的概率。有时一个码字中可能会错两个或更多个码元，但和错一个码元一样，都会使一个码字错误。因此，误字率不一定等于误码率。

5. 数据通信方式

（1）按连接方式可将其分为点—点连接方式和多点连接方式

1）点—点连接方式又称为直通方式。在这种方式下，是将通信的两计算机系统之间用固定的专用线相接，平时并不拆除。这种方式适用于通信量较大的情况。

2）多点连接方式。在这种方式中，各通信的计算机系统共用一条主线路。这种方式节省线路，但需要解决各计算机系统之间的线路竞争问题。

（2）按数据传输方向可将其分为单工、半双工和全双工方式

1）单工通信。单工通信是指数据总是沿着一个固定方向传送，如一台计算机只能发送，而另一台计算机只能接收。

2）半双工通信。半双工通信是指数据可沿两个方向传送，但同一时刻只能沿一个方向传送，当需要反向传送数据时，通过控制线路改变传送方向。

3）全双工通信。全双工通信是指数据能同时沿相反的两个方向传送。一般实现方法是采用两个单工信道完成全双工通信，即四线制；但也可采用分频法，将传输信道分成高频和低频两条信道，这时可采用二线制。

2.1.2　数据传输

数据传输以信号传输为基础，在理想情况下，接收信号的幅度和波形应与发送信号完全一致。然而，实际上，信号在传输中会发生衰减、变形，使接收信号与发送信号不一致，甚至使接收端不能正确识别信号所携带的信息。数据传输质量的好坏，除与发送和接收设备的性能有关外，主要取决于所传输信号的质量和传输介质的性能。

1. 数字数据的数字编码技术

计算机或数字终端产生的信号是一连串的脉冲信号，它包含有直流、低频和高频等分

量，随着频率的升高，其相应幅度减小，最后趋于零。实际上，信号只占一定的频率范围。这种由计算机或终端产生的、频谱从零开始的、而未经调制的数字信号所占用的频率范围叫作基本频带，简称基带，这种数字信号就称为基带信号。利用基带信号直接传输的方式称为基带传输，这种传输方式多用在短距离的数据传输中。例如，在近程终端与计算机之间的数据传输，局域网中用基带同轴电缆或双绞线作为传输介质。

通常，数字信号用两种不同的电平的脉冲序列来表示（见图2-2a）。如果是正逻辑的话，高电平为"1"，低电平为"0"。这种编码方式称为不归零（Non Return to Zero，NRZ）编码。NRZ的数字信号传输的最大问题是没有同步信号，在接收方不能区分每个数据位，也就不能正确地接收数据。若增加同步时钟脉冲，就要增加传输线。另外，脉冲序列含有直流分量，特别是有连续的多个"1"或"0"信号时，直流分量会累积。这样，就不可能采用变压器耦合方式来隔离通信设备和通信线路，以保护通信设备的安全。因此，在数据传输时一般不采用这种NRZ编码数字信号。

目前，在传输数字信号时可以采用曼彻斯特编码（见图2-2b）和差分曼彻斯特编码（见图2-2c）。这两种编码的每位数据位的中心都有一个跳变，可以起到位同步信号的作用。在曼彻斯特编码中还以这个跳变的方向来判断这位数据是"1"还是"0"。通常，从高电平跳到低电平为"1"，从低电平跳到高电平为"0"。而在差分曼彻斯特编码中是以每位数据位的开始是否有跳变来表示这位数据是"1"还是"0"。通常，无跳变表示

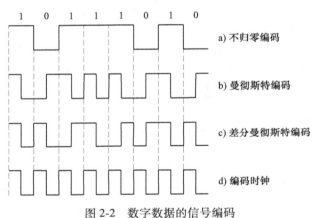

图 2-2　数字数据的信号编码

"1"，有跳变表示"0"。也可用当前数据位的前半周期的电平与前一数据位的后半周期的电平进行比较，如一致为"1"，不一致为"0"。这两种编码都带有数据位的同步信息，又称为自同步编码。同时，这两种编码的每位数据位都有跳变，整个脉冲序列的直流分量比较均衡，可以采用变压器耦合方式进行电路隔离。曼彻斯特编码和差分曼彻斯特编码在数据波形上携带了时钟脉冲信息，即在每个数据位中间都有一个电平跳变。在接收端利用这个跳变来产生接收同步时钟脉冲。由于数据和时钟同时在一条线路上传输，不会出现失步，可以用较高的传输速率来传输数据。

2. 数字数据的模拟编码技术

一串脉冲信号可分解成直流分量、低频和高频谐波分量。因此，脉冲信号具有很宽的频带。若在带宽较窄的通信介质上传送脉冲信号，会滤去一些谐波分量，造成脉冲波形畸变而导致传输失败。此时，必须将数字数据转换成一定频率范围的模拟信号才能在窄带宽通信介质上传送。在频分多路复用的场合，也必须将脉冲信号转换成一定频率范围的模拟信号，在某一频带内传送，这种传送方式称为频带传输。在频带传输中，信号的转换和反转换称为调制和解调。

调制过程是数字数据对一定频率的正弦载波信号的振幅、频率或相位进行控制，将数字

数据加载到载波信号上，并在信道上传送。在接收端将数字数据从加载的载波信号上取出，即解调过程。

三种基本的调制方式为调幅、调频和调相，又分别称为移幅键控（Amplitude Shift Keying，ASK）、移频键控（Frequency Shift Keying，FSK）和移相键控（Phase Shift Keying，PSK）。这三种调制方式的示意图如图2-3所示。

调幅方式是用固定频率的正弦信号的两种不同的幅值来表示二进制数的"1"和"0"。这种调制方式的优点是实现容易，设备简单，但抗干扰能力差。

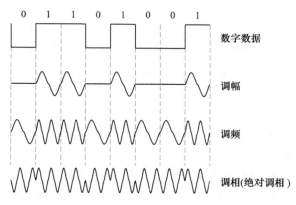

图2-3 三种调制方式

调频方式是用载波信号的两种不同频率来表示二进制数"1"和"0"。它的实现也比较简单，其抗干扰能力优于调幅方式。高频载波信号还可用于无线传输。

调相方式是用载波信号的不同相位来表示二进制数。根据确定相位参考点的不同，调相方式可分为绝对调相和相对调相（或差分调相）。绝对调相是以未调载波信号的相位作为参考点，若已调载波信号的相位与参考点一致则为二进制数"0"，若相位差180°则为"1"。相对调相是以前一位数据的已调载波信号的相位作为参考点，若与前一位的相位一致则为二进制数"1"，若相位差180°则为"0"。图2-3所示的是绝对调相方式的示意图。上述的调相方式只有两种相位，称两相调制。可以用更多的不同相位来进行调制，例如，可用±45°和±135°四种相位，称四相调制。它一共有4种调制状态，每种状态可代表两位二进制数。这样，每种状态所携带的信息量增加一倍。

3. 数字传输

由于数字信号在传输过程中不引入噪声，具有传输可靠、无失真的特点，因此，在很多场合将模拟数据数字化后进行传输。特别是目前多媒体技术的应用，要求将不同媒体的物理量（模拟量），如声音、图形、图像、动画等，转换成数字信号后在计算机和网络系统内进行存储、处理和传输。模拟数据的数字传输将得到越来越广泛的应用。

将模拟数据转换为数字信号的最常用的方法是脉冲编码调制（Pulse Code Modulation，PCM）。下面以语音信号为例来说明PCM的工作原理。

整个PCM过程分成采样、量化和编码三个阶段完成。

1）采样是将一个时间连续变化的物理量转换成在时间上离散的物理量。即每隔一定时间间隔，把模拟信号的瞬时值取出来作为样本，以代表原信号，其过程如图2-4所示。

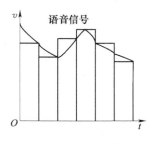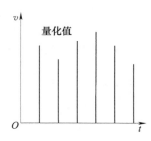

图2-4 采样示意图

根据采样定理，数据采样频率若大于等于2倍的信号最高频率，则采样信息包含了原信号的全部信息。语音数据的最高频率不会超过 4000Hz，那么每秒 8000 次采样，完全可以表示原语音数据的特征。

2）量化是将采样值以某个最小数量单位的整数倍来表示其大小。这个最小数量单位称为量化单位，量化后的最大整数倍数称为量化级。显然，量化单位越小，量化的精度越高，其量化级越大。对于语音数据，量化成 128 级，就达到了足够的精度。

3）编码是将量化值用相应的进制编码表示。例如，量化级为 128 时，可用 7 位二进制数表示一个语音的采样值。若每秒采样 8000 次，则每秒的数据量为 7bit×8K＝56Kbit。

量化、编码过程是将采样后的离散模拟量经模/数转换后转换成数字量。在接收端用数/模转换器将 7 位二进制编码转换成离散的模拟信号，然后经过低通滤波器复原成模拟语音信号。

4. 数字信号的并行传输和串行传输

数字信号的"1"和"0"是用不同的电平来表示，例如，5V 表示"1"，0V 表示"0"。数字电路的两种状态（电平）即可表示"1"和"0"。数字电路的双稳态触发器是存储二进制数据的理想器件。所谓数字信号的传输就是将存于一端的二进制数据通过通信介质传送到另一端，并送入存储器件中。

为了提高数据传输的效率，多位二进制数据可以同时传输，即并行传输。通常以 8 位（1 个字节）、16 位或 32 位的数据宽度同时进行传输。每一位都要有自己的数据传输线和发送/接收器件（图 2-5a），在时钟脉冲的作用下数据从一端送往另一端。由于技术和经济上的原因，不可能用多根传输线将多位二进制数据传送很远的距离。一般在计算机内部，计算机与几米内的外围设备之间采用并行传输方式。计算机内部总线上并行传输数据的位数称为计算机的字长。

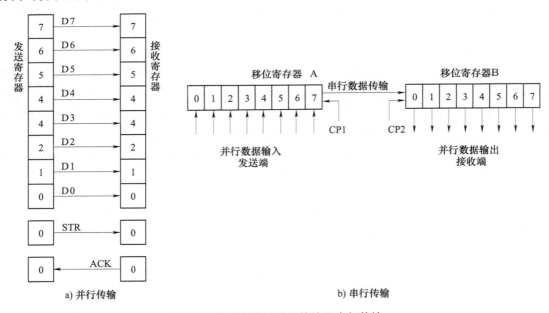

a) 并行传输 b) 串行传输

图 2-5 数据信号的并行传输和串行传输

要求长距离传输数字数据的场合，都采用串行传输方式，即在一根数据传输线上，每次传送 1 位二进制数据，1 位接 1 位地传送。很显然，在同样的时钟频率下，串行传输的数据速率要比并行传输的要慢。但由于串行传输节省了大量通信设备和通信线路，在技术上也更适合于远距离传输。因此，远距离通信普遍采用串行传输方式。

由于在计算机内部传输和处理的都是并行数据，在进行串行传输之前，必须将并行数据转换成串行数据，在接收端要将串行数据转换成并行数据。数据转换通常以字节为单位进行，用移位寄存器完成转换，如（见图 2-5b）所示。在发送端将一个字节的并行数据并行送入移位寄存器 A；在时钟脉冲 CP1 的作用下，8 位并行数据逐位向右移动；在输出线上形成 8 位串行数据，通过传输线送往接收端移位寄存器 B；当移入一个完整的字节后，就从并行数据输出端将一个字节的数据读出。接收端的时钟脉冲 CP2 必须与 CP1 的频率一致，相位上滞后 180°。通常都由大规模集成电路来完成串行并行数据之间的转换。

2.1.3 串行通信的同步方式

在传输数字信号时，在接收端必须有与数据位脉冲具有相同频率的时钟脉冲来逐位将数据读入寄存器。为了正确读入数据，时钟脉冲的上跳沿必须作用在数据位脉冲稳定之后，通常是数据位脉冲的中间时刻。也就是说，对时钟脉冲的相位还有要求。这种在接收端使数据位与时钟脉冲在频率和相位上保持一致的机制称为同步，实现这种同步的技术称为同步方式。根据在接收端获取同步参考信号的方法不同，同步方式可分为字符同步方式和位同步方式。

1. 字符同步方式

字符同步方式又称起止式同步方式或异步传输方式。它是以字符为单位进行传输的。发送端每发一个字符之前先发送一个同步参考信号，接收端根据同步参考信号产生与数据位同步的时钟脉冲。这样，在发送端和接收端之间，每个字符都要同步一次。发送端在发送一个字符的串行数据前加 1 位起始位，在字符之后要加 1 位校验位（任选）和 1~2 位的停止位，如图 2-6 所示。

图 2-6 字符同步方式的格式

起始位是低电平，停止位是高电平。当发送端还没有准备好下一个字符时，发送端的输出一直保持高电平。起始位的下跳沿就是同步参考信号。

在接收端，数据位与时钟脉冲的同步过程如图 2-7 所示。

接收端处于初始状态时，RS 触发器为"0"态，接收器内部时钟不能通过"与"门进入 N 分频器，则接收器的 CP2 端没有接收时钟。接收器内部时钟频率为接收时钟频率的 N 倍，该倍数称为波特率因子，它可以是 16、32 或 64。当起始位的下降沿到达接收端时，使 RS 触发器置位。接收器内部时钟通过"与"门开始进入 N 分频器，产生频率为 f 的接收时钟。由于 N 分频器的初始状态为全"0"，在进入 $N/2$ 个内部时钟脉冲后，分频器的输出为高电平。这样，接收时钟脉冲的上升沿正好在数据位的中间，以保证接收数据的正确性。接收端为了确认接收到一个有效的起始位，而不是干扰信号，从起始位的下降沿开始的半个接收时钟周期时，再测试一下接收电平。若仍为低电平，表明到达一个有效的起始位，开始接收一个字符的数据；否则，认为是一个干扰信号，接收器重新检测数据线上的起始位。当接收端接收完规定的字符长度后，停止位将使 RS 触发器复位，等待下一个起始位的到来。

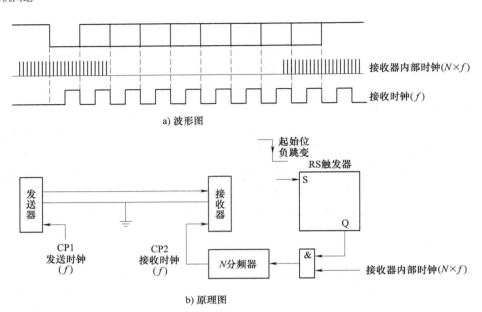

a) 波形图

b) 原理图

图 2-7　数据位与时钟脉冲的同步过程

　　虽然在收、发端不是同一时钟源，会有频率误差，但对每个字符都要重新同步一次，字符之间的时钟频率误差不会积累，接收一个字符期间不会发生数据位与时钟失步。在字符同步方式中，通信双方必须约定一致的时钟频率、传输字符的长度（位数）、是否要校验及校验方式和停止位的位数等，即双方对通信接口初始化。字符同步方式的实现比较简单，但其传输速度不能太高，编码效率也比较低，每个字符要附加 2～3 位的冗余信息，它的编码效率不大于 0.8。由于这种传输方式字符之间的间隔是任意的（大于 1 位或 2 位），发送方准备好一个字符后就可发送，因此又称为异步传输方式。

2. 位同步方式

　　位同步方式即在发送端对每位数据位都带有同步信息。在发送端可以附加发送与数据位同步的时钟脉冲，在接收端用这个时钟脉冲来读入数据，如图 2-8 所示。

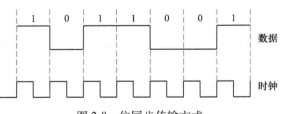

图 2-8　位同步传输方式

　　由于在发送数据的同时发送了时钟，这样就没有必要再附加冗余的同步信息了，从而提高了数据的传输效率，但要附加一条传输时钟脉冲的通信线路。这不但要增加通信线路的建设投资和维护费用，而且会由于线路的不同分布参数以及数据信号和时钟脉冲的不同频率而引起数据和时钟脉冲的不同畸变和相移，使接收端不能正确接收数据。解决这个问题的最好办法就是将数据和时钟混合在一起进行编码，使传输信号既带有数据，又带有时钟。曼彻斯特编码和差分曼彻斯特编码都能很好地解决这个问题。在这两种编码中，在数据波形上携带了时钟信息，即在每位的中间都有一个电平跳变，在接收端利用该跳变来产生同步时钟信号。采用将数据信号与时钟信号混合编码，在同一条线路上传输不仅解决了上面所提的问题，而且节省了通信线路。因此，这种通信方式在计算机网络中广泛使用。其通信过程如图 2-9 所示。

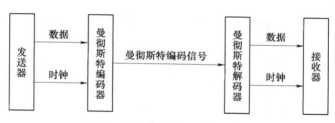

图 2-9　曼彻斯特编码传输示意图

2.1.4　多路复用技术

多路复用技术是在一条通信线路上传输多路信号的技术。采用这种技术可以提高通信线路的利用率。多路复用技术必须保证在一条线路中复用的每个用户之间不产生相互干扰。多路复用技术通常分为频分多路复用（Frequency Division Multiplexing，FDM）、时分多路复用（Time Division Multiplexing，TDM）、波分多路复用（Wavelength Division Multiplexing，WDM）和码分多路复用（Code Division Multiplexing，CDM）四种方式。

目前，高速数据网多数采用多路复用技术。例如，现今的公共电话交换网（PSTN）、同步数字系列（SDH）都采用了多路复用技术。使用多路复用技术可以有效地利用高速干线的通信能力。

1. 频分多路复用

频分多路复用技术是将一频带较宽的通信介质，如宽带同轴电缆，划分成多条带宽较窄的信道，将每条信道分配给一对用户使用。在一条线路上传输多路信号，在频分多路复用技术中，发送方的 N 路低速信号占用不同的（互不重叠的）窄频带，依次排列在宽带线路的频带上进行传输，到接收方后再经过滤波处理，将各路低速信号分开，如图 2-10 所示。

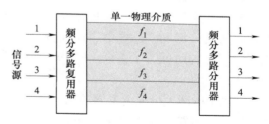

图 2-10　频分多路复用示意图

例如，三路频带 $300\sim3400Hz$ 的电话经调频后复用在一条带宽为 12kHz 的线路上。每条信道的带宽必须宽于所传输信号的带宽。在图 2-11 所示的载波电话中，语音信号的频率范

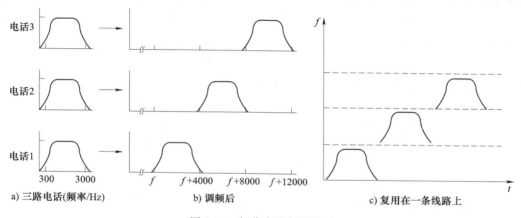

a) 三路电话(频率/Hz)　　b) 调频后　　c) 复用在一条线路上

图 2-11　频分多路复用示例

围为 300~3000Hz,因而,分配给每条语路 4kHz 的带宽就足以传送语音信号,而且还有一定的保护频带。

频分多路复用的另一个例子是 Bell 108 系列的 MODEM。该 MODEM 利用音频线路使用 FSK 进行全双工操作。为了实现全双工操作的目的,将 3000Hz 的频带(语音线路的典型带宽)分为两部分:一部分用于发送,另一部分用于接收。如图 2-12 所示,在一个方向上使用 300~1700Hz 频率范围的信号,用来表

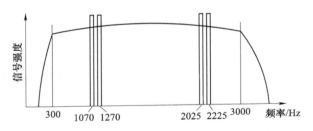

图 2-12 音频线路上全双工 FSK 传输示意图

示 1 和 0 的两个频率以 1170Hz 为中心,两边各有 100Hz 的移位;同样,在另一个方向上使用 1700~3000Hz 的信号,并且使用 2125Hz 为中心频率。采用这种方法就实现了同一条物理线路上进行全双工数据传输。

在宽带同轴电缆中采用多路复用技术可以同时传送电视、模拟数字信号、语音信号和控制信号等。由于数字信号的频带很宽,必须将其调制成一定频率的模拟信号后才能在多路复用的信道上传输。

2. 时分多路复用

时分多路复用是在一条传输介质上按时间划分周期 T,每个周期又分成多个固定的时间片 t_1, t_2, $\cdots$, t_n,如图 2-13 所示。

将每个时间片分配给不同的用户。在发送端,多路复用器将某个用户的

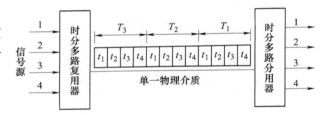

图 2-13 时分多路复用示意图

数据放入每个周期的固定时间片内发送出去。在接收端,多路分用器将一个周期内的时间片内的数据分配到不同的输出线上。这样,就实现了在一条通信线路上传输多路数据的功能。

每个时间片可携带 1 位、1 个字节或多个字节的数据。每个时间片为一个用户所独占,其他用户不能使用。如果这个用户不用,这个时间片只能空闲,从而造成通信资源的浪费。所以,时分多路复用技术又称为同步传输模式。现在有另一种复用技术,即时间片的分配可按用户要求来动态进行,称之为异步传输模式。

例如,数字语音通信对语音的采样频率为 8kHz,则周期为 125μs。在一条高速信道上只传送一路语音信号显然是一种浪费,可以在一周期内分成 24 个时间片,将其分配给 24 个电话用户。若每次采样的信息量为 8 位数据,则每个时间片携带 1 个字节的数据,在每 2 个周期间还需插入 1 位隔离位,则在这条时分多路复用的信道上将传输速率为

$$[(位/时间片 \times 时间片/周期)+1] \times 采样频率$$
$$=[(8bit \times 24)+1bit] \times 8000Hz$$
$$=1.544Mbit/s$$

这种传输格式在美国称为 T1 格式,如图 2-14 所示。

欧洲使用另一种标准,是将 30 路语音信号复用在 125μs 的周期内,其传输速率为

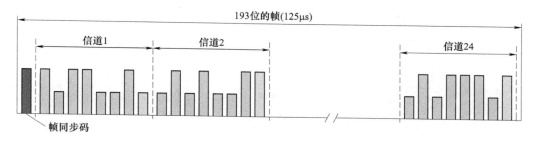

图 2-14　T1 格式

2.048Mbit/s，称为 E1 格式。除此之外，还有 T2~T4 和 E2~E5 等格式，见表 2-1。

表 2-1　数字传输系统语路数和数据传输率

类型	语路数	速率（Mbit/s）	类型	语路数	速率（Mbit/s）
E1	30	2.048	T1	24	1.544
E2	120	8.448	T2	96	6.312
E3	480	34.368	T3	672	44.736
E4	1920	139.264	T4	4032	274.176
E5	7680	565.1484			

3. 波分多路复用

波分多路复用就是光的频分多路复用。光纤技术的应用使得数据的传输速率得到了空前的提高。现在，人们借用传统的载波电话的频分复用的概念，就能做到使用一根光纤来同时传输多个频率很接近的光载波信号，这样就可以使光纤的传输能力成倍地提高。由于光载波的频率很高，因此习惯上用波长而不用频率来表示所使用的光载波，因此光的频分多路复用就被称为波分多路复用（WDM）。最初，只能在一根光纤上复用两路光载波信号。随着技术的发展，在一根光纤上复用的光载波信号的路数越来越多。现在已能做到在一根光纤上复用几十路或上百路的光载波信号，这种多路数的波分复用被称为密集波分多路复用（Dense Wavelength Division Multiplexing，DWDM）。使用 DWDM 现在已能做到每一路的数据传输率是 100Gbit/s，80 路复用。图 2-15 给出了波分多路复用的示意图。

图 2-15 表示 8 路传输速率均为 2.5Gbit/s、波长均为 1310nm 的光载波。经光的调制后，分别将波长变换到 1550~1557nm，每个光载波相隔 1nm。这 8 个波长很接近的光载波经过 DWDM 复用器后，在一根光纤中传输。在一根光纤上数据传输的总速率就达到了 8× 2.5Gbit/s=20Gbit/s。但光信号传输了一段距离后会衰减，需要对衰减了的光信号进行放大才能继续传输。因此，每隔一段距离需要加上一个光放大器。

4. 码分多路复用

码分多路复用又称码分多址（Code Division Multiple Access，CDMA）。CDM 与 FDM 和 TDM 不同，它既共享信道的频率，也共享时间，是一种真正的动态复用技术。其原理是每比特时间被分成 m 个更短的时间槽，称为码片（Chip），通常情况下每比特有 64 或 128 个

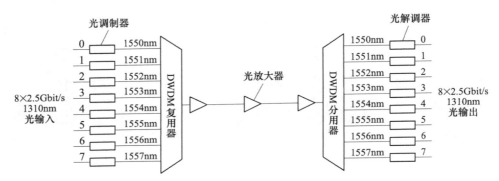

图 2-15　波分多路复用的示意图

码片。每个站点（信道）被指定一个唯一的 m 位的码片序列。当发送 1 时站点就发送码片序列，发送 0 时就发送码片序列的反码。当两个或多个站点同时发送时，各路数据在信道中被线性相加。为了从信道中分离出各路信号，要求各个站点的码片序列是相互正交的。即假如用 S 和 T 分别表示两个不同的码片序列，用 !S 和 !T 表示各码片序列的反码，那么应该有 $S \cdot T = 0$，$S \cdot ! T = 0$，$S \cdot S = 1$，$S \cdot ! S = -1$。当某个站点想要接收站点 X 发送的数据时，首先必须知道 X 的码片序列（设为 S）。假如从信道中收到的矢量为 P，那么通过计算 $S \cdot P$ 的值就可以提取出 X 发送的数据：$S \cdot P = 0$ 说明 X 没有发送数据；$S \cdot P = 1$ 说明 X 发送了 1；$S \cdot P = -1$ 说明 X 发送了 0。

码分多路复用是一种很好的共享信道的方法，每个用户可在同一时间使用同样的频带进行通信，但使用的是基于码型的分割信道的方法，即每个用户分配一个地址码，各个码型互不重叠，通信各方之间不会相互干扰，且抗干扰能力强。

码分多路复用技术主要用于无线通信系统，特别是用于移动通信系统中。它不仅可以提高通信的话音质量和数据传输的可靠性，以及减少干扰对通信的影响，而且增大了通信系统的容量。

2.1.5　数据交换技术

现代数据通信系统要求系统内任何用户可以与其他用户彼此通信。如果在每对用户之间都有一条通信线路连接，就可构成一个全连接网。当用户数量很多时，这种全连接网是不可能实现的。通常采用的方法是将系统内的用户通过通信线路连接到中继站，由中继站将要求通信的一对用户连接起来，通信结束，连接断开。当两个相距很远的用户通信时，可能要经过多个中继站。这样，既简化了系统内的通信线路，又提高了通信线路和通信设备的利用率。数据经过中继站时要将数据从一个用户的线路上交换到另一个用户的线路上，称作数据交换。通常有两种数据交换方式，即线路交换和存储交换。

1. 线路交换

当两个用户通信时，在它们之间需经过中继站建立一个物理信道。信道建立后，中继站不干预通信的内容。整个通信过程为：当主叫用户发出通信请求信号时，本地中继站回送应答信号；然后，由主叫用户发送被叫用户的地址，本地中继站根据被叫用户的地址确定应接通的线路；若被叫用户属于其他中继站的，就接通下一个中继站并将地址传送过去；当各有关中继站把一对用户线连通后，就可交换信息。通信结束后，这条线路上的各中继站必须将线路断开，供其他用户使用。通常将这种数据交换方式称为线路交换。

线路交换的典型特点是数据经过每个中继站时几乎没有延时，通信双方可以进行实时通信。它的主要缺点是通信双方占用一条线路后别的用户就不能再使用该条线路。当通信网络的负载加重时，将发生占线现象，使用户得不到及时的服务。线路交换的典型例子是电话通信网络。

2. 存储交换

在点—点通信方式中采用的存储转发技术就是存储交换。两用户通信过程中，中继站并不进行接通和断开实际线路的操作，而是把信息单元接收并存储起来，然后排队（如果输出有队列的话）等待发送。当队列轮到时，中继站根据信息单元中的地址信息，转发到下一个中继站，一直到把这信息单元传送到目的用户为止。这样，在同一时间内信息单元的传输只占用两个中继站之间的一段线路，而在两个通信用户间的其他段线路，可传输其他用户的信息单元，而不像线路交换那样必须占用整个线路。

为了使中继站能处理接收下来的信息单元，对信息单元的格式必须有统一的规定。例如，指明单元的开始、结束和目的地址等。存储交换的主要特点如下：

1）用户的信息单元要经过一段时间的延迟后才能到达目的用户。因此，不能进行实时交互式通信。

2）通过差错控制，可以重发有错的信息单元。

3）在中继站可以对信息单元进行处理，如改变数据的传输速率、修改数据格式等、从而实现不同数据通信设备之间的通信。

4）中继站具有存储信息和选择路径的能力，可以均衡不同通信线段的负载。

5）信息单元可以有不同的优先级，优先级高的信息单元可优先转发。

起初，计算机通信是以报文为单位进行发送和转发的。所谓报文，对用户来说是一个完整的信息单元。因此，存储交换又称为报文交换。但这种交换不适合计算机间通信。计算机通信的一个特点是报文变化很大，有的只有几个字节，有的可能有数千字节，甚至数兆字节。为了中继站能存储一定数量的报文，它必须按可能的最大报文长度来考虑中继站的存储容量，必要时还要配置外存。这不但浪费存储资源，而且对外存的存取会延长报文在中继站中存储转发的时间。

为了克服报文交换的缺点，出现了包交换技术。所谓包是将报文分割成的一系列长度较短，且不超过某一固定长度的信息单元，所以包又称为报文分组或简称分组。在中继站中进行存储转发时按单个包进行。例如，发送端有长报文要发送，首先按固定长度将其划分成包，在每个包中附加各种辅助信息，如包的分界符、地址、控制信息、顺序号等。按先后顺序逐个将包发往中继站。由于各个包都是独立的通信单元，在中继站可以按单个包进行存储与转发。每个包的存储与转发的延时小，占用一线路段的时间也减少。这样可以减少中继站的存储容量，提高通信线路的利用率。在包交换中，同一报文的包可以经过不同的路径到达目的端，由于路径不同，到达目的端的先后顺序可能不是原先发送的顺序，这样就要求接收端按原先的顺序，去掉附加信息组成报文再转交给用户。

通常把采用包交换方式的计算机网络称为包交换网。

2.1.6　数据传输介质

无论是模拟信号还是数字信号都要通过某个介质进行传输。由于介质的物理特性、连接方式、抗干扰能力的不同，不同介质的应用场合也不同。下面讨论常见的传输介质。

1. 双绞线

双绞线是使用最早、最普及的传输介质。它由两条相互绝缘的铜线螺旋式绞在一起，可减少对邻近线路的电磁干扰，如图 2-16 所示。双绞线既可用于传输模拟信号又可用于传输数字信号。传统的电话网络就采用双绞线。数字信号经调制后也可在电话网络中传输。例如，采用四相调制方式，数据传输率可达 9600bit/s；若直接传输数字信号，数据传输率为 1000Mbit/s 时，可在双绞线上传输 0.1km。在双绞线外加上屏蔽层会提高它的抗干扰能力。双绞线的带宽可达 268kHz，语音的带宽为 4kHz。因此，可以用频分多路复用技术在双绞线上传输多路语音信号。

由于双绞线价格便宜、安装方便，一些办公楼、住宅楼都安装了电话网络或计算机局域网络，在近距离内利用双绞线作为通信介质得到了广泛的应用。

2. 同轴电缆

同轴电缆由两个导体组成：其轴心是一根铜线，外包一圈绝缘材料；在绝缘材料外面是与铜线同轴的圆柱形导体，通常是由细铜线编织成网状圆柱形导体，在圆柱形导体外又包一圈塑料保护层，如图 2-17 所示。同轴电缆的这种结构使其具有较宽的频带和较强的噪声抑制能力，在性能和传输距离上都优于双绞线。

图 2-16　双绞线

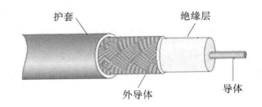

图 2-17　同轴电缆

通常使用的同轴电缆有两种规格：50Ω 电缆和 75Ω 电缆。50Ω 电缆用于传输数字信号，10Mbit/s 的数据传输率可传输 1km。75Ω 电缆又称宽带同轴电缆，主要用于传输模拟信号，它是有线电视（CATV）使用的电缆标准，频带高达 1000MHz。它在传输模拟信号时，可以分成不同的频带段来传输不同的模拟信号。例如，每 6MHz 的频带段传送一个电视频道或 3Mbit/s 的数字模拟信道。

3. 光纤

随着网络的普及，各种网络业务广泛开展，对网络的传输速度也提出了更高的要求。传统的同轴电缆、双绞线难以满足网络对高速、大容量的要求，在这种背景下，光纤传输技术迅速发展起来。

光纤的外形如图 2-18 所示。由于光纤具有传输频带宽、传输速率高、传输损耗小、中继距离远、传输可靠性高、误码率低、不受电磁干扰、保密性好等一系列优点，近年来光纤通信技术得到了迅速的发展，成为通信技术中十分重要的一项。

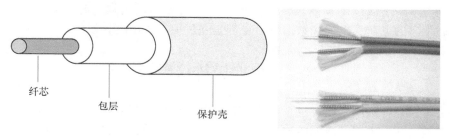

图 2-18　光纤

光纤是能传播光脉冲的传输介质。可用光脉冲的有或无来表示二进制数的"1"或"0"。由光学知识可知，在两种不同折射率介质中，光从一种介质进入另一种介质时会发生折射。当光的入射角等于或大于某一个临界值时，光会完全反射回第一种介质，称为全反射，光不会泄漏而损耗掉。光纤正是利用这一光学原理来远距离传输数据的。

光纤是具有高折射率的光导体。从任何大于临界值的角度射入的光线，都在介质边界被全反射回光导纤维。那么，不同的光线将用不同的反射角传播，这种光纤称作多模光纤。如果光纤的直径减少到光波波长的数量级，则只有轴向射入的光能通过光纤传播，就没有反射波，这种光纤

图 2-19　光纤传输模式

称作单模光纤。单模光纤具有较好的传播性能，能以 1000Mbit/s 的速率，将数据传输 1km。但这种单模光纤只能采用激光二极管驱动器。在较低数据传输率下，大功率激光驱动器可将数据传输 1000km。光纤传输模式如图 2-19 所示。

由于光纤具有频带宽、不受电磁波干扰、安全保密性好等优点，光纤不但可用于计算机网络通信上，而且越来越广泛用于长途电话线路上，逐步取代了同轴电缆。

光纤应用的主要问题是很难分叉、技术复杂、光漏损失严重。因此，光纤主要用于点到点的通信。

4. 无线传输介质

通过空间传输的电磁波有各种不同的频率范围。例如，广播电台有短波、中波、长波等波段，以及电视广播波段，它们的频率范围为 $10^5 \sim 10^8$ Hz；而用于数据通信的电磁波有微波、红外线和激光，它们的频率范围分别为，微波 $10^9 \sim 10^{10}$ Hz、红外线 $10^{11} \sim 10^{14}$ Hz、激光 $10^{14} \sim 10^{15}$ Hz。对于这些甚高频电磁波的通信通路必须处于视线内，不能受建筑物遮挡。

利用微波进行通信是比较成熟的技术。计算机可以直接利用微波收/发机进行通信，还可通过微波中继站来延长微波通信的距离。微波通信不受雨、雾等天气的影响，但在方向性及保密性方面不及红外线及激光通信。

卫星通信是以人造卫星为电磁波中继站。卫星接收来自地面发送站发出的电磁波信号后，再以广播方式用不同的频率发回地面，为地面工作站所接收。卫星可以由一个或多个转

发器接收一个或多个波段的输入信号。卫星通信具有通信距离远、容量大和可靠性高等特点。现在远距离的电话、电视和数据等信息都是通过卫星来中继转发的。

2.2 物理层协议概述

物理层协议是各种网络设备进行互连时必须遵守的最底层协议，其目的是在两个物理设备之间提供透明的二进制位流的传输。即物理层为启动、维护和释放数据链路实体之间的二进制位传输而进行的物理连接提供机械的、电气的、功能的和规程的特性。这种物理连接既可以是直接的，也可以是通过中间系统间接连接，其二进制位流的传输可采用同步、异步、全双工、半双工等方式进行。

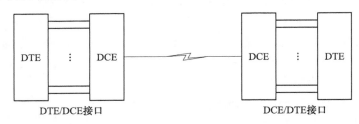

图 2-20 DTE/DCE 间的接口

网络节点与物理信道的连接如图 2-20 所示。与物理信道直接相连的设备称为数据电路端接设备（Data Circuit-terminating Device，DCE），DCE 再与数据终端设备（Data Terminal Device，DTE）连接。当物理信道是模拟信道时，DEC 是 MODEM。DTE 泛指网络节点设备，如主计算机、终端设备或通信处理机。物理层协议即 DTE 与 DCE 之间的接口协议，目的是保证相邻网络节点之间能够正确地收、发二进制位信息。可见，计算机网络的物理层协议在于制定 DTE 与 DCE 之间的接口标准，它涉及四个方面的特性：机械特性、电气特性、功能特性和规程特性。

1. 机械特性

机械特性规定接口通过什么样的接插件连接，即规定 DTE 与 DCE 之间连接器的大小和形状、连接器各个引脚的分配、传输介质的参数和特性等。

2. 电气特性

电气特性规定 DTE 与 DEC 之间有多少条信号及信号线的方向，同时规定信号波形和参数、电压和阻抗的大小、编码方式等。电气特性还决定了接口之间的传输速率和传输距离。接口的电气特性主要有三种：不平衡型、半平衡型和平衡型。它们的主要区别是驱动线路和接收线路是否采用差分驱动或差分接收电路。

3. 功能特性

功能特性规定每条接口线的功能，即给 DTE 与 DCE 之间的各信号线分配确定含义。信号大致可分为数据、控制、定时和地线几类。

4. 规程特性

规程特性规定如何使用上述接口信号线，即规定在完成连接的建立、维持、信息交换及拆除连接时，DTE 和 DCE 双方在各线路上的动作规则或动作序列。

2.3 物理层协议实例

由于一开始计算机网络使用模拟电话信道，所以 CCITT 较早地开始和建立了只适用于电话网上进行数据传输的 V 系列协议。随着国家性和国际性数据网的发展，CCITT 又提供了用于公用数据网中进行数据传输的 X 系列协议。

典型的物理层协议有 EIA（电子工业协会）的 232-E 接口标准、RS-449 接口标准、RS-485 协议及 CCITT 的 X.21 协议等。

2.3.1 EIA-232-E 接口标准

EIA-232-E 接口标准是 EIA 发布的用于串行数据交换的标准。该标准来源于 EIA 于 1961 年发布的 RS-232，这里的 RS 是建议标准（Recommended Standard）的缩写，232 是该标准的编号；1969 修订为 RS-232-C，C 表示这是该标准的第三次修订；1987 年修订为 EIA-232-D；1991 年修订为 EIA-232-E。EIA-232-E 是目前使用最广泛的一个通信接口标准，它与 CCITT 的 V.24 基本相同，主要用于数据终端设备与 MODEM 之间的数据传输，也可以用于终端与计算机、计算机与计算机之间的数据传输。EIA-232-E 规定接口两边设备的连接距离不能超过 15m，数据传输速率不能超过 20000bit/s。下面主要对 EIA-232-E 标准所规定的接口的信号特性和引线分配等进行介绍。

1. EIA-232-E 接口的信号特性

EIA-232-E 采用负逻辑规定信号电平，与通常的 TTL 电平不兼容。EIA-232-E 规定，对于发送器，输出的逻辑 1 的电平范围为 $-5 \sim -15\mathrm{V}$，逻辑 0 的电平范围为 $5 \sim 15\mathrm{V}$；对于接收器，接收的电平范围在 $-3 \sim -25\mathrm{V}$ 内为逻辑 1，在 $3 \sim 25\mathrm{V}$ 范围内为逻辑 0，如图 2-21 所示。

由于 EIA-232-E 电平与 TTL 电平不兼容，而计算机内部使用的接口芯片大都使用 TTL 电平，因此在实现 EIA-232-E 接口时，就需要进行电平转换。

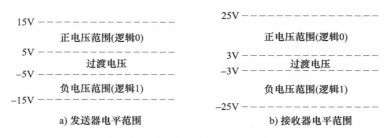

图 2-21 EIA-232-E 接口的信号特性

2. EIA-232-E 接口的引线分配

EIA-232-E 标准规定了 25 针的连接器，并且规定在 DTE 一端的插座为插针型，在 DCE 一端的插座为插孔型。图 2-22 给出的是插针型插座的引线排列。表 2-2 列出了

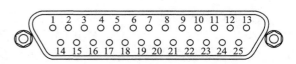

图 2-22 EIA-232-E 的引线排列

引线和信号之间的对应关系。表中第一栏是 25 芯连接器的引线号，第二栏中的数字是

CCITT 标准对应的信号引线号，第四栏中的方向是从 DTE 的角度说的。

表 2-2　EIA-232-E 接口的信号定义

引线号	CCITT 引线号	名称	方向	说　　明
1	101	PG		保护地
2	103	TD	出	发送数据
3	104	RD	入	接收数据
4	105	RTS	出	请求发送
5	106	CTS	入	允许发送
6	107	DSR	出	数据设备准备好
7	102	SG		信号地
8	109	CD	入	载波检测
9		测试用		
10		测试用		
11		未用		
12		SCD	入	第二信道接收载波检测
13		SCTS	入	第二信道允许发送
14	118	STD	出	第二信道发送数据
15	113	TSET	出	发送时钟，用于同步通信
16	119	SRD	入	第二信道接收数据
17	115	RSET	入	接收时钟，用于同步通信
18		未用		
19		SRTS	出	第二信道请求发送
20	108	DTR	出	数据终端准备好
21		SQD	入	信号质量检测
22	125	RI	入	振铃指示
23	111	DSRS	出	数据信号速率选择
24	114	ESET		从外部向 DTE 和 DCE 提供的时钟
25				未用

　　由表 2-2 可以看出，EIA-232-E 接口既可以用于同步通信，也可以用于异步通信。值得说明的是，在当前广泛使用的 PC 上的串行接口是简化了的 EIA-232-E 接口，它支持异步通信，并且使用 9 针的连接器。

　　当传输距离较远时，两个数据终端设备（如一台计算机与一台终端）需要通过 MODEM 相连。但当距离较近时，不需要 MODEM，就成了两个 DTE 通过 EIA-232-E 接口直接相连。这时，需要做一条通信电缆来连接两个数据终端设备。图 2-23 给出的是在使用异步通信时的两种连接方法。使用图 2-23a 的接线方法时，由于没有状态线互连，要考虑两端的同步问题。当接收端还没有将前一个字符从接收器读出，而后一个字符又到来时，可能会覆盖前一个字符，从而造成通信错误。

2.3.2 RS-449 接口标准

为了改善 RS-232-C 的电气特性、延长接口电缆距离和最大限度地提高数据传输速率，EIA 于 1977 年发布了 RS-449 接口标准。该接口标准定义了一个 37 条引线的连接器，增加了 10 条信号线。RS-449 只规定了接口的功能和机械特性以及规程特性，接口的电气特性由另外两个标准 RS-422A 和 RS-423A 规定。

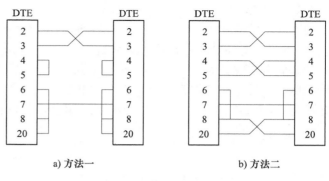

图 2-23 DTE 之间的互连

1. RS-422A

RS-422A 采用平衡线路，差分输出，差分输入。每路信号采用双线传输，抗干扰能力很强。标准规定发送器的输出电压为 2~6V（输出端之间），接收器的门限电压为-0.2~0.2V。当传输距离在 10m 以内时，速率可达 10Mbit/s，当距离增至 1km 时，允许的最大速率是 100kbit/s。

2. RS-423A

RS-423A 采用非平衡线路，即每一路信号均为单端输出，差分输入。电路按传输方向分成两组，每个方向共用一条回线，从而使串音干扰减小。该标准规定发送器的输出电压为 ±3.6~±6V，接收器的输入门限电压为-0.2~+0.2V。当传输距离在 10m 以内时，传输速率可达 300kbit/s；传输距离增加则速率降低，当距离为 1km 时，允许的最大速率为 3kbit/s。

图 2-24 所示为 EIA 的 232-E、RS-422A 和 RS-423A 三种接口标准电气连接图。

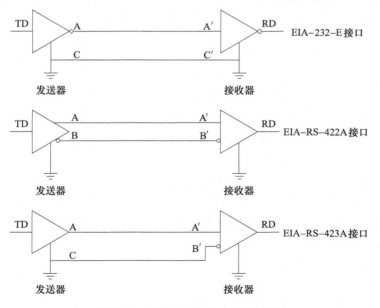

图 2-24 三种接口标准电气连接图

3. RS-485 接口

前面讨论的 EIA-232-E、RS-423A 和 RS-422A 三种接口标准只适用于两台设备之间的连接，而 RS-485 接口则适用于多台设备之间的连接。如图 2-25 所示，RS-485 接口在 RS-422A 接口的基础上对发送器和接收器增加了信号控制，当某个设备不发送或不接收时可以通过控制线关闭其发送器或接收器。为避免信号冲突，任何时候在连接线上只允许一个发送器处于发送状态。RS-485 接口发送器的输出电压以及接收器的输入门限电压与 RS-422A 相同。

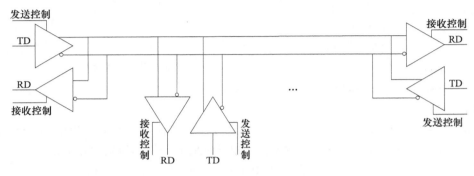

图 2-25　RS-485 接口示意图

2.3.3　X.21 协议

X.21 协议是 CCITT 推荐的数字接口标准，该协议规定了计算机或终端与公共数据网的通用同步接口标准。它描述了 DTE 与 DCE 之间三方面的内容：交换电路的使用；接口信号的排列；接口信号的意义和同步信号。

1. X.21 接口信号线的意义和功能

X.21 接口各信号线的名字和功能如图 2-26 所示。它采用 15 针的连接器，只用了其中 8 针。DTE 用 T 线和 C 线发送数据信号和控制信号；DCE 用 R 线和 I 线接收数据信号和控制信号；S 线是 DCE 发给 DTE 用的比特定时信号，告诉 DTE 一位的开始和结束。B 线是 DCE 发给 DTE 的字节定时信号，告诉 DTE 一个字节的开始和结束。B 线是可选的，如果接口部件中提供了 B 线，则表示把 8 位组成一帧，DTE 必须在帧的边界上开始发送字符。如果没有提供 B 线，则 DTE 至少必须发两个 SYN 同步字符后，才能发送字符，即用 SYN 字符序列作为开始发送和结束发送的标志。通常不管有没有 B 线，在发送数据之前，都要发两个 SYN 同步字符，以维持网中的兼容性（因为有些终端提供 B 线，有些终端没有提供 B 线）。

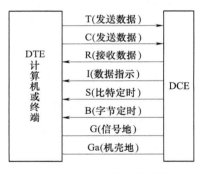

图 2-26　X.21 接口信号线

2. X.21 接口的工作过程

X.21 接口的工作过程可分为以下三个阶段：

1）空闲阶段：在此阶段接口不工作，就像电话网中电话挂起的情况一样。

2）控制阶段：呼叫建立和清除阶段。呼叫建立指通过交换控制信号来建立主叫 DTE 和被叫 DTE 之间的通信关系。呼叫清除指通过交换控制信号以中断它们之间的通信关系。

3）数据传输阶段：在此阶段中，通信双方彼此交换数据。

3. X.21 接口的工作原理

当接口不工作时，四根信号线 T、C、R 和 I 都处于"1"状态（"1"为 off，"0"为 on）。当 DTE 进行一次呼叫时，它设置 T 为"0"，C 为 on，这相当于打电话时拿起话筒的情形。若 DCE 已连在线路上，则它由 R 线发一 ASCII 字符"+"（相当于电话线路畅通，可以拨号的"呜……"声），告诉 DTE 可以拨地址码（即电话号码）；DTE 收到字符"+"后，就开始拨地址（一串 ASCII 字符），通过 T 线发给 DCE；DCE 收到地址后，发回"呼叫结果信号"给 DTE，告诉呼叫进行的结果。该信号由 CCITT X.96 协议定义，它由二位十进制数字组成，第一位表示呼叫结果的一般类型，第二位数字是详细情况。一般类型包括呼叫接通、再试（占线）等。呼叫失败可再试，但仍会失败（线路出故障等）。如果呼叫成功，DCE 置 I 线为 on，通知 DTE 可以开始发送数据。

一旦建立全双工数字通信后，双方通过 T 和 R 线交换数据。当通信结束时，由呼叫 DTE 置 C 线为"1"，T 线为"0"，向 DCE 表示该 DTE 不再发送数据，但仍等待对方发来数据。若对方也不再发送数据，则置 I 线为"1"，R 线为"0"，通知 DTE 它不再发送数据，同时 DCE 挂起电话，置 R 为"1"。DTE 收到 R=1 后，即置 T=1，亦挂起电话，至此，线路恢复空闲状态。表 2-3 比拟电话事件列出了 X.21 接口的具体工作过程。

被呼叫过程与呼叫过程类似。如果发生呼叫冲突，即向外呼叫和向内呼叫同时出现，则规定放弃进入的呼叫，向外呼叫继续有效。

表 2-3 X.21 接口工作过程（比拟电话事件）

操作序号	C	I	电话中类似事件	DTE T 线	DCE R 线
0	off	off	线路空闲	T=1	R=1
1	on	off	DTE 拿起话筒	T=0	
2	on	off	DCE 给一 DTE 允许拨号声，表示 DTE 可以拨号（地址）		R="++…+"
3	on	off	DTE 拨号	T="地址"	
4	on	off	远方电话铃响		R="呼叫进行"
5	on	on	远方拿起电话		R=1
6	on	on	对话	T=数据	R=数据
7	off	on	DTE 结束谈话，说再见	T=0	
8	off	off	DCE 结束谈话，说再见		R=0
9	off	off	DCE 挂起电话		R=1
10	off	off	DTE 挂起电话	T=1	

X.21 协议与 V.24 协议相比，接口信号线大幅减少。后者需要 25 根信号线，而前者只需要 8 根信号线。此外，X.21 改善了接口的电气性能。通过加上一个 LSI 对称电路，使该接口在 1km 内，能以 10^5 bit/s 的速率传输数据；如果距离缩短到 10m，则速率可提高到 10^7 bit/s。

计算机网络

2.3.4 以太网的物理层标准

以太网（Ethernet）最早是指由 DEC（Digital Equipment Corporation）、Intel 和 Xerox 组成的 DIX（DEC-Intel-Xerox）联盟开发并于 1982 年发布的标准。后来，美国电子电气工程师协会（Institute of Electrical and Electronics Engineers，IEEE）制定了与 DIX 以太网的标准相兼容的 IEEE 802.3 以太网标准。IEEE 802.3 标准规定了包括以太网物理层的连线、电子信号和介质访问层协议等内容。

以太网的标准拓扑结构为总线型拓扑，但目前的快速以太网（100BASE-T、1000BASE-T 标准等）为了减少冲突，提高网络速度和使网络传输效率最大化，使用交换机（Switch Hub）来进行网络连接和组织。这样，以太网的拓扑结构就成了星形结构；但在逻辑上，以太网仍然使用总线型拓扑和 CSMA/CD（Carrier Sense Multiple Access/Collision Detection，载波侦听多路访问/碰撞侦测）总线技术。

从以太网出现以来，其物理层经过多年的发展，变化很大，包括多种物理介质接口、从 1Mbit/s~400Gbit/s 跨越几个数量级的多种不同的传输速率、物理介质范围从笨重的同轴电缆到双绞线和光纤。

许多以太网卡和交换机支持多种不同的传输速率和双工（半双工/全双工）方式。通常网卡和交换机接口通过使用自动协商来为两个连接的设备支持的最佳值设置速率和双工方式。

到 2007 年，10Gbit/s 的以太网已经在企业和运营商网络中使用，40Gbit/s 和 100Gbit/s 的以太网也获得批准。2017 年，以太网家族中又增添了 200Gbit/s 和 400Gbit/s 的成员。

以太网是目前应用最广泛的一种计算机局域网技术，已经完全取代了其他局域网标准，如令牌环、令牌总线等。

1. 以太网的分类

（1）早期以太网　早期以太网大多使用基带同轴电缆或双绞线作为传输介质，曼彻斯特编码作为传输编码。早期以太网详见表 2-4。

表 2-4　早期以太网

名称	标准	描述
10BASE-5	802.3—1983	最原始的以太网标准，使用 50Ω 的粗同轴电缆，也被称为 DIX 标准，后被称为粗缆以太网。速率为 10Mbit/s。2003 年停止支持
10BASE-2	802.3a—1985	使用 50Ω 的细同轴电缆，被称为细缆以太网。速率为 10Mbit/s。2011 年停止支持
10Broad-36	802.3b—1985	支持更长距离的以太网。使用宽带调制技术和宽带同轴电缆工作。速率为 10Mbit/s。2003 年停止支持
1BASE-5	802.3e—1987	使用双绞线和有源 Hub。速率为 1Mbit/s。2003 年停止支持
10BASE-T	802.3i—1990	使用 3 类或 5 类双绞线和有源 Hub 或交换机。速率为 10Mbit/s
10BASE-TE	802.3az—2010	10BASE-T 的节能型以太网变种，使用 5 类双绞线，降低了信号幅度。与 10BASE-T 节点完全互操作
FOIRL	802.3d—1987	使用光纤作为传输介质。光纤以太网的原始标准，后由 10BASE-FL 取代

（续）

名称	标准	描述
10BASE-F	802.3j—1993	使用光纤电缆的 10Mbit/s 以太网标准（10BASE-FL、10BASE-FB 和 10BASE-FP）的通称。其中只有 10 BASE-FL 被广泛使用
10BASE-FL	802.3j—1993	FOIRL 标准的更新版本，使用 FDDI 型多模光纤，距离 2km，光波长为 850nm
10BASE-FB	802.3j—1993	FOIRL 的直接继承者，用于连接多个 Hub 或交换机骨干。2011 年停止支持
10BASE-FP	802.3j—1993	一种不需要中继器的无源光星形网络标准，它从未实现。2003 年停止支持

（2）快速以太网　所有快速以太网都使用星形拓扑。100BASE-X 类型的实现通常使用 4B/5B PCS 编码。详见表 2-5。

表 2-5　快速以太网

名称	标准	描述
100BASE-T	802.3u—1995	三种 100Mbit/s 双绞线以太网标准的统称，包括 100BASE-TX、100BASE-T4 和 100BASE-T2
100BASE-TX	802.3u—1995	使用 4B/5B MLT-3 编码，5 类双绞线中的 2 个线对。截至 2018，仍然很受欢迎
100BASE-T4	802.3u—1995	使用 8B/6T PAM3 编码，3 类双绞线中的 4 个线对。2003 年停止支持
100BASE-T2	802.3y—1998	使用 PAM-5 编码，3 类双绞线，星形拓扑，支持全双工。它在功能上相当于 100BASE-TX，但支持老的电话电缆。需要特殊的精密数字信号处理器来处理所需的编码方案，成本很高，因此并无产品面世
100BASE-T1	802.3bw—2015	在一个 15m 范围的双向双绞线对上使用 66.7MBd 的 PAM-3 调制；三个比特编码为两个三进制符号。其主要用于汽车应用
100BASE-FX	802.3u—1995	使用 4B/5B NRZI 编码，两股多模光纤。半双工连接的最大长度为 400m，全双工连接的最大长度为 2km
100BASE-BX10	802.3ah—2004	使用单股单模光纤双向传输。光多路复用器用于将发射和接收信号分成不同的波长共享同一光纤。连接的最大长度为 10km，只支持全双工连接
100BASE-LX10	802.3ah—2004	使用一对单模光纤，连接的最大长度为 10km，只支持全双工连接

（3）千兆以太网　千兆以太网均使用星形拓扑。1000BASE-X 的各种以太网均使用 8B/10B PCS 编码。起初，标准中包括半双工模式，但后来被放弃了。详见表 2-6。

表 2-6　千兆以太网

名称	标准	描述
1000BASE-T	802.3ab—1999	使用 8P/8C PAM-5 编码，5 类或超 5 类双绞线中的全部 4 个线对，每对线都是全双工传输。应用极为广泛
1000BASE-T1	802.3bp—2016	使用 80B/81B PAM-3 编码，使用单一的双绞线对实现全双工传输；连接距离为 15m（用于汽车应用）或 40m（用于工业应用）

（续）

名称	标准	描　述
1000BASE-SX	802. 3z—1998	使用 8B/10B NRZ 编码，850nm 载波，多模光纤，连接距离 550m
1000BASE-LX	802. 3z—1998	使用 8B/10B NRZ 编码，1310nm 载波，多模光纤连接距离 550m；单模光纤连接距离 5km
1000BASE-BX10	802. 3ah—2004	使用在 1310~1490nm 载波；在单股单模光纤上双向传输，连接距离 10km；此标准通常被称为 1000 Base BX
1000BASE-LX10	802. 3ah—2004	与 1000BASE-LX 相同，但使用一对单模光纤，并且增加了信号功率，提高了灵敏度，使连接距离可达 10km

（4）2.5G、5G 和 10G 以太网　10G 以太网定义了一个标称数据速率为 10Gbit/s 的以太网版本。2002 年，发布了第一个 10G 以太网标准 IEEE 802.3ae—2002。随后的标准包括单模光纤（长距离）、多模光纤（400m）、铜背板（1m）和铜双绞线（100m）的介质类型。所有 10G 标准合并到 IEEE 802.3—2008。截至 2009 年，10G 以太网主要部署在载波网络中，其中 10GBASE-LR 和 10GBASE-ER 占有较大的市场份额。

后来，为了降低成本，充分利用已有的布线，又推出了 10GBASE-T 降低了速率的版本 2.5GBASE-T 和 5GBASE-T，其物理层仅支持双绞线。

10G、2.5G 和 5G 以太网详见表 2-7。

表 2-7　10G、2.5G 和 5G 以太网

名称	标准	描　述
10GBASE-T	802. 3an—2006	使用 8P/8C PAM-5 编码，5 类或超 5 类双绞线中的全部 4 个线对。每对在两个方向上同时使用
2. 5GBASE-T	802. 3bz—2016	使用超 5 类双绞线，连接距离可达 100m
5GBASE-T		使用 6 类双绞线，连接距离可达 100m

（5）其他高速以太网　2010 年之后，IEEE 又陆续推出了更高速的以太网标准，包括 25G、40G、50G、100G、200G 和 400G。这些高速以太网多数仅仅支持使用光纤作为传输介质。

2. IEEE 802.3 标准以太网的分层结构

IEEE 802.3 标准以太网包括了 OSI 参考模型的最低二层，即物理层和数据链路层。其中，数据链路层又分成了两个子层，分别为介质访问控制（Media Access Control，MAC）子层和逻辑链路控制（Logical Link Control，LLC）子层。根据需要，还有一个可选的 MAC 控制（MAC Control，MACC）子层。物理层一般由协调子层（Reconciliation Sublayer，RS）、介质无关接口（Medium Independent Interface，MII）、物理编码子层（Physical Coding Sublayer，PCS）、物理介质连接子层（Physical Medium Attachment，PMA）和介质相关接口（Medium Dependent Interface，MDI）组成。

这里只讨论 IEEE 802.3 标准以太网的物理层。

前面提到了不同速率、不同物理介质的各种 IEEE 802.3 标准以太网规范，其实每一种规范对应的物理层都是不一样的。这里以 1000BASE-X 为例介绍以太网的物理层协议。

1000BASE-X 以太网的分层结构如图 2-27 所示。

1000BASE-X 的物理层从上往下包括:

1) RS, 协调子层。完成汇聚功能, 使不同介质类型, 对 MAC 子层透明。

2) GMII, 千兆以太网的介质独立接口。它提供公共接口, 屏蔽物理层使用的物理介质的细节。

3) PCS, 物理编码子层。它负责 8b/10b 编码, 可以把从 GMII 口接收到的 8 位并行的数据转换成 10 位串行的数据输出。因为 10bit 的数据能有效地减小直流分量, 降低误码率。另外, 采用 8b/10b 编码便于在数据中提取时钟并进行同步。

4) PMA, 物理介质连接子层。进一步将 PCS 子层的编码结果向各种物理介质传送, 主要是负责完成串/并转换。PCS 层以 125Mbit/s 的速率并

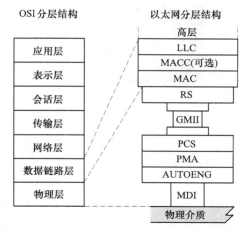

图 2-27 1000BASE-X 以太网的分层结构

行传送 10 位代码到 PMA 层, 由 PMA 层转换为 1.25Gbit/s 的串行数据流进行发送, 以便实际能得到 1Gbit/s 的千兆以太网传输速率。

5) AUTOENG, 自动协商。在相连接的两台设备间协商能达到的最大传输速率和双工方式。

6) MDI, 介质相关接口, 又称为 PMD (Physical Medium Dependent sublayer, 介质相关子层)。PMD 子层对各种实际的物理媒体接口完成真正的物理连接。由于 1000BASE-X 支持多种物理媒介, 如光纤和屏蔽双绞线等, 它们的物理接口显然不会相同。有的要进行光/电转换, 有的要完成从不平衡到平衡的转换。PMD 层对这些具体的连接器做出规定。

3. IEEE 802.3 标准以太网的物理层接口

如前所述, IEEE 802.3 标准以太网支持不同的传输速率、不同的传输介质。所使用的介质不同, 其接口也不一样。以下以使用双绞线作为传输介质的 10BASE-T、100BASE-TX 和 1000BASE-T 以太网为例介绍其物理层接口。

(1) RJ-45 接口 使用双绞线作为传输介质的各种不同速率的以太网均使用 RJ-45 作为介质连接接口。RJ-45 是一个常用名称, 指的是由 IEC(60)603-7 标准化, 使用由国际性的接插件标准定义的 8 个位置 (8 针) 的模块化插孔或者插头。IEC(60)603-7 也是 ISO/IEC 11801 国际通用综合布线标准的连接硬件的参考标准。RJ-45 中的 RJ 代表已注册的插孔 (Registered Jack), 是来源于贝尔系统的通用服务分类代码 (Universal Service Ordering Codes, USOC) 代码。USOC 是一系列已注册的插孔及其接线方式, 是由贝尔开发的, 用于将用户的设备连接到公共网络。

ISO/IEC 11801 标准关于连接硬件需求的规定如下:

1) 信息插座连接处的物理尺寸参考 IEC(60)603-7 的 8 针 (RJ-45) 标准。

2) 信息插座的电缆端接导体数量为 8。

RJ-45 接口的插座和插头分别如图 2-28 和图 2-29 所示。

(2) TIA/EIA-568 标准线序 TIA/EIA-568 标准是 1991 年 7 月由 TIA (Telecommunication Industries Association, 电信工业协会) 和 EIA (Electronics Industries Association, 电子

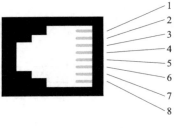

图 2-28　RJ-45 插座

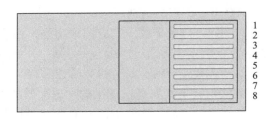

图 2-29　RJ-45 插头

工业协会）推出的，支持多厂商的通信配线标准。这个标准的内容非常多，这里只讨论在使用 8 芯（4 对）双绞线连接时的 TIA/EIA-568 标准线序。TIA/EIA-568 标准分为 568.A 和 568.B 两个，分别规定了 8 芯双绞线在 RJ-45 插头和插座中的线序。当 DTE（如计算机等）与 DCE（如交换机和 Hub 等）连接时使用 568.B 标准线序；当 DTE 与 DTE 相连（如两台计算机直连）或 DCE 与 DCE 相连（如交换机级联）时一端用 568.A，另一端使用 568.B。TIA/EIA-568 标准线序如图 2-30 和图 2-31 所示。

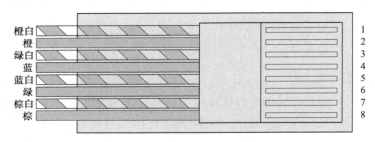

图 2-30　TIA/EIA-568B 标准线序

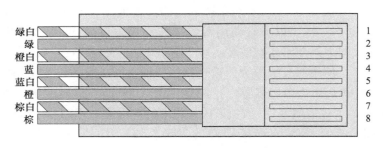

图 2-31　TIA/EIA-568A 标准线序

在 10BASE-T 和 100BASE-TX 的以太网中只使用了 2 对线，即 1、2（橙白和橙）、3、6（绿白和绿），另两对线未用。在 DTE 中 1、2 线用于接收，3、6 线用于发送；DCE 正好相反。由于现在以太网芯片具有自动识别线上信号收、发的功能，并能自动反转，因此，以太网的连接线可以随意按照 568.A 或 568.B 的线序连接。

在符合 IEEE 802.3 的 1000BASE-T 以太网中使用全部 4 对线进行全双工传输，每对线的传输速率为 250Mbit/s，4 对线的总传输速率为 1000Mbit/s。它可以采用 5 类、超 5 类、6 类或者 7 类非屏蔽双绞线作为传输介质，最长有效距离与 100BASE-TX 一样可以达到 100m。

用户可以采用这种技术在原有的布线系统中实现从 100~1000Mbit/s 的平滑升级。

2.4 小　结

本章简要地介绍了物理层的功能及物理层的四特性。物理层的主要功能是为链路层提供透明的二进制流服务。为实现这种服务，它提供通信介质连接的机械的、电气的、功能的和规程的特性。

物理层的四特性决定了它与数据通信的紧密联系。为此，简要介绍了与物理层有关的数据通信的基本概念，如数据与信号、模拟传输与数字传输、数据传输速率等。在此基础上介绍了数据传输及传输过程对信号的基本要求。对于基带传输，有不归零、曼彻斯特、差分曼彻斯特三种基本编码方法；对于频带传输，有调幅、调频、调相三种信号调制方法；对于数字传输，主要采用 PCM 方法。

在物理层使用的传输介质分为有线和无线两大类。数据的传输可采用同步和异步两种方式进行。为了充分利用介质的特性，在数据传输中采用多路复用技术，即频分多路复用、时分多路复用、波分多路复用和码分多路复用方式。

物理层协议主要研究 DTE 与 DCE 之间的接口特性。这里介绍了 EIA-232-E、EIA-RS-449、X.21 和以太网四种，并分别探讨了它们的实现原理。

习　题

1. 物理层的功能是什么？什么是物理层的四特性？
2. 模拟数据与数字数据有何不同？
3. 模拟传输和数字传输有何本质的区别？
4. 什么是基带传输？什么是频带传输？什么是数字传输？
5. 频带传输中采用什么方法来调制信号？
6. 在计算机网络中采用哪些传输介质？
7. 试述同步传输方式和异步传输方式的实现原理。
8. 试述 EIA-232-E 接口标准各主要引脚的意义及其工作过程。
9. 试述 X.21 协议的工作过程。
10. 10BASE-T、100BASE-TX 和 1000BASE-T 的布线连接有什么差别？它们使用的介质有什么不同？

第3章

数 据 链 路 层

计算机网络体系结构的第二层是数据链路层，完成的功能是在物理信道的基础上，提供无差错的数据链路。物理连接由于干扰、噪声、设备速率不匹配等原因，出现传输差错是不可避免的。这种差错包括物理信号本身变形而产生的比特差错、数据丢失、接收端缓冲区溢出等。这些差错将导致接收端不能获得完整的比特序列，无法实现可靠的比特传输。

数据链路层为使用物理连接的 AP（Access Point）实体提供一条逻辑数据链路，即一套链路控制规程，使得该 AP 实体可以得到可靠的、无差错的比特传输服务。例如，实际信道中的物理信号的变形、衰减难以避免，会引起比特差错。但可以在接收端增加比特差错校验的规程，使接收端能够判别比特流中是否存在差错，进而采取纠正措施。在上述情况中，物理信道本身并没有变成理想信道，但由于增加了这个规程，使得调用数据链路层功能的 AP 实体得到了无比特差错的高质量服务，即比特的差错对于 AP 实体来说变得透明了。

数据链路层的工作原理如图 3-1 所示。

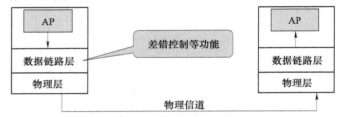

图 3-1　数据链路层的工作原理

3.1　数据链路层的功能

为了实现比特流的差错控制，数据链路层协议需要按照本身的规程，将 AP 实体提供的待传输比特流划分为 PDU（Protocol Data Unit）。在数据链路层，这种 PDU 称为帧（Frame）。帧结构如图 3-2 所示。

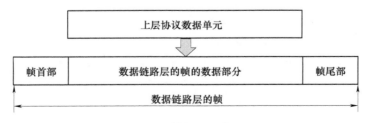

图 3-2　帧结构示意图

既然数据链路层的功能是在不可靠的物理连接的基础上，提供可靠的比特流传输服务，解决帧中的比特差错、帧丢失、帧重复等问题，它的协议应该包含以下内容：

1）流量控制。匹配数据发送和接收速率，解决接收方缓冲区溢出问题。

2）差错控制。解决帧传输过程中的比特差错问题。

3）链路管理。控制发送方和接收方的状态，使发送方明确知道接收方就绪与否，交换必要的通信参数信息，通信结束后的缓冲区释放等，即数据链路的连接、维护和释放。

4）帧同步。即设计一种规程，使接收端能够明确获知一个帧的开始和结束。

5）区分数据和控制信息。为了完成上述功能，链路层的帧结构由数据信息和控制信息组成。发送端和接收端必须制定明确规程，使接收方在解析帧时，能够确定哪些比特是控制信息，哪些比特是数据信息。

6）透明比特流传输。任何比特组合都应该可以在帧中传输，而不会存在二义性，特别是控制信息和数据信息间的混淆。若控制信息中采用了某一特殊比特组合作为关键字，数据信息中若也出现该比特组合，应能够正确传输，而不会被接收方误判为控制关键字。

7）寻址。在多点接入的链路结构中，寻址的功能用来确保帧被投递到正确的接收端。

3.2　流　量　控　制

数据链路层需要完成的一种差错控制是由于接收方速率过低而导致的数据丢失问题。一个直接的解决方法是在接收方设置一个数据链路层缓冲区，用于暂存帧，以匹配发送方较高的发送速率。但问题是不知道多大的缓冲区是合适的，也无法设置无限大的缓冲区。因此，流量控制非常必要。本节在假设已经确定比特差错校验方法的基础上，专门处理流量控制问题，学习和讨论科学的流量处理策略。

3.2.1　简单的流量控制策略

为了不使接收方由于速率低或缓冲区溢出而产生帧丢失的情况，最直接的设计思路是：由接收方控制流量，即发送方只有在接收方允许时，才能发送帧。停等协议（Stop and Wait）是一个典型的例子。

在停等协议中，发送方每发送一个帧后都要暂停发送，等待接收方的应答；只有收到接收方的应答后，发送方才启动下一个帧的发送。由停等协议的原理可知，它是由接收方来控制流量的。与理想传输模型相比，停等协议模型如图3-3所示。

在上述模型中，假设接收方每收到一个帧都会给出应答。但在实际物理信道中，有可能出现比特差错或者帧丢失的情况。因此，完整的停等协议必须考虑如下情况：

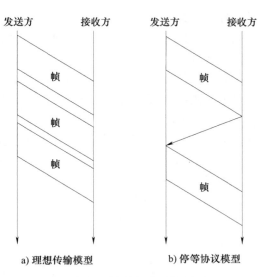

图3-3　简单的流量控制

1）正常情况。帧到达接收方，且通过了接收方的比特差错校验。此时，接收方向发送方发送应答帧（Acknowledgement，ACK）。发送方只有收到 ACK 帧，才能发送下一个帧。

2）帧差错。帧中存在比特差错，没有通过比特差错校验。此时，接收方可以采取两种策略：利用纠错码，纠正差错比特；丢弃该出错帧，通知发送方重发。前一种计算和传输的开销大，所以数据链路层采用第二种方法，即差错重传。用于通知发送方出错情况的帧是否认帧（NAK）。发送方一旦收到 NAK，将重发发送缓冲区中保留的帧。

3）帧丢失。由于干扰严重，接收方没有收到帧，此时它不会向发送方发送任何帧，不论是 ACK 还是 NAK。为了防止发送方永远等待，出现死锁，必须引入计时器。计时器的初值是发送方应该收到 ACK/NAK 的时间间隔。若计时器超时没有收到任何 ACK/NAK，发送方将此种情况认定为帧丢失，将重传发送缓冲区中保留的帧。这种机制称为超时重传。

4）确认帧丢失。不论是 ACK 还是 NAK，都是一种特殊的控制帧，所以也存在丢失的可能。根据超时重传机制，当 ACK/NAK 丢失时，发送方将不能按时收到 ACK/NAK，此时它无法判断此超时是帧丢失引起的，还是 ACK/NAK 丢失引起的。因此，它将启动超时重传。很显然，对于接收方来说，此时的重传帧是重复的，因此接收方将丢弃该帧，并根据此帧的比特差错校验结果发送 ACK/NAK。

为了实现接收方对重复帧的判断，必须给帧编号。在停等协议中，由于同时在链路上处理的帧只有两种情况，即当前帧和重传帧，因此只需使用 1bit 作为帧编号即可。

停等协议的主要优点是：缓冲区空间要求小，发送方/接收方仅需设置 1 帧的缓存空间即可；帧编号占用位长度短，只有 1bit，减少帧的传输负担。其缺点是链路传输效率低，信道浪费严重。

3.2.2 连续发送策略

针对停等协议的缺点，我们希望提高链路传输率。是否有一种策略，能够允许发送方不必等待对方应答，连续发送帧，同时又兼顾差错处理呢？连续重传请求（Continuous RQ）就是这样一种策略。

在连续重传请求中，发送方无须等待接收方的应答，即可连续发送帧。接收方则与停等协议类似地执行帧校验功能，并发送 ACK/NAK。此时，发送方必须设置一个大容量的缓冲区，用以存储待确认的帧。只有被接收方确认的帧才能被发送方从缓冲区中删除。

可见，当帧能够连续、正确地达到接收方时，这种策略大幅提高了链路传输率。但由于接收方是按序接收的，对于出错的帧，接收方将丢弃该帧及其之后各帧，直到重传的该帧到来。所以一旦发送方在计时器超时前没有收到某一帧的 ACK，发送方将重传这个帧及其之后的帧。其原理如图 3-4 所示。

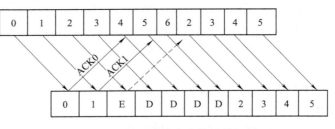

图 3-4 连续重传请求中的重传机制

在图 3-4 中，接收方校验后发现 2 号帧出现差错，将其丢弃，之后接收到的 3~6 号帧也被丢弃，直到重传的 2 号帧正确到达接收方，接收方才重新开始接收 2 号帧及其之后的帧。

连续重传请求策略的优点是在线路质量好时，可以大幅提高信道利用率。其缺点是一旦发生帧差错和丢失，重传的代价很大；并且，发送方需要设置的缓冲区空间大，帧编号占用的位多。

3.2.3 滑动窗口策略

为了提高信道利用率，同时克服连续重传请求的缺点，滑动窗口策略（Sliding Window）将停等协议与连续重传请求相结合，实现流量控制的功能。

其具体设计策略如下：

1）设置发送方用于存放待确认帧的缓冲区的最大限度，称为发送窗口。

2）接收方设置缓冲区，用于存储将要收到的帧，称为接收窗口。像连续重传请求机制一样，滑动窗口策略一般也要求接收连续的帧，因此接收窗口的尺寸为1。

3）发送方将发送窗口中的帧连续发送后，不能继续发送，必须停下来等待应答。

4）接收方接收帧且按照停等协议的接收方策略进行 ACK/NAK 处理。

5）接收方将已被确认过的帧从缓冲区删除，并继续发送后续帧。

由于使用发送窗口限定了连续发送而无须确认的帧上限，可以节约发送缓冲区的空间和帧编号的长度。在图 3-5 的例子中，帧编号的长度是 3bit，设发送窗口为 5 个帧，接收窗口为 1 个帧。

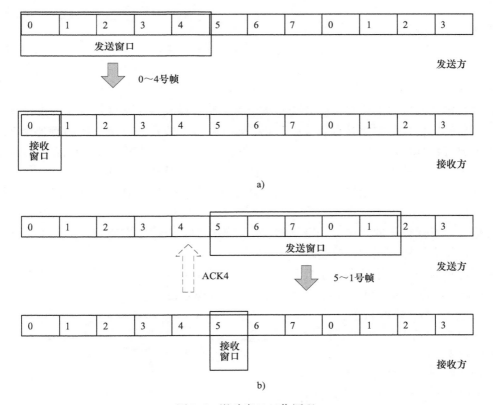

图 3-5 滑动窗口工作原理

如图 3-5a 所示，在初始条件下，发送方发送 0～4 号帧，若它们连续、正确地到达接收

计算机网络

方，接收方的窗口将滑动到 5，且连续发送 ACK0~ACK4。实际上，若在短时间内接收方连续收到帧，它将采用累计确认的方法发送确认帧，即只发送对于最高序号帧的确认。当发送方收到应答后，可以进行出窗口操作，并继续发送后续帧，如图 3-5b 所示。

帧编号的比特长度及缓冲区都是有限资源，若帧编号占用 n bit，则发送窗口容纳的最大帧数量为 2^n-1。这也是当差错重传时，发送方需要重传的最多帧数。

无论是连续重传请求，还是滑动窗口，由于接收方只接收连续的帧，使某些正确传输的帧由于序号不正确而被丢弃，这些帧也将被发送方重传，浪费了信道资源。

接收方是否可以接收正确的、但序号不连续的帧呢？这种机制称为选择重传（Selective Repeat）。在选择重传中有：

1）接收窗口的尺寸大于 1bit。

2）接收方对于每一个帧进行单独确认。

3）序号包含在接收窗口中的帧，尽管不连续，仍可以被接收方接收，且缓存。

4）发送方只重发 NAK 和超时的帧。

5）在接收方缓冲区中，一旦获得连续的帧组合，即可提交给主机，并将它们从接收缓冲区删除。

可见，选择重传节省了重传开销，但要求接收方有更大的缓冲区，且协议运行更加复杂。

3.3 差 错 控 制

为了使数据链路层的接收方 AP 获得没有比特差错的比特流，在上节提到，发送方和接收方必须制定共同遵守的比特校验方法。本节将介绍数据链路层常见的校验方法。

最简单的比特校验方法是奇偶校验（Parity Check），即发送方用末尾的额外 1bit，将比特流配置成奇数/偶数个"1"；接收方通过计算比特流中"1"的个数，验证是否有比特差错发生。这个额外的 1bit 称为校验码；原始的比特流称为待校验序列。

奇偶校验的明显优点是校验码短，减少额外传输负荷；缺点是无法校验偶数个差错，因此查全率低。

其他针对奇偶校验的改进，如奇偶校验矩阵等，在查全率上有所改善，但由于计算的特性，不适用于数据链路层的校验要求。

数据链路层一般采用循环冗余校验（Cyclic Redundancy Check，CRC）。它采用二进制模 2 运算的方法，将校验码添加在待校验序列尾部，实现差错校验的功能。

设待校验序列 M 的长度为 k bit，尾部校验码 R 的长度为 n bit，则发送方的发送序列为 $(k+n)$ bit，其中 R 也称为帧校验序列。CRC 算法通过引入一个发送方和接收方共同认定的生成多项式 P（长度为 $(n+1)$ bit），与 M 进行运算，最终在发送方生成 R，如图 3-6 所示。

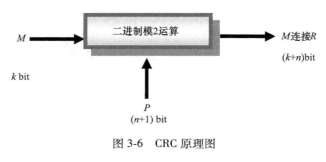

图 3-6　CRC 原理图

46

图 3-6 中的运算即为 $M \times 2^n$ 与 P 进行二进制模 2 除法运算。结果必然会产生一个长度小于 P 的余数，这个余数就是 R。将 R 连接在 M 的尾部，即得到 $M \times 2^n + R$。已知 $M \times 2^n / P$ 的余数是 R，则（$M \times 2^n + R$）$/P$ 的余数一定是 0（注意：这里的运算均为二进制模 2 运算）。利用这一原理，发送方计算 R，并发送 $M \times 2^n + R$，接收方只需验证接收到的序列被 P 除后余数是否为 0，即可判断是否在传输过程中出现比特差错。

当然，CRC 方法仍然不能保证百分之百的查全率，其性能与 P 的选择有关。

下面举例说明 CRC 的运算过程。

设 $M = 1101011011$，$P = x^4 + x + 1$，即 10011（$n = 4$）。

发送方在计算帧校验序列时，被除数应该为 11010110110000。

计算过程如下：

$$
\begin{array}{r}
1100001010 \\
10011\overline{)11010110110000} \\
10011 \\
\hline
10011 \\
10011 \\
\hline
10110 \\
10011 \\
\hline
10100 \\
10011 \\
\hline
\text{余数} \quad 1110
\end{array}
$$

因此，发送方的发送序列为 11010110111110。接收方只需将接收到的比特序列重新被 P 除，通过检验余数是否为 0，判断比特差错是否发生。

3.4 数据链路层协议

本节将举例说明数据链路层协议是如何定义的，以完成数据链路层的特定功能。

数据链路层协议可以分为面向比特的协议和面向字符的协议。前者的帧中的基本单位是比特，帧的内容可以是任何比特组合，而不依赖于任何一种字符编码集，如 HDLC 协议；后者的帧内容必须符合某种字符编码集的规定，否则被认为是非法字符，如 PPP。

3.4.1 HDLC 协议

HDLC（High Data Link Control）协议即高级数据链路控制协议，是由 ISO 颁布的。HDLC 协议面向比特流，且适用于两种链路配置，即非平衡配置和平衡配置。在非平衡配置链路中，链路中的节点被配置为主站或从站，发送的帧被称为命令帧和响应帧。主站是整个系统的中心，负责中转从站间的通信；从站只能与主站直接通信。在平衡配置链路中，每个节点都是复合站，可以彼此平等通信。

1. HDLC 帧格式

HDLC 帧格式如图 3-7 所示。

8bit	8bit	8bit	≥0bit	16bit	8bit
标志(F)	地址(A)	控制(C)	信息(I)	帧校验序列(FCS)	标志(F)

图 3-7 HDLC 帧格式

对照数据链路层的几个功能，依次查验 HDLC 协议是如何实现的。

（1）帧同步功能的实现　标志字段（F）也称为帧间隔符，是特殊比特串组合 01111110，标识一个帧的开始和终止。

（2）透明比特流传输　当地址字段至帧校验序列字段中，出现特殊比特串 01111110 时，接收方将误认为帧终止，使协议产生二义性，无法达到透明比特流传输。因此，HDLC 协议采用零比特填充法。其具体策略是：发送方检查发送序列，当连续发送 5 个 1 时，自动在其后插入 1 个 0，然后再继续发送之后的比特，直至终止标志 01111110；接收方一旦连续接收了 5 个 1 和一个 0，则丢弃之后的 0 比特；若连续接收 6 个 1，则表示帧终止。

（3）差错控制　HDLC 采用 CRC 进行比特差错校验，采用的生成多项式是国际标准 CRC—CCITT（$X^{16}+X^{12}+X^5+1$）。

（4）寻址　HDLC 协议的地址字段初始定义的长度为 8bit。为了扩展链路上可接入的设备总量，HDLC 协议允许进行地址字段扩展，具体的扩展方法为：当地址字段的 8bit 中的最高比特位为 0 时，表明其后的 8bit 也是地址字段，正在进行地址字段扩展；当最高比特位为 1 时，表明当前的 8bit 是地址字段的最终字节。通过这种扩展策略，可以使 HDLC 链路中接入的节点数大幅增加。

在 HDLC 中，地址的含义取决于当前链路的配置模式。在平衡配置中，地址的含义是接收方地址；在非平衡配置中，主站发送命令帧时，地址字段中是从站地址；从站发送响应帧时，地址字段中是本节点地址。

（5）链路管理与流量控制　HDLC 帧中 8bit 的控制字段作用巨大。根据这个字段的不同取值，HDLC 的协议帧可以被分为三类，这三类帧在信息传输和链路管理中各自发挥着不同的作用，如图 3-8 所示。

1）信息（I）帧。如图 3-8a 所示，当控制字段的第 1 位为 0 时，HDLC 帧被称为信息帧，也就是 I 帧。此时 N（S）和 N（R）的长度分别为 3bit。N（S）用于存放发送的帧序号，可见，在发送缓冲区允许的情况下，无须等待应答，即可连续发送 $2^3-1=7$ 个 HDLC 帧。N（R）存放确认序号，即 ACK 序号。HDLC 采用累计确认和捎带确认的方法。由于 HDLC 支持双工通信，因此接收方不用单独发送确认帧，而是在向对方发送信息帧时，将对上一次接收的帧的确认号捎带给对方。这里需要说明的是，HDLC 的累计确认是对连续帧的确认。例如，接收方连续、正确地接收了 1~4 号帧，此时它发送的确认序号是 5，即当前希望收到的帧序号。发送方收到序号为 5 的确认，即可认为 5 号帧之前的各个帧均已正确到达。

2）监督（S）帧。如图 3-8b 所示，当控制字段的第 0、1 位为 10 时，HDLC 帧被称为监督帧，也就是 S 帧。监督帧用于差错控制。

S 帧的第 2、3 位取不同值时，监督帧有不同的含义。

00 接收就绪（RR），此时的 N（R）表示希望从对方收到的帧序号。

01 拒绝接收（REJ），此时 N（R）及之后的所有帧未正确接收，而 N（R）之前的各帧已正确接收。

10 接收未就绪（RNR），此时 N（R）之前各帧已正确接收，但当前状态繁忙，不能接收 N（R）及之后的各帧。可用于流量控制。

11 选择拒绝（SREJ），此时表示编号为 N（R）的帧出现差错，需要重传。

3）无编号（U）帧。如图 3-8c 所示，当控制字段的第 0、1 位为 11 时，HDLC 帧被称

比特位 0	1	2	3	4	5	6	7
0		N(S)		P/F		N(R)	

a) 信息帧

比特位 0	1	2	3	4	5	6	7
1	0	0	0	P/F		N(R)	
1	0	0	1	P/F		N(R)	
1	0	1	0	P/F		N(R)	
1	0	1	1	P/F		N(R)	

b) 监督帧

比特位 0	1	2	3	4	5	6	7
0	1	M1～M2		P/F		M3～M5	

c) 无编号帧

图 3-8   HDLC 的控制字段

为无编号帧，也就是 U 帧。U 帧用于完成链路的建立、释放等控制功能。U 帧中的 M1～M5 共 5bit 的 M 字段，用于定义不同的 U 帧功能。目前可用的 U 帧有 15 种，分别用于建立数据链路、释放链路、对命令确认等。

P/F（Polling/Final）字段。此字段在三种帧中都存在，用于轮询和状态查询。

在非平衡配置中，主站发送的命令帧中的 P/F 位为 1，表示轮询。从站发送的响应帧中，若响应帧是 I 帧，P/F 位为 1，表示是最后一个帧，即发送结束；若响应帧是 S 帧，P/F 位为 1，表示没有帧需要发送。

在平衡配置中，数据发送方发送的 P/F 位为 1，表示询问对方状态；响应方的 P/F 位为 1，表示回应本站状态。

2. HDLC 工作过程

假设在平衡配置链路中，发送方有足够多的帧需要发送，初始帧序号为 0。图 3-9 给出了一个 HDLC 工作的例子。

1）通信发起方发送 U 帧，接收方发回 U 帧，进行链路的建立。

2）发送方连续发送帧 0～6，此时发送窗口已满，停止发送，等待应答。

3）0～6 号帧若全部连续、正确地到达接收方，接收方发回确认帧，序号为 7。

4）发起方发送 U 帧，释放链接。接收方发回 U 帧，作为响应，完成链路的释放。

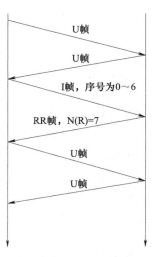

图 3-9   HDLC 工作过程举例

3.4.2　PPP

HDLC 协议功能比较全面，在通信线路质量较差的情况下可以提供可靠的帧传输服务。但随着通信线路质量的提升和链路拓扑结构的改变，点对点链路中的 PPP（Point-to-Point Protocol）相比之下要简单得多，因此得到了更广泛的应用。

1. PPP 概述

在现代互联网结构中，PPP 是分散的个人用户与网络服务提供商（Internet Service Provider，ISP）之间通信时使用的数据链路层协议，如图 3-10 所示。

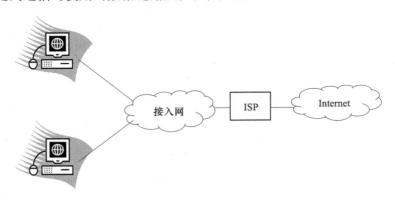

图 3-10　接入互联网方式示意图

由于 PPP 在制定之初就将协议的使用场景定义为 Internet 接入服务的链路层协议，因此它被 IETF 设计成具有以下功能的协议：

1）简单的协议。因为 Internet 的高层协议比较复杂，且具有差错控制和流量控制的功能，因此，PPP 只需要为 Internet 的网络层协议（IP）提供很少的服务即可，即提供一条没有比特差错的逻辑链路。因此，发送方和接收方的主要工作就是 CRC。

2）比特差错校验。PPP 必须能够检查一个帧是否存在比特差错，并将出错的帧立即丢弃。

3）帧同步。PPP 是面向字符的协议，因此其标识帧开始和终止的特殊界定符是一个字符，即 7E。

4）保证透明传输区间。一旦帧中出现与界定符相同的字符，为了避免二义性，协议将采取字符填充法。

5）支持多种网络层协议。PPP 帧的数据部分可以承载多种网络层协议的 PDU，包括 IP、IPX 协议等，以适应 Internet 的异构性。

6）适应多种链路类型。在 Internet 中，物理连接种类繁多，如串行、并行、同步、异步、低速、高速、电信号线路和光信号线路等。PPP 必须能够在多种线路上运行，如在高速链路上，PPP 帧可以多路并行传输。

2. PPP 帧格式

PPP 帧格式如图 3-11 所示。由于 PPP 是面向字符的协议，因此各个字段的长度单位是字符。

1	1	1	2	≥0	2	1
标志(F)	地址(A)	控制(C)	协议(P)	信息(I)	帧校验序列(FCS)	标志(F)

图 3-11　PPP 帧格式

1）标志字段（F）：用于标识一个 PPP 帧的开始和终止，用十六进制的 7E 表示。连续两个帧之间由于首尾相连，因此只需要一个标志即可。

2）地址字段（A）：PPP 是为个人用户与 ISP 之间的链路设计的，是点到点链路，即只有一个源点和一个终点，因此无须寻址。但这个字段仍然保留，用于今后进行扩展定义。目前地址字段的值为固定值 0xFF。

3）控制字段（C）：由于 PPP 不提供流量控制等功能，C 字段与 A 字段相似，是保留字段，取固定值 0x03。

4）协议字段（P）：此字段用于上层协议的复用，当其取值不同时，表明信息字段封装了不同上层协议的 PDU。例如，取值为 0x0021，说明信息字段封装的是 IP 报文，0xC021 说明为 LCP 帧，0x8021 说明为 NCP 帧。

LCP（Link Control Protocol）是 PPP 的一个组成部分，用来建立、配置、测试和协商数据链路层逻辑连接及其参数。目前，已经定义的 LCP 报文有 11 种。

NCP（Network Control Protocol）用于不同网络层协议的配置和控制。每一种 NCP 报文支持一种网络层协议，如 IP、OSI-3，AppleTalk，DECnet 等。

5）信息字段（I）：封装上层协议的 PDU，长度不超过 1500B。

字符填充法：为了防止帧内容中由于出现界定符而产生二义性，在帧内容中出现 7E 字符时，要通过字符填充法进行转换。具体的转换方法为：将帧中出现的 0x7E 转换为 0x7D，0x5E；将原帧中出现的 0x7D，转换为 0x7D，0x5D；对于小于 0x20 的控制字符，转换为 0x7D 和原字符的转换字符。例如，0x03 经过字符填充，转换为 0x7D，0x23。

3. 协议运行原理

当用户接入 ISP 时，首先要交换一系列的 LCP 报文，以完成数据链路的配置和初始化，如协商 MTU、传输速率等参数；接着进行网络层的配置，此时双方交换 NCP 报文，如 ISP 为用户分配 IP 地址等；当通信结束后，双方再次利用 NCP 报文释放网络层资源，再用 LCP 报文释放链路层资源。

图 3-12 描述了 PPP 的状态转换过程。

PPP 链路的初始状态是静止状态，即用户个人主机与 ISP 的接入设备之间不存在物理连接。当用户通过某种方式呼叫 ISP 时，ISP 的接入设备检测到呼叫信号，从而双方建立了物理连接，PPP 进入链路建立状态。此时，双方通过 LCP 协商一些配置选项和参数，互相发送 LCP 请求帧和确认帧等，完成链路参数的配置。之后进入鉴别状态，在此状态下，双方互相发送 LCP 帧和遵循某种鉴别协议的鉴别帧，如使用的是口令鉴别协议，则互发用户名、口令及确认等鉴别帧。若鉴别成功，进入网络层协商状态；否则，链路终止。

在网络层协商状态，双方互相发送 NCP 报文，进行网络层功能模块及参数的配置，使双方可以在 PPP 上运行不同的网络层协议。例如，双方都使用 IP，则 NCP 需要分配 IP 地址、子网掩码等网络层参数。当网络层协商完成后，进入链路打开状态，双方可以进行正常

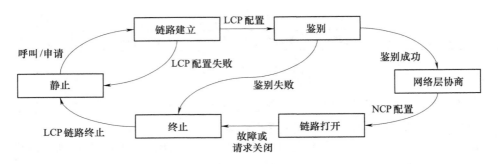

图 3-12　PPP 状态转换

通信，这期间双方可以发送 LCP 帧，不定时检查链路状态。当数据传输结束后，一方发出 LCP 帧，请求释放与对方的链路连接，当双方通过 LCP 帧的交互，确认可以将链接释放时，进入链路终止状态。当信号消失后，链路状态回归静止。

3.5　小　　结

　　本章主要学习计算机网络体系结构中的数据链路层工作原理及典型协议。首先，明确数据链路层的作用和在体系结构中的位置，学习了数据链路层的七个主要功能。但最重要功能只有两个：差错控制和流量控制。其他功能都是围绕这两个功能展开的，也就是说，若满足以下两个假设，数据链路层就没有存在的必要了，即无差错的理想信道和足够高的接收速度（或无限大的接收方缓冲区）。

　　为了解决差错问题和进行流量控制，本章分别分析和讨论了相应的方法和策略，如 CRC、停等协议、连续重传请求协议和滑动窗口策略。在流量控制策略中，停等协议是效率低的协议；连续重传请求虽然提高了效率，但在线路质量较差的情况下，容易造成帧后退，即需要重发的帧数量很大；滑动窗口是一种结合二者优势的流量控制策略，可以将差错重发的帧的数目上限控制在发送窗口中，又允许发送方在没有收到应答的情况下连续发送帧。因此，这种流量控制策略被广泛采用，不仅在数据链路层，在传输层也对其有所引用。

　　在典型协议部分，学习了 HDLC 协议和 PPP。前者的定义非常全面、整齐，包含了数据链路层的所有功能。后者专门为个人用户与 ISP 之间的链路连接而设计。由于点到点链路的缘故，去除了一些功能，如寻址、流量控制等，同时也加入了与 Internet 相关的功能，如网络层协议协商等。

习　　题

1. 说明数据链路层存在的必要性。
2. 数据链路层的功能有哪些？
3. 数据链路层采用 CRC 的原因是什么？
4. CRC 算法的生成多项式中，项的最高次幂是不是越高越好？为什么？
5. 停等协议的信道利用率如何？为什么？

6. 在线路质量不好的情况下，连续请求重传协议面临什么问题？

7. 滑动窗口是如何解决连续请求重传的后退 N 帧的问题的？

8. HDLC 协议是如何进行流量控制的？

9. HDLC 协议中 U 帧的作用是什么？

10. HDLC 协议中 S 帧的作用是什么？

11. PPP 为什么配备一套 NCP，而不是一个？

12. 既然 PPP 的地址字段并没有起到作用，为什么不把它直接从帧的结构中去掉？

13. 试述 HDLC 协议和 PPP 都是如何解决透明传输问题的。

第4章

局 域 网

4.1　局域网体系结构

20世纪70年代，随着微型计算机的发展与普及，人们对于计算机中的信息和资源共享的需求不断上升，促进了局域网（Local Area Network，LAN）的发展。目前，大到方圆几十平方千米的大型工厂，小到一个办公室甚至一个机柜内，其中的计算设备通过信道连接起来，形成了局域网，它为有限范围内的资源共享提供了技术保障。

由于局域网的工作跨越了物理层和数据链路层，在学习过以上两层的知识后，就可以学习局域网的技术和标准了。

4.1.1　局域网的特点

局域网是在有限的地理范围内，将各种数据通信设备互相连接组成的通信网。通常由固定单位或组织负责维护与运行，其上运行的软件、设置的服务、共享的资源也是为有限用户服务的。局域网的出现和兴起，主要服务于短距离的数据通信，因此它具有成本低、组网方便、使用灵活、技术简单、传输速率高、传输时延小、支持多种传输介质等特点，一直是计算机网络中发展备受关注和发展迅速的一项技术。

按照网络拓扑结构，局域网可以分为星形网，环形网和总线型网，如图4-1所示。星形网中的中心连接设备被称为集线器（Hub），多个集线器可以级联，用于连接更多的节点和扩展网络覆盖范围。环形网的覆盖范围由环形线路的长度决定，由于不存在多级环形结构，环形网一般被用于构建局域网中的主干部分。总线型网中，各节点直接连接在总线上。总线两端安装有匹配电阻，用于消除总线上的电磁波能量，避免残余电磁波对其他信号电磁波产生干扰。

a) 星形网　　　　　　　　　b) 环形网　　　　　　　　　c) 总线型网

图 4-1　局域网的拓扑结构

如第 3 章所述，局域网中使用的传输媒体多种多样，与具体的局域网技术和标准有关。常用的有以下几种：

1）双绞线。双绞线价格便宜，安装技术简单、成熟。由于一些常用的局域网技术中规定了将双绞线作为传输媒体，所以它是目前应用最多的局域网传输媒体。

2）光纤。光纤也是目前常见的局域网传输媒体，它具有保密性好、抗干扰、传输速率高、频带宽和传输距离长等特点，适合作为主干传输媒体或用于传输多媒体数据。但其价格相对昂贵，安装和维护成本高，对技术要求也高。

3）同轴电缆。早期的多种局域网技术都采用了同轴电缆作为传输媒体，它具有频率带宽宽、屏蔽性好等优点。但其安装困难，传输速率较低。

4）无线传输介质。非导向的无线传输介质可以为局域网提供无处不在的、方便的传输信道。但由于无线介质的开放性，它的抗干扰性较弱，需要更加详细的信道编码和信道共享技术的设计。目前，可用的无线局域网技术充分考虑了无线媒体的这一特点，设计了更加负责的局域网规程，并且已经形成了国际标准。

4.1.2 局域网的数据链路层

由于局域网是为有限数量的用户服务的，在其得到发展的 20 世纪 70 年代，为了使设计简化，在传输技术的设计上采用了相对简单的广播式传输技术。这种技术通常意味着在一条传输介质上连接多个节点，拓扑结构可以是总线型或环形网等。

不论哪种拓扑结构的局域网广播信道，由于每个节点发送的信号将占用所有信道（如图 4-2 所示，主机 A 发送的数据占用了全部信道），所以某一特定时刻，连接在同一段介质上的多个站点中，只能允许一个节点处于发送状态，其他节点必须处于接收状态，否则就会发生信号冲突的情况，这将导致所有信

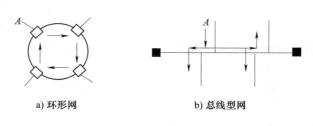

a) 环形网　　　　b) 总线型网

图 4-2　局域网中的广播式传输技术

号无效。通常将可能发生冲突的设备和它们之间的传输介质称为一个冲突域。可见，在局域网中，除了第 3 章中学习的数据链路层功能外，如何控制各个节点对信道的使用权是局域网的数据链路层面临的另一个挑战。这种对信道的使用权进行合理分配的方法称为介质访问控制。

不同于物理层的 TDM、FDM 和 CDMA 等信道复用技术，数据链路层的介质访问控制方法主要解决的是如何利用链路层控制规程，完成节点间数据发送的调度。这种规程必须符合以下要求：

1）某一时刻只有唯一信息被有效传递。

2）各个节点享有平等的使用信道的机会，即平等的发送机会和平等的接收机会。

3）对于具有较高优先级的发送请求，应具有实时响应能力。

若数据链路层的信道共享技术达到以上要求，就可以实现透明的信道共享，即每个用户好像独享网络一样。在下一小节中，将详细介绍不同的介质访问控制方法。

4.1.3　介质访问控制方法

一个比较直接的想法是，由网络系统中的某个实体负责介质访问控制，它以公平和无冲突的方式调度各个节点的数据发送，从而解决信道共享的问题。但事实是，这样一个中心化的实体将成为整个系统的性能瓶颈。早期的介质访问控制方法中包含了这种尝试，统称为受控接入。为了提高系统性能，随机接入的方法允许每个节点自行决定当前的数据发送时机。由于没有处于中心地位的控制者，系统的性能有所提高，但也存在不能完全避免冲突等关键的问题。

1. 轮询访问控制

轮询（Polling）是一种受控的介质访问控制方法，即系统中存在某个实体或机制，对节点的发送权进行控制，只有获得发送权的节点才能接入网络，发送数据。

在轮询方法中，网络中的节点分为两种角色：主机和站点。主机负责接入管理，站点参与数据传输。主机以某种规则轮次询问站点，是否有接入请求；只有获得询问的站点才能进入发送状态。

根据询问规则的不同，轮询又被分为轮叫轮询和传递轮询。

（1）轮叫轮询　在轮叫轮询中，主机负责从 1 号站点开始，逐个向各个站点发送轮询帧，询问它们是否有数据发送。有数据发送请求的站点，将数据发送给主机，再由主机转交给目的站点。也就是说，每个站点只能接收主机发送的信息，也只能向主机发送信息。

（2）传递轮询　在传递轮询中，主机负责启动一个发送循环。它以向 N 号站点发送轮询帧的方式开始一个循环。N 站发送数据结束后，不是再由主机向 $N-1$ 站发轮询帧，而是由 N 站向 $N-1$ 站发送轮询帧。这样，轮询帧在站点间传递，直到最后再由 1 号站把发送权交回主机，完成一个循环。

相比于轮叫轮询，当站点间距离较大时，传递轮询由于节省了站点与主机间传递轮询帧的传播时延而具有更好的性能，但其协议实现也比轮叫轮询更加复杂。在公平性方面，发送数据的顺序与轮询次序有关，可以一定程度保证公平性，但一般情况不能保证发送优先级的实现。

2. 令牌访问控制

令牌（Token）是另一种受控的介质访问控制方法。在令牌方式中，不用设置处于中心控制地位的实体或节点，数据的发送受到一个特殊的帧——令牌的控制。

令牌以某种顺序在网络上传输，当某一站点获得令牌时，它就获得了发送权。若此时它的发送缓冲区中有待发送数据，它可以将数据发送出去，直至发送完毕，再将令牌发送到信道上，即交出发送权。

令牌方式的介质访问控制解决了中心式控制方法的性能瓶颈问题，避免了控制权在控制中心和被控制站点间传递造成的带宽开销。由于令牌只有一个，也就是说某一时刻，只有一个节点拥有发送权，因此很好地解决了信号冲突的问题。但在令牌方法的具体实现中，还涉及更复杂的问题，如优先级的处理、令牌管理等。20 世纪 70 年代，IBM 公司利用令牌方式提出了令牌环网络技术，将各个节点连接在环形拓扑结构的局域网上，并且以一个 3B 长的令牌帧控制发送权限。这种实现方法获得了一定的成功，具体技术细节将在下一节讨论。

在公平性方面，令牌方式与轮询方式相似，发送顺序受令牌传递的顺序影响；某些令牌技术的具体实现支持优先级，允许站点将本地优先级填入令牌帧中，以更快地获得空闲令牌。

3. CSMA 访问控制

CSMA（Carrier Sense Multiple Access）即载波侦听多点接入方法，是随机接入方法中的一种。它采用"先听后发"的机制。站点在发送数据前，先侦听信道是否处于繁忙状态，即信道上是否有载波信号，以决定节点是否将数据发送到网络上。

它的具体做法是：节点侦听信道上的载波信号，若没有载波信号，说明信道处于空闲状态，节点可以立即发送数据；若检测到载波信号，说明信道正在被其他节点占用，此时可以采取以下策略中的一种进行处理。采取的策略不同，也决定了 CSMA 的分类。

1）退避一段时间后，再侦听信道状态，若信道空闲，可以发送数据，否则进入下一轮的退避阶段。这种 CSMA 方法称为非坚持 CSMA。

2）持续侦听信道状态，直到侦听到信道的空闲状态，此时，立刻发送数据。与非坚持 CSMA 相比，这种方法可以节约退避时间，但由于同时侦听信道状态且等待信道空闲的节点数目有可能多于一个，容易造成信号冲突。由于一旦侦听到信道空闲，节点是以 100% 的概率发送数据的，因此这种方法被称为 1-坚持 CSMA。

3）持续侦听信道状态，直到侦听到信道的空闲状态，此时以概率 p 发送数据，以概率 $1-p$ 退避一段时间后发送数据。此种方法被称为 p-坚持 CSMA。p-坚持 CSMA 的具体实现可以采用随机数生成法。发送节点在本地产生一个 $0 \sim 1$ 之间的随机数 τ，若 $\tau \leqslant p$，节点发送数据，否则节点退避一段时间后再发送。

CSMA 方法大幅减少了节点间的冲突情况，但冲突仍然有可能发生。这是因为载波检测的方法通常只能在网络接口卡（FEP）处进行，而不能实质性地运用到整条线路上。也就是说，节点只能用"是否有信号到达本站"代表"整个信道是否空闲"。由于传播时延的存在，当某一节点没有侦听到载波时，也许载波正在线路的远端传来。此节点由于没有侦听到远端载波而将本地数据发送出去，将造成信号冲突。

为了改善 CSMA 中的信号冲突造成的信道浪费，提高信道有效利用率，希望冲突一旦发生，发送方能够立刻停止发送，清空信道，因此在 CSMA 的基础上，需要加入冲突检测机制。

4. CSMA/CD

CSMA/CD（Carrier Sense Multiple Access/Collision Detection）即带冲突检测的载波侦听多点接入，是对 CSMA 的一种改进。它在 CSMA 的"发送前侦听信道"的基础上，加入了"发送中侦听信道"的策略，用于碰撞检测，也称为冲突检测，即"先听后发，边发边听"。

碰撞检测的方法通常有以下几种：

1）比较接收到的信号电压高低，若超出正常门限，说明信号产生了碰撞，导致信号失真。

2）检测曼彻斯特编码的过零点。当物理层的编码技术采用曼彻斯特编码时，可以通过检查过零点是否漂移，确定信号的碰撞情况。

3）发送方发送数据的同时也接收数据，比较接收到的信号是否与发送信号相同。

CSMA/CD 的具体做法如下：

发送数据前，采用 CSMA 的方式接入介质。一旦处于发送数据状态，发送方仍要持续检

测信道上是否发生冲突，一旦发现冲突，发送方立刻停止发送，并发送人为干扰信号，强化冲突，将冲突情况通知到其他站点；退避一段随机时间后，重发数据。

图 4-3 是一个信号产生碰撞的例子。

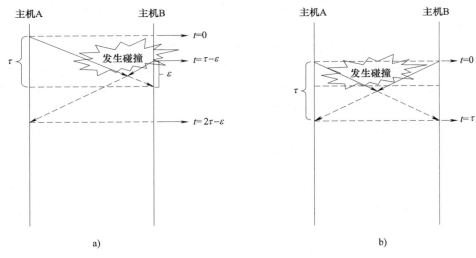

图 4-3 CSMA/CD 中的碰撞

在图 4-3a 中，假设线路上有距离最远的两台主机 A 和 B，主机 A 发送的帧经过时间 τ 可以到达主机 B，即传播时延为 τ。但在帧将要到达主机 B 时，即 $t=\tau-\varepsilon$（$\varepsilon\to0$）时，由于 B 没有检测到载波信号，认为信道空闲，因此进行了发送。很显然，B 发送的数据将与 A 发送的数据发生冲突，此冲突信号经过时间 ε 被 B 检测到，经过时间 $2\tau-\varepsilon$ 被 A 检测到。因此，最迟经过时间 $2\tau-\varepsilon$（$\varepsilon\to0$），约为 2τ，网络上所有主机都检测到了冲突的发生。

考虑最快发现冲突的情况，如图 4-3b 所示。当 A、B 两个站点因为同时检测到信道空闲而发送数据，冲突将在 τ 时间被所有站点检测到，此时是碰撞检测的最佳时间。

也就是说，若线路上发生碰撞，最迟会在 2τ 时间被检测到；若一个站点发送数据后，2τ 后没有发现冲突信号，就可以认为，该帧的发送中没有发生冲突，可以放心地将此帧剩下的部分发送完成。这个时间段 2τ 被称为信道争用期，也称为碰撞窗口。

显然，CSMA/CD 不支持全双工通信，即线路上的站点不能同时处于发送和接收状态，它只能实现半双工通信。

CSMA/CD 可以尽量减少冲突发生时对信道的浪费，但并不能避免冲突。减少冲突的关键在于 CSMA/CD 网络中单位时间的通信量，即平均负载及数据传输速率。

由以上可知，利用 CSMA/CD 方法进行介质访问控制的局域网技术，不能保证某一时间之内成功发送数据，一旦检测到碰撞发生，将退避重发，而重发时也不能保证发送成功，有时要重发多次才能完成帧的发送。所以，CSMA/CD 不适合有实时性要求的数据传输。

4.1.4 IEEE 802 参考模型

在第 1 章学习了计算机网络参考模型。但局域网的体系结构大有不同，例如，局域网采用简单的广播式传输技术，数据将被传输到每一个分支线路，因此局域网中似乎并不需要

"路由"的功能，那么网络层在局域网中是否必要呢？局域网需要解决介质访问控制的问题，而介质访问控制方法千差万别，不同的局域网技术采用不同的介质访问控制方法。按照分层的原则，"在需要不同的通信服务时可在每一层再设置子层，当不需要该服务时，也可绕过这些子层"，是否应该在此通信功能上增加层次呢？

早期的局域网技术都是由各个局域网接口卡生产厂商各自制定的，互不兼容。例如，若一台主机安装了 IBM 的 Token Ring 接口卡，它将不能与安装了 Intel 的以太网接口卡的主机连接在同一个局域网内进行通信，因为二者的编码方式、媒体接入方式，甚至差错校验方式都不相同。

为此，美国电气电子工程师学会（IEEE）于 1980 年开始，提出了 IEEE 802 参考模型，重新为局域网划分了层次，并为每个层次制定了一系列标准，称为 IEEE 802 系列标准。几十年来，它已成为国际上受到广泛支持的行业系列标准。

1. IEEE 802 参考模型的分层结构

如图 4-4 所示。IEEE 802 模型的层次划分中，共有三个分层，分别为物理层、媒体访问控制子层（Media Access Control，MAC）和逻辑链路控制子层（Logical Link Control，LLC）。LLC 子层之上，调用局域网服务的实体通过 SAP（Service Access Point）与之进行数据和命令交互。例如，这个局域网上传输的是 TCP/IP 体系结构的网络层数据，则调用 SAP 服务的是 TCP/IP 体系结构中的网络层协议实体。

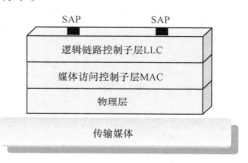

图 4-4 IEEE 802 参考模型的层次划分

（1）物理层 功能：信号编码与译码；同步码的产生和去除；比特的发送和接收。

它与 OSI/RM 的物理层具有类似的功能，也要描述接口的机械、电气、功能和规程特性，最终完成比特的信号传输。

（2）MAC 子层 功能：组成帧与拆装帧；实现和维护介质访问控制协议，即 MAC 协议；帧中的比特差错校验；局域网内的主机寻址。

MAC 子层与物理层相邻，具有与介质访问相关的功能。顾名思义，其实 MAC 子层的最主要任务就是完成介质访问控制协议，即向它的上层用户提供透明的、独占式的信道接入服务。除此之外，IEEE 802 模型还将相对独立的其他数据链路层功能移至 MAC 子层，如寻址和比特差错校验等。

如前所述，局域网在设计时，采用了广播式传输技术，这使得局域网内的所有站点都将收到相同的帧的副本。若要确定这个帧的接收者是不是本机，就需要进行寻址，即发送方的 MAC 层将源地址和目的地址封装在 MAC 帧的头部，所有接收到这个帧的站点对比目的地址与本机的地址是否相同，以决定如何处理该帧：提交至本机的 LLC 子层或丢弃。

MAC 子层完成的寻址是局域网内的主机寻址，并不是 Internet 中的广域网寻址。寻址的依据就是 MAC 层的地址，也称为物理地址或硬件地址。MAC 地址是由网络接口卡的厂商在生产时固化在其 ROM 中的唯一标识。不同类型的 MAC 层协议，定义的 MAC 地址格式也各不相同，常见的有 6B 和 2B。其中 IEEE 规定，6B 的 MAC 中，前 3B 为制造商编号，需要由厂商向 IEEE 申请购买，其余 3B 由厂商自行分配。这种地址分配方法可以保证每个网络接口卡具有全球唯一的 MAC 地址，但却不带有主机的位置信息（不论是物理位置还是逻辑位置），因此 MAC 地址更像是一个"名字"，而非"地址"。

关于 MAC 地址的寻址，后续章节还将讨论，正确理解 MAC 地址寻址和 Internet 的广域网寻址对了解网络运行和数据的传输过程非常重要。

（3）LLC 子层　功能：建立、维护和释放逻辑链路；完成与高层的接口；流量控制等差错控制；帧序号的维护。

LLC 子层与媒体接入方法无关。对 LLC 来说，由于 MAC 的存在，物理链路已经是"独享"的了。因此，它的主要功能就是维护链路，向高层提供服务接口，使 LLC 的用户能够通过 SAP 获得无差错的链路传输服务。可以看出，除了一些相对独立的功能被 MAC 子层分担之外，LLC 子层的功能与 ISO/RM 的数据链路层的核心功能类似，因此 LLC 子层的典型帧结构也与 HDLC 帧结构类似。

LLC 子层和 MAC 子层的帧封装过程如图 4-5 所示。

图 4-5　LLC 帧和 MAC 帧的封装

2. IEEE 802 系列标准

IEEE 802 系列标准定义了局域网技术的各个层必须遵守的规范。由于不同局域网采用的 MAC 和物理层协议各不相同，IEEE 802 系列标准定义了不同技术对应的局域网规范。各个标准与分层结构之间的关系如图 4-6 所示。第 2 章了解了一些 802 标准的物理层特性，本章重点关注 MAC 层规则。

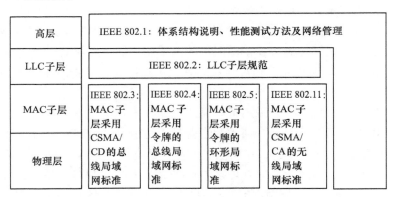

图 4-6　IEEE 802 系列标准体系结构

其中比较常用的标准如下：

1）IEEE 802.1：关于局域网体系结构说明、性能测试和网络管理的标准。

2）IEEE 802.2：LLC 子层的功能及向上层提供的服务。

3）IEEE 802.3：总线型拓扑结构，且介质访问方法为 CSMA/CD 的局域网技术标准，其中包含物理层和 MAC 子层的规范。

4）IEEE 802.4：总线型拓扑结构，且介质访问方法为令牌的局域网技术标准，其中包含物理层和 MAC 子层的规范，简称为令牌总线网标准。

5）IEEE 802.5：环形拓扑结构，且介质访问方法为令牌的局域网技术标准，其中包含物理层和 MAC 子层的规范，简称为令牌环网标准。

6）IEEE 802.6：定义了城域网 MAC 子层和物理层规范。

7）IEEE 802.7：定义了宽带网络技术。

8）IEEE 802.8：定义了光线传输技术。

9）IEEE 802.9：定义了综合语音和数据局域网（IVD LAN）技术。

10）IEEE 802.10：定义了可互操作的局域网安全性规范（SILS）。

11）IEEE 802.11：定义了无线局域网 MAC 子层和物理层规范。

12）IEEE 802.12：定义了 100VG-AnyLAN 快速局域网 MAC 子层和物理层规范。

13）IEEE 802.15：定义了个人区域网（PAN）MAC 子层和物理层规范。

在以上标准中，IEEE 802.3 是采用了 CSMA/CD 进行介质访问控制的局域网技术，并在 20 世纪 90 年代逐步取得了局域网技术的垄断地位，因此，本书将对其进行重点介绍。对于其他局域网技术，如令牌环网、令牌总线网和无线局域网也是本书要讨论的内容。

4.2 经典局域网

在 IEEE 802 参考模型定义的早期局域网的标准中，得到广泛发展和应用的局域网技术包括 IEEE 803.3 CSMA/CD 总线网，IEEE 802.4、IEEE 802.5 令牌网，IEEE 802.11 无线局域网，IEEE 802.15 个人区域网等。

当一台计算机需要连接到局域网上时，需要在计算机上安装网络接口卡（Network Interface Card，NIC），简称网卡。由于芯片集成技术的发展，现在的个人主机中，网卡芯片通常嵌入在主板上，而不再是一块单独的接口卡。网卡的功能包括：传输介质上的串行传输与计算机 I/O 总线上的并行传输、处理间的转换；网络传输速度与总线传输速度的匹配；帧的封装和拆封；MAC 层协议实现细节等。要完成这些功能，网卡要装配有处理器和存储器。它的存储器分为 ROM 和 RAM。ROM 用于存储固定的网卡参数，完成网卡功能的程序等，如 MAC 地址、MAC 协议的实现程序。RAM 是作为发送和接收缓冲区，存放临时变量和断点参数等。网卡的功能贯穿物理层、MAC 子层和 LLC 子层。各功能和所处的分层位置如图 4-7 所示。

LLC子层	速率匹配 链路管理
MAC子层	MAC协议 封装与拆封 寻址
物理层	编码和译码 串/并转换

图 4-7　网卡的功能

由网卡的功能可知，对于一台计算机来说，它安装的网卡的类型决定了该主机可以加入何种局域网。

4.2.1 IEEE 802.3 局域网

IEEE 802.3 局域网的前身是美国施乐公司 1975 年研制成功的以太网（Ethernet）。当时以太网的物理层标准包括总线型网络和 2.94Mbit/s 的数据传输速率。MAC 子层采用 CSMA/CD 作为介质访问控制方法。1980 年，DEC、Intel 和施乐公司共同发表了第一版以太网标准，将速率提高到 10Mbit/s。1982 年发表的第二版标准中，给出了生产以太网网络产品的规约。

1983 年，当 IEEE 开始制定 802 系列标准时，将修改后的以太网标准纳入其中，编号为 802.3。由于 IEEE 802.3 是对以太网第二版标准的微小修改后形成的，使得二者的硬件可以在同一局域网内互相操作，很多时候，人们不对二者进行严格的区分。当谈论 IEEE 802.3 局域网时，通常用"以太网"作为它的简称。

（1）以太网的物理层规约 IEEE 802.3 定义的以太网的物理层特性包括：

1）总线型或星形拓扑结构。

2）传输介质是同轴电缆、双绞线或光纤。

3）数据传输速率为 10Mbit/s 时，发送的信号采用曼彻斯特编码。

4）广播式传输技术，即某一站点发送数据，其他站点都可以收到。

5）在其扩展的协议中，传输速率最高可以达到 10Gbit/s。

这部分内容请参考第 2 章。

（2）以太网的 MAC 子层规约 如前所述，以太网的 MAC 子层采用了 CSMA/CD 作为介质访问控制方法。也就是说，以太网上的各个节点在发送数据之前，需要侦听信道状态；在帧发送的过程中，也要对信道上的信号是否发生碰撞进行随时检测。一旦碰撞发生，发送数据的多个站点停止发送帧的剩余部分，并等待信道空闲。信道空闲后，仍要按照一定的方法进行退避后，才能进行帧的重发。

1）退避算法。

以太网使用截断二进制指数退避算法（Truncated Binary Exponential Backoff）确定退避的时间长短。由于其具有随机性，原来的冲突方退避时间不同，将在重发帧时一定程度避免冲突。具体算法如下：

上一节介绍 CSMA/CD 时，明确了一个概念——争用期，即从发送帧开始，到检测到冲突发生，需要经历的最长时间，用 2τ 表示。此算法假设争用期 $2\tau = 51.2\mu s$。在 10Mbit/s 以太网标准中，一个争用期可以发送最少 64B 数据，即 512bit，所以也可以将争用期时间定义为 512 比特时间。在以后的章节中，为了方便，也用比特作为争用期的单位。例如，在这个例子中，争用期就是 512bit。

退避的时间是整数倍争用期，即 $r \times 2\tau$。其中 r 是集合 $\{0，1，3，\cdots (2^k-1)\}$ 中随机选取的整数。参数 k 的值与重传次数有关，$k = \min$ [重传次数，10]，即若重传次数小于 10，k 等于重传次数，否则 $k = 10$。

可以预见，当网络负载很大时，重传次数将增加，并且无法预料其最终会重传多少次。因此，退避算法规定，当重传次数达到 16 时，以太网认为是物理网络故障，将不再重传该帧，丢弃该帧，并向高层汇报这一错误。

从以上的退避算法可以看出，重传次数的值越大，r 值的可选范围越大，各个站点推迟的时间的选择空间越大，碰撞概率减小，有利于提高发送成功率。

2）最短帧长。

一个数据帧从发送方到达接收方经历的时间由两部分组成：发送时间和传播时延。如图 4-8a 所示。

T_0 是发送方将帧发送到信道上所需的发送时间，它由帧长和发送速率决定。如网卡的发送速率是 10Mbit/s，发送的数据帧长 100B，则发送时间

$$T_0 = 100 \times 8bit \div (10 \times 10^6 bit/s) = 80\mu s$$

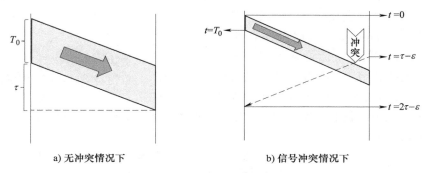

a) 无冲突情况下　　　　b) 信号冲突情况下

图 4-8　发送时间与传播时延

传播时延是由传播速率和传播距离决定的。在以太网中，由于并不是真空的理想状态，因此普遍采用的传播速率约为 2×10^8 m/s。以线路距离最远的两个站点间的传输距离是 1000m 为例，信号的传播时延是 $5\mu s$。

考虑以下情况：某主机发送了一个短帧，其发送时间 T_0 小于争用期 2τ。假设短帧在传输过程中与其他站发送的帧产生了碰撞，但由于发送方在帧发送结束前没有检测到冲突信号，它将误认为帧已经正确发送了，因此将不再重发这一发生冲突的短帧。这种情况将造成帧的缺失。如图 4-8b 所示，在 $t = T_0$ 时刻，短帧的发送方已经完成了帧的发送。由于以太网并不提供帧编号和确认应答机制，因此，此时它认为已经完成了发送，将进入下一帧的发送（以太网规定，两个帧的发送间隔为 $9.6\mu s$）。在 $t = 2\tau - \varepsilon$ 时刻检测到冲突之前，它可能已经又发送了后续帧。此时，这种冲突检测就失去了意义。

为了避免这种情况的发生，很显现，一个帧的发送时间 T_0 应该大于争用期。因此，传输速率为 10Mbit/s 的以太网标准中，规定了最短帧长为 64B，即 512bit。最小帧长的发送时间就是 $51.2\mu s$。也就是 $T_{min} = 51.2\mu s$。

在 10Mbit/s 标准的以太网中，又有 $T_{min} \geqslant 2\tau$，所以单向传播时延 $\tau \leqslant 25.6\mu s$。根据上面的计算可得，单向最大传输距离约为 5000m。以太网单段线路的实际覆盖范围远远小于 5000m，可见，可以保证发送方在争用期内检测到冲突。

10Mbit/s 以太网标准中的最短帧长限制是 64B，也就是说，发送方一边发送帧，一边检测冲突是否发生。若它发送了 64B 后，还没有检测到冲突，可以认为，将要发送的这一帧的后续字节也不会发生冲突；若发生冲突，其冲突信号会在前 64B 发送完成之前就已经被发送方检测到了。此时，发送方将中止发送，信道上出现的是长度小于 64B 的无效帧。因此，连接在以太网上的主机若收到长度小于 64B 的帧，可以认为是由于发生信号碰撞而被

计算机网络

中止发送的不完整的无效帧，直接丢弃。

3）检测到碰撞后的信道处理。

以太网规定，当发送方检测到冲突发生时，要发送人为干扰信号，以将冲突情况通知所有站点。以 10Mbit/s 以太网标准为例，这个人为干扰信号为 32bit 或 48bit 的数据。图 4-9 给出了一个发生冲突的例子。

主机 A 从发送帧的第一比特开始到检测到冲突发生，经历了时间 T_a。之后 A 立刻发送干扰信号，干扰信号的发送时间是 T_j。则此次碰撞造成 A 浪费的时间是 T_a+T_j。但干扰信号要经过时间 τ 才能到达网络内所有主机节点，因此，信道的占用时间是 $T_a+T_j+\tau$。收到干扰信号的主机将清理各自的接

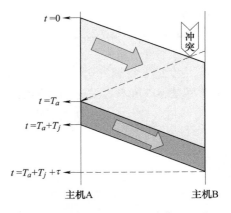

图 4-9　信号碰撞的发生及干扰信号的作用

收缓冲区，再进入下一轮的信道侦听，当侦听到信道空闲，且保持帧间隙时间 9.6μs 后，再进入帧发送阶段。

（3）以太网的信道利用率　图 4-10 是成功发送一个帧的例子。前面讨论过，一个帧的发送时间由两部分组成，$T_0+\tau$。必须明确，当 $\tau=0$ 时，信道上将不会发生冲突，这是一种不可能发生的理想状态。由于信号冲突的存在，帧的发送时间中，必须要考虑冲突后的重传所消耗的时间，即发送时间被修改为 $N\times2\tau+T_0+\tau$（干扰信号和帧间隔时间忽略不计），其中，N 为重传次数，且 $N\leqslant16$。此时，信道的有效利用率为

$$S = \frac{T_0}{2\tau \times N + T_0 + \tau}.$$

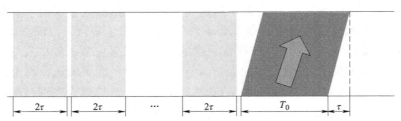

图 4-10　信道的占用

不考虑重传的时间开销，信道的有效利用率是

$$S_{\max} = \frac{T_0}{T_0 + \tau} \tag{4-1}$$

可见，减小 τ 与 T_0 的比值是提高信道有效利用率的关键。定义参数 α 为

$$\alpha = \frac{\tau}{T_0} \tag{4-2}$$

此时，理想信道的利用率 $S_{\max}$ 为

$$S_{\max} = \frac{1}{1 + \alpha} \tag{4-3}$$

α 越小，检测到冲突信号所用的时间越短，当 $\alpha \to 0$ 时，冲突一旦发生，将被立刻检测到。为了缩小 α，要减小 τ 增加 T_0。以太网的具体做法就是：规定最大单段线路传输范围，以缩小 τ；增加数据帧长度，规定数据帧长度不能小于一个固定值，以保证 T_0 足够大。从信道利用率的角度也可以看出，α 越小，理想的信道利用率越高。

在实际情况中，考虑到碰撞后的重发会消耗多个争用期时间，信道利用率不可能达到这个极限值。据统计，当信道利用率下降到 30% 时，信道就已经处于重载下了。

（4）以太网的寻址　前面一节介绍过 IEEE 802 参考模型中的 MAC 层需要完成局域网内寻址的功能，寻址的依据就是 MAC 地址。IEEE 802 参考模型规定，MAC 地址是 6B 长的一组比特组合，具有全球唯一性，局域网内的每台主机的 MAC 地址，由网卡制造商预先分配并固化在其网卡的 ROM 中。MAC 地址的构成及举例如图 4-11 所示。

字节0	字节1	字节2	字节3	字节4	字节5
制造商编号			由制造商分配的地址部分		
08	3E	8E	E0	EA	3C

图 4-11　IEEE 802.3 MAC 地址构成及举例

其实在 IEEE 定义局域网地址时，也出现过 2B 长的局域网 MAC 地址标准。最初人们认为局域网的 MAC 地址只要保持本地的唯一性就可以了，也就是说，一个局域网最多可以接入 65534（全 0 和全 1 的地址除外）个 MAC 地址，而可以保证它们各不相同。但局域网间交换数据时，就可能出现 MAC 地址的重复。因此，在之后的局域网网卡生产过程中，6B 的地址被广泛使用。尽管对于一个局域网来说，6B 的地址似乎长得不可思议，但其具有 MAC 地址全球唯一性这一重要特性，简化了不同局域网之间交换数据时的麻烦，因此为人们所接受。

制造商编号是由网卡生产厂商向 IEEE 的注册管理机构（Registration Authority，RA）申请并获得的。RA 负责分配 6B 中的前 3B 构成的制造商编号，也称为组织唯一标识符。后 3B 由制造商自行分配，成为扩展标识符。由于扩展标识符空间巨大，有时会出现几个小型机构联合申请一个组织唯一标识符的情况，所以不能用组织唯一标识符作为网卡生产商的唯一标识。

MAC 地址可以是单播地址、多播地址或广播地址。

IEEE 规定，MAC 地址的最低位若等于 0，代表这个 MAC 地址是一个单个站点的地址；若最低位等于 1，说明此 MAC 地址为多播地址，即一个组的地址；全 1 的 MAC 地址是广播地址。MAC 地址的次最低位也有特殊用途，用于区分当前的 MAC 地址是本地分配还是全球分配。当 MAC 地址的使用者不愿意向 RA 购买 MAC 地址时，它可以将此位置为 1，表明正在使用本地 MAC 地址。若这个地址是从 RA 购买的全球分配地址，这一比特位的值是 0。所有 2B 长的 MAC 地址都是本地地址，所有以太网的 MAC 地址都是全球地址。

除去以上两个比特位，IEEE 定义的 MAC 地址还有 46bit 可以用来分配，地址空间可以达到 2^{46}，这个数字非常庞大，超过 70 万亿，目前来看，可以满足人类对 MAC 地址数据的需求。

需要注意的是，如果主机或节点安装有多个网卡，那么这个主机或节点就会有多个 MAC 地址，因为 MAC 地址是与网卡一一对应的，更确切地说，MAC 地址是网卡的接口标识符。

    基于这种地址结构，假设以下情况：若局域网内的以太主机的网卡坏了，必须更换它的网卡，那么固化在其中的 MAC 地址也就由原来的地址变成了新网卡中的地址，而主机还是连接在原来的局域网中，在位置没有发生变化的情况下，它的地址改变了；一台主机，从一个地点搬迁到距离很远的另一个地点，它将加入新的局域网，但它的 MAC 地址并没有改变。也就是说，地址没有改变的情况下，主机所在的网络位置改变了。

    可见，局域网的 MAC 地址本身并不带有主机的位置信息。试想一下，在实际生活中，邮政系统的寻址和邮包投递方式，它是按 "省-市-区-街道-小区-建筑物-单元号-楼层-门牌" 逐级寻址的。相比较之下，MAC 地址尽管具有唯一性，但利用 MAC 地址的编制系统进行寻址，是不能进行逻辑上的逐级寻址的。要完成寻址，只能进行全网遍历。因此，MAC 地址只适合用于小范围的局域网寻址。

    为了完成寻址，我们可以推测，MAC 层的帧结构中，一定包含源节点 MAC 地址和目的节点 MAC 地址这样的字段。由于局域网采用广播式传输技术，一台主机发送的帧将被所有其他主机接收。收到帧的站点将帧的目的 MAC 地址与本机 MAC 地址比较，若本机的 MAC 包含在帧的目的 MAC 地址中，则接收此帧，进行后续处理；否则，丢弃。此处，"本机的 MAC 包含在帧的目的 MAC 地址中" 可以理解为：

    1）目的地址是单播地址，且与本机 MAC 地址相同。

    2）目的地址是广播地址，即局域网上的所有站点都要接收，并做后续处理，不能丢弃。

    3）目的地址是多播地址，本机 MAC 地址包含在组地址中。

    所有网卡都支持前两种寻址，但多播寻址需要额外的编程才能实现。

    （5）以太网 MAC 帧格式　以太网的帧结构有不同版本的标准，这里介绍使用最多的 V2 标准，如图 4-12 所示。

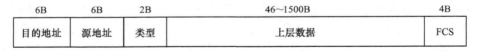

6B	6B	2B	46~1500B	4B
目的地址	源地址	类型	上层数据	FCS

图 4-12　以太网 V2 MAC 帧格式

    以太网的 MAC 帧由 5 个字段构成。

    1）前两个字段分别是长度为 6B 的目的 MAC 地址和源 MAC 地址。

    2）类型字段用来标示上层协议的名称。如上层数据是 IP 报文时，类型字段的值是 0x0800；上层数据是 IPX 报文时，类型字段的值是 0x8137。

    3）上层数据字段中封装了以太网用户的上层协议数据单元，如一个 IP 报文或者一个 IPX 报文。由于以太网的最短帧长是 64B，减去首部和尾部的 6B+6B+2B+4B = 18B，数据字段的最短长度为 46B。在以太网等大多数局域网标准中，也有最大数据长度的限制，称为最大传输单元（Maximum Transmission Unit，MTU），用于保证信道接入的公平性和减少冲突的概率。以太网的 MTU 是 1500B，所以以太网帧的数据字段的长度范围是 46~1500B。对于上层数据不足 46B 的短帧，发送方的 MAC 子层将在数据字段后面填充一个整数字节长的填充字段。

4）最后一个字段是 FCS 字段，用于 CRC 差错检验。

以太网的 MAC 帧结构并不像 HDLC 一样，它没有帧同步字段，因此如何区分一个帧的开始和结束呢？以太网是采用物理层方法，通知接收方帧的开始和结束的。帧开始时，采用定界符的方法（与 HDLC 协议类似），定界符是 10101011。帧结束时，采用非 0、非 1 的特殊编码，通知接收方发送结束。因为以太网采用的物理层编码是曼彻斯特编码，码元是预先定义的，当帧发送结束后，发送方将不再发送预先定义的码元，用这种方式通知对方发送结束。以太网的帧由于没有帧的结束定界符，所以连续到达的比特流都属于同一个帧，节省了帧之间的帧间隔符和结束定界符；也不需要使用字节插入法实现透明传输区间。

由于帧结构中并没有描述帧长度的字段，所以接收方会将整个数据字段连同填充字段一起交给上层协议，去掉填充字段的工作只能由上层协议来完成。

还应该注意的是，以太网的 MAC 层不提供可靠的面向连接的链路服务。当它发现接收到的帧长度小于 64B 或大于 1518B，长度不是字节的整数倍或 CRC 校验失败时，将直接将帧丢弃。发送方也不会进行重传。

IEEE 802.3 定义的 MAC 帧格式只在以太网 V2 上有微小的修改，如图 4-13 所示。

图 4-13　IEEE 802.3 MAC 帧格式

可以看出，主要区别在于第 3 个字段——长度/类型。IEEE 可能感觉到在 MAC 帧中标明帧的总长度，可以方便接收方进行帧同步，因此，IEEE 802.3 的第 3 个字段被定义成了长度/类型字段。当这个字段的值大于等于 0x0600 时，这个字段是类型字段，与图 4-12 完全相同；当这个字段的值小于 0x0600 时，它是长度字段，即当前帧的长度，单位是字节（B）。此时，数据字段中必须封装 IEEE 802 定义的 LLC 帧。

（6）以太网连接　为了适合不同的局域网应用场景要求和跟随物理层技术的发展，IEEE 802.3 标准的物理层分支协议不断发展。从最初的总线标准以太网，发展到星形快速以太网，再到现在的 40Gbit/s，甚至 100Gbit/s 的局域网技术，都离不开 802.3 标准。其中，使用最广泛的是星形连接的物理层标准。这种星形连接的局域网标准使网络连接更加灵活、方便，工具和材料也更加廉价。星形连接的以太网及其之后出现的快速以太网技术，吉比以太网技术等，都是从 802.3i 定义的 10Base-T 标准发展起来的。因此，本书将重点介绍星形结构的以太网标准，早期的总线以太网将不再介绍。

星形网络拓扑结构的中心设备应该是一个可靠性高的数据传输设备。在以太网中，这种设备称为集线器（Hub）。其连接方法如图 4-14 所示。

图 4-14a 所示是一个集线器设备的例子。在图 4-14b 中，给出了主机与集线器连接的方法。可以看出，双绞线的两端都装配有 RJ-45 插头，分别接入主机的网卡接口和 Hub 的后面板接口，其接入细节图如图 4-14c 所示。多个主机连接到同一个 Hub 后，形成的星形以太网如图 4-14d 所示。

下面介绍集线器的工作原理和特点。

集线器连接的局域网在拓扑结构上是星形的，但逻辑上仍然是总线型，即多个站点共享

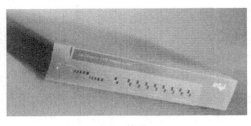

a) Hub外观

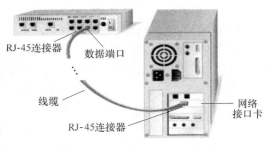

b) Hub与主机连接

RJ-45插头　　网卡/Hub接口

c) 插头与接口

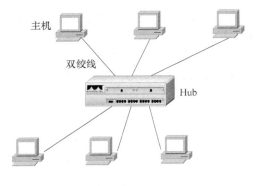

d) 星形网络

图 4-14　用集线器进行星形连接

集线器内部的总线。使用集线器连接的多个主机，由于采用 CSMA/CD 的方式共享线路，将争用 Hub 内部的总线资源。也就是说，同一时刻只能有一个主机处于发送状态。

集线器就是一个多接口的转发器（Repeater），它工作在物理层，功能是简单地转发比特流。由于它并没有装配任何 MAC 子层的功能，因此并不能检测和避免冲突。它的具体功能就是从某一接口接收比特流，将信号重新整形，再广播式地发送到其他接口去。因此，若集线器收到的是冲突后的无效信号，它也将原封不动地转发到其他端口，而完全不做任何检测和过滤。

有的集线器芯片具有较高的计算能力，因此可以实现少量的额外功能，如容错和网关功能。当某一站点出现故障，不断大量发送帧，占用集线器公共带宽。集线器可以检测到这种故障，并不再转发故障站点所在接口发送的帧。也出现了一些模块化的智能集线器，支持模块的热插拔。

10Base-T 标准规定的这种星形连接中，主机到集线器的线缆长度不能超过 100m。另一个以太网物理层标准 10Base-F 采用的传输介质是光纤，线缆长度不能超过 412m。当站点距离较远或站点数目较多时，就必须进行网络扩展连接。关于局域网的扩展及设备，将在 4.5 节中详细讨论。

（7）高速以太网　以太网技术在 20 世纪 90 年代成为局域网技术的主力军，甚至人们一提起局域网，基本上都是在谈论以太网。这使得以太网技术备受关注，也得到了蓬勃发展。从最初的总线网络、10Mbit/s 的标准以太网技术，到今天的 1Gbit/s，甚至几十吉速率的以太网技术，以太网已经形成了一系列分支标准。其中，称支持 100Mbit/s 及以上速率的以太网技术为高速以太网。

1）100Base-T。

100Base-T 支持半双工和全双工两种工作模式。100Base-T 对 10Base-T 具有很好的兼容性。它采用 IEEE 802.3 帧结构。只需将中心连接设备升级为 100Mbit/s 的 Hub 或其他局域网连接设备，即可完成快速以太网的连接。10Base-T 网络上的应用软件和网络软件都可以平移到快速以太网中。但 100Base-T 在以下方面也表现出了与 10Base-T 不同的技术规范。

在以太网的 MAC 协议部分，引入了一个参数 α，且

$$\alpha = \frac{\tau}{T_0}$$

这里，T_0 为最短帧长/发送速率；τ 为信道长度/信号传播速率，一般采用 2×10^8 m/s。

为了与 10Base-T 标准兼容，100Base-T 需要保持 64B 的最短帧长不变，但发送速率又变为 10Base-T 的 10 倍，因此，T_0 将急剧减小。前面的章节讨论过，α 越小，信道的有效利用率越高。为了保持信道利用率，在 T_0 减小时，τ 也应该减小。在信号传播速率不变的情况下，只能减小站点间的距离。具体的参数及技术细节将在 4.5 节讨论。

2）吉比以太网。

吉比以太网最初是在 IEEE 802.3z 标准中定义的，目前已经成为高速以太网的主流技术。它与 10Base-T 和 100Base-T 技术兼容，采用 IEEE 802.3 帧结构，传输速率可达 1Gbit/s。由于具有高速度带宽，吉比以太网技术和产品通常被用作局域网的骨干部分或多媒体数据的传输应用。

1000Base-T 是对 100Base-T4 兼容的。根据公式（4.2），若数据传输速率从 100Mbit/s 增加到 1000Mbit/s，增加了 10 倍，传输距离需要进一步减小或者增加最短帧长度，以保证 α 仍然具有较小的值。由于在 100Mbit/s 向 10Mbit/s 的标准提供兼容服务时，传输距离已经减小，再次减小传输距离是不实际的，因此只能改变最短帧的长度。在 1000Base-T 标准中，最短帧长仍然被定义为 64B，但发送的帧的长度不能小于 512B。对于长度小于 512B 的 MAC 帧，发送方需要填充一些特殊字符，使帧长达到 512B。接收方收到帧后，要将填充的字节去掉，再交付给高层。在这种技术中，若发送方产生了大量 64B 的帧，这些帧中的每一个都要被填充上 448B，以达到发送帧的最短长度要求，造成了信道浪费。为了节约信道资源，希望发送方可以将多个短帧整合成一个长度超过 512B 的长帧再发送。吉比以太网也考虑到了这种技术方法，在它的标准中加入了帧突发技术。帧突发技术规定，当多个短帧发生时，第一个帧按照填充方法构成 512B 的帧，并发送出去，其余短帧中间填入一些帧间隔，组成一个最短 1500B 的长帧，并发送出去。

值得指出的是，以上的帧填充和帧突发的方法只适用于半双工的吉比以太网。全双工的吉比以太网由于不采用 CSMA/CD 的方式共享信道，因此不需要采用以上的方法。

表 2-7 中还给出了速率更高的以太网标准，如 10Gbit/s 传输速率的 802.3an 标准，直至 40Gbit/s 和 100Gbit/s 的标准。可见，从 10Mbit/s 到 100Mbit/s，再到 1Gbit/s，甚至每秒几十吉比特的标准，以太网展现出了很好的兼容性、可扩展性、灵活性和易于实现等特性。

4.2.2 IEEE 802.5 令牌环网

IEEE 802.5 标准定义了采用令牌方式进行介质接入控制的环形局域网技术。它规定了 MAC 子层的帧结构和物理层特性，即令牌环网（Token Ring）标准。其中，MAC 子层使用两种格式的帧，即令牌帧和数据帧，如图 4-15 所示。

令牌帧由 3 个字段组成，共 3B。数据帧由 9 个字段组成。其中，SD 是起始定界符，ED 是结束定界符，DA 和 SA 分别是目的地址和源地址，AC 是访问控制，FC 是帧控制，FS 是帧状态 FCS 在第 3 章中已介绍，这里不再赘述。令牌帧和数据帧在环形线路上按照一个方向传输。

令牌帧

	1B	1B	1B
	SD	AC	ED

数据帧

	1B	1B	1B	2B或6B	2B或6B	≥0	4B	1B	1B
	SD	AC	FC	DA	SA	数据	FCS	ED	FS

图 4-15　IEEE 802.5 帧格式

协议执行的具体过程如图 4-16 所示。

如图 4-16a 所示，令牌帧以一定的顺序在环形网上传递，此时令牌帧的 AC 字段的第 4 位，即令牌状态位应该为 0，表示目前令牌处于空闲状态（令牌位为 1，表示令牌处于繁忙状态），即此令牌是空令牌。如图 4-16b 所示，当某一主机收到空令牌时，可以进入数据帧发送状态。具体的做法是：将令牌帧 AC 字段的第

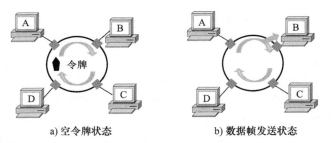

a) 空令牌状态　　　b) 数据帧发送状态

图 4-16　令牌环网工作过程

4 位置 1，将数据帧的内容追加到 AC 字段后，并将这个数据帧发送到环形线路上。每一个收到数据帧的站点将本机 MAC 地址与 DA 比较，若相同，复制并接收该帧，并将帧继续发送到网络上，直至数据帧回到发送方；若本机的 MAC 地址与 DA 不同，则将帧继续发送至环形线路上。从以上的过程可以看出，发送数据帧的源站点最终将再次收到该帧，这是为了使源站点有机会确认数据帧是否发送成功。当源站点收到的帧与发送缓冲区中的数据帧相同时，说明此帧已经正确发送，此时源站点将交出发送权，即将空令牌发送到网络中；若源站点没有正确收到回归的数据帧，将重发。

IEEE 802.5 规定，某一时刻环形网络上只能有一个令牌帧，因此这种方式很好地避免了冲突。在重载的情况下，各个站点有条不紊地分享发送权，表现出了很好的信道性能。此外，令牌环网的站点对于本站获得空令牌的时间可以进行确定的预测，即最差情况下经过多长时间可以获得发送权，使得令牌环网适用于需要确定预测传输时间的网络应用，具有一定的实时性。AC 字段有优先级位，因此支持按照优先级进行数据帧传输。令牌环网的显著缺

点是：令牌的管理复杂；环形网络使站点的动态加入和退出变得很不方便；试想一下，由于空令牌本身也是一个帧，因此也存在丢失的可能，一旦空令牌丢失，整个环形网将陷入死亡状态，即没有站点可以发送数据。

令牌环网的具体实现包括：IBM 公司于 20 世纪 70 年代开发的令牌环网网卡，其速率是 16Mbit/s，传输介质采用同轴电缆；还有 90 年代广泛发展的光纤数字分布接口（Fiber Digital Distributed Interface，FDDI），传输介质是光纤，采用双环结构提高系统的可用性，传输速率可以达到 100Mbit/s。

令牌环网面临的挑战是动态环形结构的维护工作。包括环的初始化，站点的动态加入，优先级管理等。这些控制工作要求有较复杂的控制规程和电路来实现，成本高，实现复杂，推广困难。

4.2.3　IEEE 802.4 令牌总线网

令牌环网虽然可以控制冲突，在重载下表现出良好的特性，但其环形拓扑结构为站点的动态加入带来不便。另一方面，轻载下令牌环网仍要求全体站点参与数据帧的传递，增加了传输代价和时间。因此，IEEE 802.4 标准给出了一种总线型或树形结构的令牌网，称为令牌总线网（Token Bus）。

令牌总线网的介质访问控制方法仍然采用令牌方式，网络的物理结构是总线型或树形。但所有节点构成一个逻辑环形结构。这个逻辑环形结构就是一个逻辑顺序，每个节点在这个顺序中被指定一个逻辑位置，并且记录它的前趋站和后续站的标识。这个逻辑顺序是动态变化的，由于故障、关机等原因没有加入网络，或发送队列为空，没有数据需要发送的站点都不加入这个逻辑顺序中。这种动态环结构的维护要求每个站点内都需要设置一个连接表，记录当前本站的前趋站标识、后续站标识和本机地址。令牌总线网的工作过程示意图如图 4-17 所示。

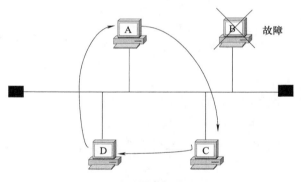

图 4-17　令牌总线网的工作过程

在图 4-17 所示的令牌总线网络中，逻辑环形结构的网络由 A→C→D→A 组成。主机 B 由于故障原因，尽管连接在总线上，但并不是逻辑环形网络的一部分，所以不会阻断网络传输。当网络轻载时，只有参与数据帧传输的少数站点加入逻辑环，因此节约了转发时间和带宽。令牌总线网在轻载和重载下都具有很好的信道性能和实时响应的能力，因此可以用作工业控制上的网络技术。

4.3　无线局域网

IEEE 802.11 定义了无线局域网（Wireless Local Area Network，WLAN）的标准。WLAN 利用无线传输介质，实现一定传输距离内的多个站点间的连通以及信息和资源的共享。它具有连接灵活、安装简便、易于扩展、高移动性、经济等优点。同时，由于无线传输介质的开放性，WLAN 也面临信号冲突控制困难、易受干扰等技术问题的挑战。

802.11 标准规定，站点利用频率为 2.4GHz 的无线频带，进行最高为 2Mbit/s 速率的数据业务传输（不支持多媒体、二进制文件等其他数据的传输），传输距离为 100m。

熟知的 Wi-Fi 技术实际上就是按照 IEEE 802.11 标准生产产品的商标名称。

随着各种应用在无线局域网上的发展，802.11 的低速率、较短的传输距离和受限的业务数据类型逐渐不能满足需求。因此，IEEE 对 WLAN 的协议进行了补充和改进，分别提出了 802.11a、802.11b、802.11e、802.11g、802.11n 等标准。图 4-18 所示为一个 WLAN 的组成实例。

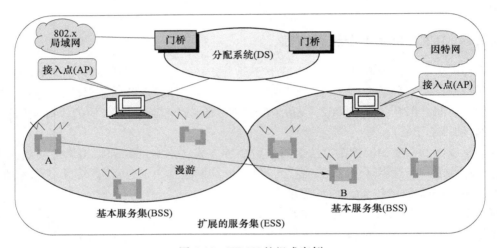

图 4-18　WLAN 的组成实例

图 4-18 中的各个组成部分及作用如下：

1）基本服务集（Basic Service Set，BSS）。一个 BSS 包括一个基站和若干个移动站，所有的站在本 BSS 以内都可以直接通信，但在和本 BSS 以外的站通信时都要通过本 BSS 的基站。

2）BSS 中的基站叫作接入点（Access Point，AP），其作用与网桥相似（网桥是数据链路层的互连设备，将在 4.5 节中讨论）。

3）一个 BSS 可以是孤立的，也可通过 AP 连接到一个主干分配系统（Distribution System，DS），然后再接入到另一个 BSS，构成扩展的服务集（Extended Service Set，ESS）。

4）ESS 还可通过门桥（Portal）为无线用户提供到非 802.11 无线局域网（例如，到有线连接的因特网）的接入。门桥的作用就相当于一个网桥。

移动站 A 从某一个 BSS 漫游到另一个 BSS，而仍然可保持与另一个移动站 B 进行通信。

IEEE 802.11 提供了一系列的补充标准，组成了 802.11 协议簇。由于它们中的某些协议是互不兼容的，所以每个 BSS 中的移动站点欲彼此连通，进行通信，必须装配相同或互相兼容的 802.11 子协议，并与 AP 的协议保持一致或兼容，否则不能连通。IEEE 802.11 协议簇中的常用子协议见表 4-1。

表 4-1　IEEE 802.11 协议簇中的常用子协议

标准	占用频率带宽/GHz	最高速率/(Mbit/s)
802.11a	5	54
802.11b	2.4	11
802.11g	2.4	54
802.11n	2.4 或 5	72~600
802.11ac	5	$433 \sim 6.77 \times 10^3$

其中，802.11b 向 802.11 兼容，也被称为无线以太网。这是因为 802.11 的 MAC 子层的介质访问控制方法与以太网类似。但由于无线局域网传输介质的开放性和无导向性，且无线站点不能一边接收数据信号一边传送数据信号，所以无法进行冲突检测。这使得 802.11 的 MAC 子层不能像 802.3 一样采用 CSMA/CD 作为介质共享方法，它使用一个改进的 CSMA 方法，即将 CSMA 增加一个碰撞避免（Collision Avoidance，CA）功能。MAC 层工作示意图如图 4-19 所示。

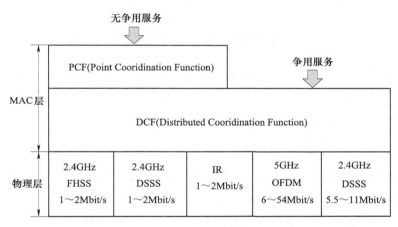

图 4-19　IEEE 802.11 协议的 MAC 层

DCF 子层在每一个节点上使用 CSMA，使各个站通过争用信道来获取发送权。因此 DCF 向上提供争用服务。PCF 使用集中控制的接入算法将发送数据权轮流交给各个站，从而避免了碰撞的产生。所有的站在完成发送后，必须再等待一段很短的时间（在此期间仍要继续监听）才能发送下一帧，这段时间称为帧间间隔（Inter Frame Space，IFS）。帧间间隔长度取决于该站欲发送的帧的类型。高优先级帧需要等待的时间较短，因此可优先获得发送权，但低优先级帧就必须等待较长的时间。若低优先级帧还没来得及发送而其他站的高优先级帧已发送到媒体，则媒体变为忙态，发送低优先级帧的站会检测到信道的繁忙状态，只能再推迟发送，这样就减少了发生碰撞的机会。

4.4　蓝 牙 技 术

蓝牙（Bluetooth）是一项用户短距离数据传输的无线网络技术，它利用 2.4GHz 的频率带宽传输数据，传输距离为 10m。它最初是为了替代 EIA-232e，使个人用户活动范围内的数字设备能够构建临时无线网络而提出的，如手机、数码照相机、笔记本计算机、个人数字助理等，所以也称为个人区域网（Personal Area Network，PAN）技术。蓝牙技术是于 1998 年由爱立信联合 IBM、Intel、NOKIA 和 TOSHIBA 等著名公司成立了蓝牙特别兴趣组提出并管理的，最终被 IEEE 纳入 802.15.1 标准。

IEEE 对于 802.15 标准并没有给予足够的重视，以至于在一段时间内，这个标准被无线设备的生产商忽略，几乎死亡。而蓝牙特别兴趣组致力于维护和管理这个协议，并推动了技术的应用。随后，IEEE 也更新了 802.15 的其他补充协议，以达到多种技术共存、提高速率和降低能耗的目的。IEEE 802.15.1 标准源于蓝牙 v1.1 版，它可以同蓝牙 v1.1 完全兼容。IEEE 802.15.1 是用于无线个人网络（WPAN）的无线媒体接入控制（MAC）和物理层（PHY）规范。该标准的目标在于在个人操作空间（POS）内进行无线通信。IEEE 802.15.2 实际上是一个策略建议，致力于技术共存，推荐了一系列解决 WPAN 与 WLAN 之间互扰的技术策略和方法。IEEE 802.15.4 定义的数据传输速率低于 0.25Mbit/s，但能耗和复杂度都很低，电池寿命可以达到几个月甚至几年。

4.5　局域网扩展与网络连接设备

在很多情况下，需要扩展局域网的覆盖范围。本节将讨论不同类型的局域网采用各种局域网设备进行网络扩展的原理和方法。由于目前局域网的主要技术是以太网，这里将重点讨论以太网的扩展和连接设备。

4.5.1　用物理层设备扩展局域网

第 4.2 节介绍了以太网的连接设备——集线器。在 10Base-T 标准中，主机与集线器的连接介质最长可以达到 100m。这是由信道和信号本身的特性决定的。在 100m 范围内，信号的衰减不会使接收方的物理层实体无法识别信号。也就是说，两台主机之间的距离最远可以达到 200m，称为网络跨距是 200m。当两台主机的物理距离超过 200m 时，就需要进行局域网的扩展了。

一个简单的想法是将两个 Hub 用双绞线互连，这样就可以将网络跨距增加到 300m 了。由于光纤传输设备的技术逐渐成熟，设备价格合理，也可以利用带有光纤模块的 Hub 与主机互连，来增加网络跨距。这是因为光纤具有衰减少、带宽宽的特点，在光纤中传输的光信号可以在较小衰减的情况下，传输更远的距离。假设主机的网卡接口标准仍然是双绞线标准，则需要在装有光纤模块的 Hub 与主机间增加光/电转换接口。

另一个方法是使用多个集线器，连接成覆盖范围更大、可接入节点数更多的多级 Hub 树形网络，如图 4-20 所示。

这种结构在网络跨距和站点数量上都实现了扩展。假设此时主机 A 发送一个帧，接收主机是 B，帧的发送过程如下：

主机 A 发送的帧首先在集线器 H2 中广播，到达 H1；H1 将帧广播给所有接口，H3 和 H4 均收到帧，并广播发送给所有连接在本集线器的主机。所有主机将帧的目的地址与本机的 MAC 地址进行对比，以确定该帧是否是本机的帧，是否需要接收并上交给上层协议。

可见，由分层 Hub 结构扩展的局域网，仍然属于同一个冲突域，即所有站点中，只能有一个站点发送数据，其他站点均处于接收状态。以每个 Hub 的带宽是 100Mbit/s 为例，在没有分层级连前，每个 Hub 连接的 3 台主机共享 100Mbit/s 的带宽，每台主机可以享有平均33.3Mbit/s 的带宽。级联后，9 台主机共享 H1 的 100Mbit/s 带宽，因此每台主机享有的平均带宽下降为 11.1Mbit/s 了。

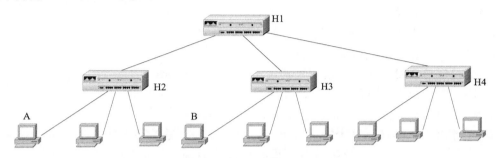

图 4-20　集线器的多级 Hub 树形结构

下面来讨论网络跨距问题。以物理层采用 10Base-T 标准为例，H2 连接的各个主机最大跨距是 200m；通过 H1 进行级连后，从主机 A 到主机 B，相当于使用了 3 个 Hub 进行跨距扩展，因此这个二级星形网络的跨距可以达到 400m。由于 Hub 是工作在物理层的设备，它具有信号再生的功能，所以帧从 A→B 的过程中，信号不会因为失真而出现差错。设想，如果 A、B 两个节点相距 500m，如何才能实现帧的传输呢？600m 呢？是不是再增加级连层数就可以无限扩展传输距离了呢？

星形以太网的 MAC 子层采用的介质访问方式是 CSMA/CD，因此有最短帧长的限定，通常是 64B。争用期 2τ 需要小于或等于这 64B 的发送时间，即 512bit 时间。

$$2\tau = 2 \times 网络跨距 /2 \times 10^8 m/s \leqslant 512bit\ 时间 \tag{4-4}$$

Hub 的转发工作也需要耗费时间，假设 Hub 一次转发耗费的时间是 t_r。当增加了多层 Hub 进行级联时（设级数为 N），在物理层时间忽略不计的情况下，上述公式修改为

$$2\tau = 2 \times (网络跨距 /2 \times 10^8 m/s + Nt_r) \leqslant 512bit\ 时间 \tag{4-5}$$

从式（4.5）可以看出，在最短帧长固定的前提下，N 和网络跨距均有固定值与之对应。在 10Base-T 标准中，N 最大为 4，网络跨距为 500m；在 100Base-TX 标准中，N 最大为 2，网络跨距为 205m。

还应该明确的是，Hub、转发器或其他物理层互连设备，只能起到将信号再生，并广播式转发的作用，因此对于传输速率、编码方法、接口尺寸，甚至拓扑结构都不相同的不同物理层标准的局域网，是不能通过物理层设备互连的。

4.5.2　用数据链路层设备扩展局域网

1. 网桥及其工作原理

数据链路层的扩展设备被称为网桥（Bridge）。网桥对于收到的帧，除了进行信号再生之外，不会向所有接口转发该帧，而是根据帧的目的 MAC 地址进行转发和过滤。网桥中保存一个 MAC 地址表，标明 MAC 地址对应的输出接口。图 4-21 所示为一个网桥工作原理的例子。

假设某一时刻，主机 1 向主机 3 发送数据帧。通过集线器广播转发，端口 A 将收到这个帧。网桥查询本地 MAC 地址表，发现源地址与目的地址在同一个端口内，说明不需要网桥的转发，因此网桥将丢弃该帧。这就意味着，端口 A 连接的冲突域中的内部广播通信量将不会跨越网桥，影响端口 B 连接的另一个冲突域。另一种情况下，假设主机 1 向主机 4 发送数据帧。通过广播转发，这个数据帧将到达端口 A。网桥查看本地的 MAC 地址表，发现目的 MAC 地址在端口 B 中，于是将帧转发至 B，

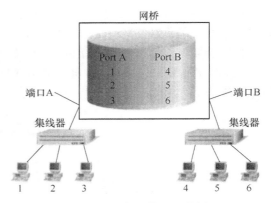

图 4-21　网桥工作原理实例

与 B 相连的集线器广播转发这个帧，主机 4 将收到此帧。考虑第三种情况，端口 B 连接的集线器上新加入了主机 7，但这种改变还没有汇报给网桥，因此 MAC 地址表上并没有主机 7（稍后会讨论如何维护 MAC 地址表）。这时，主机 1 向主机 7 发送数据帧，网桥将如何处理呢？网桥收到此帧后，查询本地 MAC 地址表，并没有找到地址为 7 的表项，此时它将向所有输出端口广播此帧（在图 4-21 所示的例子里只有端口 B，但实际情况下可能会有多个输出端口），这种方式称为洪泛式（Flooding）。

将网桥的工作原理总结如下：

网桥查看 MAC 地址表：

1）DA 在表内时：

若 DA 和 SA 在同一端口，丢弃该帧，不予转发；

若在不同端口内，按照 MAC 标出的目的 MAC 所在的端口进行输出转发。

2）DA 不在表内时，用洪泛方式转发帧。

还应该注意的是，不论发生以上哪种情况，帧的发送和转发的过程中，SA 和 DA 始终保持不变，即初始的源主机和最终的目的主机的 MAC 地址，而不是网桥的地址。尽管网桥起到了转发的作用，但它为主机提供的服务是透明的，因此，也称采用这种原理进行工作的网桥为透明网桥。

根据图 4-21 可知，网桥的不同端口连接的主机，构成了不同的冲突域，如图 4-22 所示。

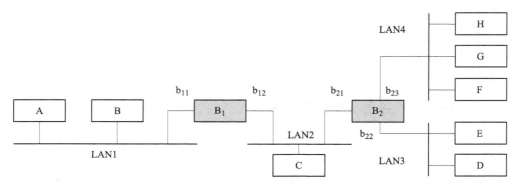

图 4-22　网桥隔离冲突域

网桥 B_1、B_2 分别连接了不同的冲突域。以 B_2 为例，它的端口 b_{22} 和 b_{23} 连接了两个冲突域 {D，E} 和 {F，G，H}。当 {D，E} 进行内部广播通信时，帧不会被转发到 {F，G，H} 域中。因此，与共享性的物理层连接设备 Hub 或 Repeater 相比，网桥除了扩大物理范围，可以互连运行不同的物理层标准的主机或设备外，还具有过滤通信量以及提高网络系统的可靠性的功能。但由于转发帧时，网桥需要对帧进行缓冲接收和解析，帧的处理耗费时间，从而增加了传输延迟。另外，网桥没有流量控制功能，可能造成接收方缓冲区溢出。还有，在特殊情况下采用的洪泛式转发方式可能在网桥的连接范围内产生广播风暴。

2. 以太网交换机

以太网的数据链路层互连设备是交换机（Switch）。它的工作原理等同于多接口网桥，通常装配有 8、16 或更多接口。它可以将集线器或主机以星形拓扑结构连接起来。它的每个接口都配备存储器，用于帧的缓存。这样，在某个输出接口繁忙时，就可以将到来的帧缓存起来，当交换机连接的两台主机同时向一个端口发送数据时，利用这种缓存机制，就可以实现并行处理了。因此，与网桥相比，以太网交换机的接口可以进行多对多的数据转发，从而达到并行处理。连接在交换机接口的各个主机，就好像独占交换机的转发功能一样。图 4-23 是一个用以太网交换机连接而成的星形网络的例子。图中的交换机中应该保存见表 4-2 所列的 MAC 地址表。

表 4-2　MAC 地址表

目的地址	地址类型	目的端口号	目的地址	地址类型	目的端口号
A	动态	1	F	动态	3
B	动态	1	G	动态	3
C	动态	2	H	动态	3
D	动态	2	I	动态	4
E	动态	2			

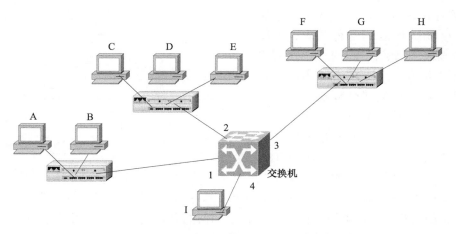

图 4-23　用以太网交换机扩展的网络示例

交换机的所有端口平时都不连通，当接入交换机的设备之间需要通信时，交换机能够同时连通许多对端口，使每一对相互通信的设备都能像独占通信介质那样进行无冲突的数据传输。在双方通信完成后，将断开这种连接。

交换机在进行帧的转发时，有以下几种工作方式：

（1）存储转发式（Store & Forward）　该方式中的交换机将数据帧完全缓存后，再根据帧首部的地址信息进行转发。这种转发方式的优点是可以进行帧的 CRC 校验，以避免转发出现比特差错的帧，但整个帧的缓存所花费的延时较长。

（2）直通式（Cut Through）　为了节约缓存和发送时间，交换机仅缓存前 6B，即只需获得帧首部的目的 MAC 地址信息，就开始转发，而无须缓存帧的其他部分。这种方式的特点是转发所花费的延时短，但无法进行 CRC 校验。采用这种方式工作的交换机可能转发差错帧或长度小于最短帧长的碎片帧。

（3）改进的直通式（Fragment Free）　为了避免转发碎片帧，同时缩短转发时间，改进的直通式方式会缓存一个帧的前 64B 的数据，之后的 bit 采用直通式进行转发。

下面来讨论以太网交换机中的 MAC 地址表，即交换表，是如何初始化及维护与更新的。

交换表中的表项状态有动态和静态两种。动态情况下，表项是通过自学习获得的。静态状态则不需要自学习，是人工配置和维护的。

初始状态下，交换表是空的。它通过不断地转发帧，从帧首部中的源地址信息中学习到 MAC 地址与端口的对应关系，并写入交换表中，成为交换表的一个表项。同时，需要记录这一表项获取的时间。这个时间被交换机用于检查表项的有效性。交换机定时清理长期不用的过时表项。

这种通过自学习获取交换表表项的方法使以太网交换机成为一种即插即用的网络设备，即不需要任何配置和人工干预，就可以完成帧的转发功能。

以太网交换机构成的网络是星形网络。但为了增加网络系统的鲁棒性，可以在网络结构中配置一些冗余连接。当正常线路出现故障时，这些冗余线路将被启动，保证网络的连通性。

如图 4-24 所示，交换机 B_1 与 B_4、B_2 与 B_4 间的连接是冗余的。交换机在初始化时，必须能够检测到这种冗余，关闭端口（物理线路仍然保持连接），使网络上不致出现环路，因为环路的出现，在交换表自学习时将造成循环投递，浪费链路资源。关闭了以上两个连接后，使系统保持树形结构。这种消除环形结构的方法称为生成树协议（Spanning Tree Protocol，STP）。值得指出的是，这种关

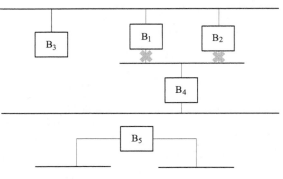

图 4-24　交换机的冗余连接与生成树协议

闭并不是物理线路的拆除，只是逻辑上的断开。这些接口可以在网络其他线路出现故障时启动，作为备份线路，增加系统的鲁棒性。关于如何断开逻辑环与如何启动备份线路，IEEE 802.1D 协议中给出了标准和规范。

值得指出的是，局域网交换机中的 MAC 地址表也称为 CAM（Content Addressable Memory）表。在支持虚拟局域网的交换机中，CAM 表除了包含 MAC 地址和对应的端口号外，还包含对应的虚拟局域网号。

4.6 小 结

局域网是计算机网络中很重要的一项网络技术，需要全面、熟练掌握其原理。由于局域网被设计为使用简单的广播式传输技术，所以它的技术内容不涉及路由等功能，反而在接入媒体的方法方面需要特别的设计。因此，本章详细介绍了数据链路层可以采用的媒体接入技术，包括受控接入和随机接入两种。其中，受控接入中的轮询和令牌，随机接入中的 CSMA 都是采用较多的。针对局域网的特殊性，IEEE 为局域网设计了体系结构，即 IEEE 802 体系结构。通过几十年的发展，这一结构已经被广泛采用，成为当今局域网结构的绝对主力。在 IEEE 802 定义的一系列局域网技术中，具有代表性的是以太网、令牌环网、令牌总线网和无线局域网。其中以太网发展良好，它经历了总线型到星形，传输速率 10Mbit/s～10Gbps，传输介质从同轴电缆到光纤、无线介质的发展，几乎成为局域网的代名词。本章还详细介绍了以太网的各种技术标准，并分析了以太网的运行性能和传输跨距等参数指标。对于以太网的物理层和数据链路层扩展设备——集线器和交换机，也进行了详细的讨论和说明。

习 题

1. 10Mbit/s 的以太网标准中，若 A、B 两个站点相距 1000m，当 A 向 B 发送一个 100B 的帧时，碰撞多少次？可以判断信道处于重载吗？

2. 以太网的 MAC 协议是如何进行帧同步的？

3. 以太网帧发送时，是否需要考虑透明传输区间的问题？为什么？

4. 结合以太网 MAC 层的信道利用率谈谈尽管光纤具有很好的传输性能，为什么 10Base-F 标准的线缆长度只有 412m。

5. 与以太网相比，令牌环网在重载下的性能如何？为什么？

6. 试述网桥的工作原理。

7. 以太网交换机如何实现帧的并行转发？

8. 交换机中的交换表是如何建立的？

9. 若交换机接收的帧的目的地址不在其交换表中，交换机将如何工作？说明它采用这种工作方式的优点和缺点。

10. 什么是无线局域网中的漫游？什么是基站？

第5章

网　络　层

5.1　网络层的功能

物理层和数据链路层构成了局域网的通信线路，实现了计算机在局域网内的通信。但是，随着人们对网络需求的日益增加，将各种局域网连接起来构成更大范围的计算机网络成了发展的必然。网络层就是为了解决网络互连问题而存在的。

5.1.1　网络层需要解决的问题

在计算机网络发展的早期，网络的形态基本上是一个个独立的局域网，网络内采用有线或无线的传输媒体将若干节点连接在一起，形成数据传输的通路。随着计算机网络应用的普及与发展，人们希望在网络中得到更好的服务，能够通过网络获取更多的信息和资源。此时，局域网已经不能满足人们的需求，建立一个覆盖全球的计算机网络成为必然。无论采用何种技术构建的局域网，其最大承载的节点数都有上限，网络的覆盖范围不可能无限扩大。因此，在已有的局域网的基础上，如何将它们连接起来，实现互连互通，进而构建出全球性网络是需要解决的核心问题，也就是通常所说的网络互连（internetworking）。

由于各种类型的局域网在构建时并非采用相同的技术，也没有统一的标准，因此，将这些原本孤立的、异构的网络互连在一起将面临很多问题。

（1）网络协议的转换　由于不同的计算机网络可能采用不同的通信协议，因此，在连接两个不同的网络时，必须要在两个网络的连接设备上进行协议的转换，包括协议格式、地址标识方式等。负责协议转换是网络层的主要任务之一。很多网络层设备都是支持多种通信协议的，以便在多种协议之间进行转换工作。

（2）地址标识不统一　在计算机网络通信中，对节点的标识称为"地址"。前面介绍过在以太网中用48位的MAC地址来标识通信节点，这种地址称为硬件地址，这种48位的MAC地址也是目前使用最为广泛的一种硬件地址形式。但是，并非所有局域网都采用了这种地址标识方法，例如，proNET令牌环网中的硬件地址是8位。由此可见，不同的计算机网络，其地址表示形式并非是统一的，这为网络互连后的寻址增加了难度。如果接收主机的地址无法被识别，就无法通过寻址将数据传送到接收主机所在的网络，也就无法送达接收主机，通信就不能正常进行。因此，在网络层建立一种统一的地址标识方法，并对原有网络中形式不一的硬件地址进行转换也是网络层必须要做的工作。

当发送主机和接收主机不在同一个网络中时，对接收主机的寻址一般是先找到主机所在

的目的网络,然后再在目的网络中寻找主机。在这种分层的寻址过程中,首先要根据网络层的地址找到目的网络,到达目的网络后,再按照目的网络中的硬件地址寻找到接收主机。

(3)跨网络的路由问题 通过分层的统一的地址可以解决网络互连后的寻址问题,但是,如果源网络和目的网络之间跨越了多个网络,同时存在多条可达的路径,数据在传输时到底应该选择哪条路径进行转发呢?这就是常说的"路由"问题。路由的目的是在多条可达路径中选择一条最佳的路径对数据进行转发。那么,什么是"最佳"?如何能找到"最佳"路径?这就需要网络层针对路径的传输代价制定一种度量标准,并依据该标准在所有可达路径中通过计算获得最佳路径。

与物理层和数据链路层一样,网络层也有专门的互连设备——路由器,它主要负责解决上述网络互连中的各种问题,在不同的计算机网络之间实现互连,如图 5-1 所示。路由器的工作主要集中在网络层,具有网络地址识别和路径选择的功能,在多网络互连的环境中,它可以使用不同的通信协议及不同的介质访问方法与各种网络连接。如图 5-2 所示,数据从一个网络传输到另外一个网络时,必须经过路由器。图中箭头表示数据在主机和路由器上的协议封装与解封装过程。

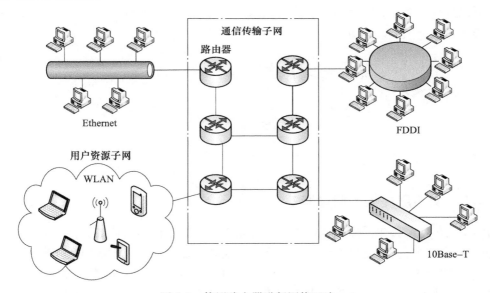

图 5-1 使用路由器进行网络互连

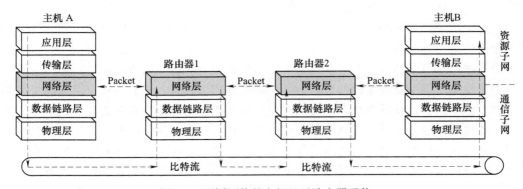

图 5-2 不同网络的主机经过路由器通信

5.1.2　网络层的作用

作为通信子网的最高层（见图5-2），网络层接收数据链路层提供的链路传输服务，同时向上面的传输层提供统一的分组传输服务。其作用主要体现在两个方面：①屏蔽各种物理网络差异，提供透明传输服务；②在不同网络间进行路由选择。

由于既有网络采用不同的技术和协议进行构建和通信，因此网络互连之前各个网络之间差异的存在是必然的。网络层通过采用统一的通信协议和地址格式，使各个异构网络遵循同样的规范进行通信，屏蔽了底层网络之间的差异，解决了不同网络间进行统一传输的问题。这样，传输层接受的就是网络层提供的统一的分组传输服务，而感觉不到底层网络差异的存在。

网络层利用网络互连设备将多个原本独立的网络连接在一起，使可通信范围扩展至全球。当通信双方分别位于两个相距很远的网络中时，如何在双方之间存在的通路中选择一条较好的路径进行数据传送是网络层的一个重要功能。如图5-3所示，主机A和主机B之间的通信需要经过多个网络，数据将被多个路由器转发，从图可以看出，通信双方之间有多条转发路径可以选择，此时，需要网络层协议根据一定的算法进行判断，最终选择一条"最佳"的路径进行转发，例如，主机A-R1-R4-R3-R5-主机B。

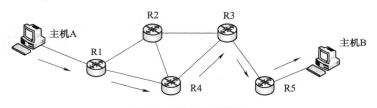

图5-3　路由选择举例

5.1.3　网络层提供的两种服务

网络层向传输层提供的服务有两种：一种是根据传统电信网的传输经验总结出的面向连接的虚电路服务，另一种是针对计算机网络的通信特点而设计的无连接的数据报服务。

在传统的电信网中，通话双方通过程控交换机在两部电话机之间建立一条固定的连接，双方发送的语音数据就在这条连接上进行传送。这种面向连接的通信方式可以保证数据传输的可靠性，非常适合于电话服务。因此，在计算机网络设计时，考虑沿用这种面向连接的服务方式，在两个需要通信的计算机之间也建立连接，以保证传输过程中所需要的网络资源，这种连接被称为"虚电路"。与电信网中的物理连接不同，虚电路只是一条逻辑上的连接，表示其经过的所有节点和节点的串联。每一条虚电路由一个唯一的虚电路号标识，计算机发出的分组中不需要携带接收主机的地址信息，按照通信双方事先建立的虚电路号就可以到达接收主机。虚电路的建立需要在分组传输之前完成，然后通信双方就在已建立的虚电路上完成分组的传送，传输结束后，虚电路需要被拆除。在这种面向连接的服务中，由于分组沿相同的转发路径进行传送，采用适当的可靠传输机制，就可以保证分组无差错地按序到达接收方，实现可靠传输。图5-4a是虚电路服务的示意图，图中的主机A和主机B在事先建立的虚电路上进行分组传送。

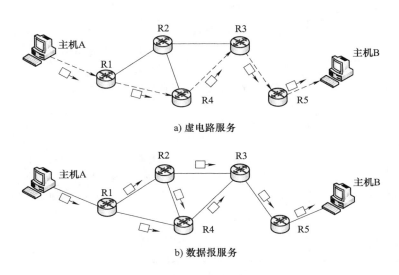

a) 虚电路服务

b) 数据报服务

图 5-4 网络层提供的两种服务

虚电路服务通过在通信双方建立固定的逻辑连接进行数据传输，这种方式在获得了传输的可靠性、低时延、易控制等特性的同时，也付出了一定的代价。例如，虚电路沿途所占用的全部线路资源只能被虚电路连接的双方使用，线路资源分配不灵活可能会造成浪费；一旦虚电路中某个中间节点出现故障，那么整条虚电路都会失效，此时必须重新建立虚电路才能继续通信，等等。针对这些问题，在因特网设计之初，设计者们提出了一种新的适合于计算机通信的网络服务模式。与电信网中的电话机相比，计算机是具有智能化的通信终端，因此，传统电信网中由网络来负责解决的传输可靠性问题、差错处理问题以及流量控制问题等都可以交给终端计算机来处理，于是就产生了数据报服务。

在数据报服务中，每个传输的分组都是独立的，传输之前不需要建立连接，由传输途中的节点设备为其进行路由选择。同一台主机连续发出的分组可能会沿不同的传输路径到达相同的接收主机，到达顺序与发出的顺序可能不一致。在传输的过程中，分组可能会出现差错、丢失、重复和乱序，也不能保证传输的实时性，即数据报服务不保证传输的可靠性，如图 5-4b 所示。这种设计思路的核心是只提供简单、灵活的传输服务，以提高通信效率。如果通信双方的主机（端系统）需要可靠的传输服务，那么就由主机中的网络层用户，也就是传输层来负责相关工作（如差错处理、流量控制等）。由于不需要建立固定的逻辑连接，数据报服务在数据发送之前免除了连接建立的时间，提高了通信效率；在数据传输过程中可以充分利用线路资源，提高线路利用率，有利于网络负载的均衡；每个分组均独立发送，由节点设备负责路由工作，因此网络中的节点若发生故障不会对通信的整体造成影响。但是由于没有固定的传输连接，数据报服务中每个分组都需要携带完整的源主机和目的主机的地址信息，相较于虚电路服务来说，传输开销有所增加。另外，网络中的节点设备需要对每个分组都进行路由选择，因此增加了分组的处理时间，加大了传输时延。

综上所述，虚电路服务和数据报服务各有优缺点，两者的综合比较见表 5-1。

表 5-1　虚电路服务与数据报服务的对比

比较内容	虚电路服务	数据报服务
是否需要建立连接	需要	不需要
地址信息的表示	仅在连接建立阶段需要源、目的主机的地址信息，后面传输的分组中只需要携带虚电路号	每个分组中都要携带完整的地址信息
分组的路由选择	在虚电路建立时就确定，所有分组都按照同一路由进行转发	每个分组独立进行路由选择，不同分组的转发路径可能不同
节点设备故障的影响	所有经过故障节点的虚电路都需要重新建立	除节点故障时可能会丢失分组，路由需改变外，没有其他影响
分组的到达顺序	到达顺序与发送顺序一致	到达顺序与发送顺序可能不同
传输的可靠性	高	低
端到端的可靠性保证	可由网络负责，也可由用户主机负责	由用户主机负责

　　由于数据报服务可以降低网络的构造成本，运行方式更为灵活，且能够适应多种应用需求，因此，Internet 中的网络层采用的就是这种设计思想。后面要重点学习的 IP 就是一种无连接的网络协议，它提供无连接的、不可靠的网络层服务。

5.2　Internet 的网络层协议

　　在 Internet 的网络层，网际协议（Internet Protocol，IP）是最主要的协议，它负责完成分组在不同网络间的传送，识别源主机与目的主机的地址，完成 IP 数据报的封装与同步，以适应不同网络对分组长度上限的不同要求。此外，在 IP 工作的过程中，还需要一些其他协议的配合，例如，可以实现 IP 地址和硬件地址映射的地址解析协议（Address Resolution Protocol，ARP）和逆地址解析协议（Reserve Address Resolution Protocol，RARP）、用于进行网络控制以提高 IP 分组成功交付概率的网际控制报文协议（Internet Control Message Protocol，ICMP）、实现 IP 多播的网际组管理协议（Internet Group Management Protocol，IGMP）等。

　　虽然这些协议都属于网络层协议，但它们在网络层内部处于不同的层次位置，主要体现在各协议单元是否要经过 IP 的封装。其中，ICMP 和 IGMP 处于较高层次，即在 IP 之上，因为它们的协议单元还需要被 IP 封装；而 ARP 和 RARP 则位于 IP 之下，因为它们不需要 IP 的封装。这种层次关系可以通过图 5-5 来描述。

5.2.1　IP

　　IP 是一个无连接的通信协议，它的主要功能就是将分组从源主机到目的主机，在互连起来的网络中进行传送。1981 年，RFC 791 发布了 IPv4（即版本号为 4 的 IP）

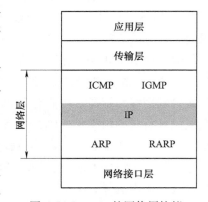

图 5-5　Internet 的网络层协议

的标准，经过几十年的应用，目前 IP 的最新版本是 IPv6，但 IPv4 仍是 Internet 网络层中的主流协议。因此，这里介绍的 IP 就是 IPv4，IPv6 的内容将在后面单独介绍。

具体来讲，IP 的工作内容主要包括以下几个方面：

（1）数据报的封装　网络中传输的数据产生于源主机的某个应用进程，源数据在传输之前，必须经过各层协议的封装才能从主机交付到网络中。从传输层交下来的数据就必须经过 IP 的封装，形成 IP 数据报。所谓封装，就是在上层交下来的数据上加上 IP 地址和控制信息。具体的封装形式将在本节的后部分详细介绍。

（2）对数据报分片与重组　对于不同的网络，其链路上可以传输的最大数据传输单元（MTU）是不同的。由于网络的互连，Internet 中就会出现 IP 数据报在传输过程中经过 MTU 较小的网络时长度超限的问题。此时，就必须在转发 IP 数据报之前对其进行分片，以适应下一段链路的传输要求。经过了分片的 IP 数据报在到达目的主机之后，必须将所有分片再重新组合起来，恢复成原来完整的 IP 数据报，才能提交给主机。具体的分片与重组工作将在第 5.2.2 小节介绍。

（3）寻址　在网络传输的过程中，寻址是必不可少的，只有识别出目的主机的地址，才能将数据传送到目的主机。在局域网中，寻址是通过主机的硬件地址完成的，如在以太网中，就以 MAC 地址作为寻址依据。但在 Internet 中，多种不同类型的网络连接在了一起，不同网络里主机的硬件地址表示也不同，这就使寻址工作变得复杂且难以实现。因此，IP 必须采用一种新的统一的地址形式来标识不同网络中的主机，这个地址就是 IP 地址。关于 IP 地址的内容将在第 5.2.3 小节详细介绍。

下面通过 IP 数据报的报文格式来具体了解 IP 的功能。IP 数据报的报文格式如图 5-6 所示，图中的格式以 32 位（4B）为单位来描述。

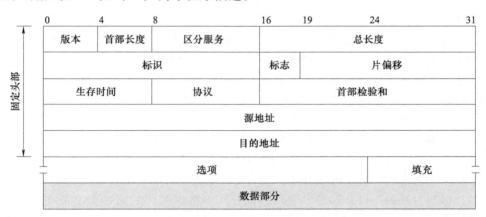

图 5-6　IP 数据报的报文格式

从图中可以看出，一个完整的 IP 数据报由两部分组成：首部和数据部分。其中，首部包括 20B 的固定部分和长度可变的选项及填充部分，固定部分是所有 IP 数据报的首部都有的，而选项及填充部分则是可选的。数据部分则是需要封装的协议数据单元，在其前面加上 IP 首部即完成 IP 数据报的封装。下面介绍 IP 数据报首部各字段的意义。

（1）版本（Version）　表示当前 IP 的版本号，占 4 位。目前广泛使用的是 IPv4，即版本号为 4，故该字段的值为 0100。

（2）首部长度（Header Length） 表示 IP 数据报首部的总长度，占 4 位。这个长度值是以 4B 为单位的，即首部的实际字节数除以 4。如果一个 IP 数据报的首部没有选项的话，则该字段的值为 0101（十进制数为 5）。如果有选项，而选项字段的长度不是 4B 的整数倍的话，需要在选项后面用 0 进行填充，以保证整个首部的长度能够被 4 整除。当该字段值为 1111 时，首部长度达到最大值，对应的首部最大长度为 60B。

（3）区分服务（Differentiated Services） 在早期的 IP 数据报格式中，这个字段叫"服务类型"，表示 IP 数据报的优先级和服务类型，占 8 位。其具体结构如图 5-7 所示。其中，最高位空闲不用，其值为 0，随后 3 位代表 IP 数据报的优先级，从 0~7，数值越大优先级越高（默认优先级为 0）；最低 4 位是标志位，分别代表 D（Delay，时延）、T（Throughput，吞吐量）、R（Reliability，可用性）和 C（Cost，开销）。当对应标志位为 1 时，表示需要优先考虑该标志位所代表的性能。但这个字段实际上一直没有真正使用。

1998 年，IETF 把这个字段改名为"区分服务"，同样是 8 位，但字段结构变了，如图 5-8 所示。其中，最高 6 位为 DSCP（Differentiated Service Code Point，区分服务码点），表示服务的优先级，值越大，优先级越高；后面 2 位是关于 ECN（Explicit Congestion Notification，显示拥塞通知）的位。目前这个字段只在使用区分服务时才起作用。

| 0 | 优先级 | D | T | R | C | | DSCP优先级 | ECN |

图 5-7 "服务类型"字段格式　　　　　图 5-8 "区分服务"字段格式

（4）总长度（Total Length） 总长度是指 IP 数据报报文的全长，包括首部和数据部分，以字节为单位。该字段占 16 位，因此 IP 数据报的最大长度是 $2^{16}B - 1B = 65535B$。

（5）标识（Identification） 代表 IP 数据报的编号，占 16 位。在运行 IP 的软件中有一个计数器，每当产生一个 IP 数据报，计数器的值就会加 1，并将这个值作为标识赋给 IP 首部。该字段的主要作用是当 IP 数据报的总长度超出了其所在网络数据链路层的 MTU 而需要分片时，每一个分片的首部中都需要复制这个标识字段，以便接收方对分片进行重组，即具有相同标识字段的分片来源于同一个 IP 数据报。

（6）标志（Flag） 用于分片的标志，占 3 位，目前只有最低 2 位有意义。最低位为 MF（More Fragment），当它为 1 时表示后面还有数据报的分片，当它为 0 时表示后面没有分片了，当前分片是最后一片。中间位为 DF（Don't Fragment），当它为 1 时表示当前数据报不允许分片，当它为 0 时表示可以分片。只有 DF=0 时，该数据报才能进行分片操作。

（7）片偏移（Fragment Offset） 表示当前分片中数据部分的第一个字节在原 IP 数据报中数据部分的相对位置，以 8B 为单位，占 13 位。其数值由当前分片中数据部分的起始字节相对于原数据报数据部分起始字节的距离除以 8 得到。因此，每一个分片的数据部分长度都应该是 8 的整数倍。当没有分片时，该字段值为 0。

上述的标识、标志、片偏移字段主要用于 IP 数据报的分片，特别是在接收方对分片进行重组时，主要的依据就是这几个字段。

（8）生存时间（Time To Live，TTL） 用于表示 IP 数据报在网络中传输的有效时间，占 8 位。由于 IP 采用无连接的传输方式，无法保证每一个发出的数据报都能到达目的主机，所以，为了防止那些无法交付的数据报在网络中被路由器不停地转发而白白浪费网络资源，每一个 IP 数据报在发送前都被设置了一个确定的 TTL。随着数据报被转发，TTL 的值逐渐减小，直到减为 0，若还没有到达目的主机，该数据报就要被丢弃。

最初 TTL 值的设计是以秒为单位，每经过一个路由器，就将 TTL 的值减掉数据报在该路由器上的处理时间，如果处理时间不足 1s，就减 1。当 TTL 的值减到 0 时，就丢弃该数据报。后来，随着技术的进步，路由器处理数据报的时间不断缩短，几乎所有路由器的处理时间都远远小于 1s，因此，现在 TTL 的值被设置为允许数据报被路由器转发的次数，也就是"跳数限制"，每经过一次路由器转发，TTL 的值就减 1，直到减为 0，就丢弃该数据报。

（9）协议（Protocol）　该字段占 8 位，用来表示 IP 数据报中的数据部分是哪一个协议的数据单元，以便接收方在处理该数据报时知道要将数据部分交给哪个程序处理。这里的协议可能是网络层之上的传输层协议，如 TCP、UDP，也可能是网络层中较高层次的协议，如 ICMP、IGMP。一些常用协议对应的协议字段值见表 5-2。

表 5-2　常用协议对应的协议字段值

协议名	ICMP	IGMP	TCP	UDP	IPv6	OSPF
字段值	1	2	6	17	41	89

（10）首部检验和（Checksum）　用于检验 IP 数据报首部（不包括数据部分）在传输过程中是否发生改变，占 16 位。由于数据报每经过一个路由器，路由器都需要重新计算该字段（一些字段，如生存时间、标志、片偏移等可能会发生变化），为减少计算的工作量，只对首部进行检验，且不使用复杂的 CRC 方法。

具体的首部检验和的计算方法如下：

1）在发送方，先将"首部检验和"字段置为 0，然后把 IP 数据报首部划分为多个 16 位的二进制序列，对所有的这些二进制序列进行反码求和计算，最后将计算结果的反码填到"首部校验和"字段。

2）在接收方，同样将 IP 数据报的首部划分为若干个 16 位二进制序列，并对这些序列进行反码求和计算，然后再将计算结果取反。如果最终结果为 0，则说明首部在传输过程中没有发生改变，否则表示出现了差错，该数据报需要被丢弃。

（11）源地址（Source Address）　发送方的 IP 地址，占 32 位。

（12）目的地址（Destination Address）　接收方的 IP 地址，占 32 位。

（13）选项（Options）　选项字段的作用主要是对 IP 数据报的功能进行扩展，其长度是可变的，从 1~40B 不等。如果选项字段的长度不是 4B 的整数倍，需要用 0 进行填充。由于选项字段的长度可变，因此选项的增加会加大路由器对数据报的处理开销。实际上，这个字段很少使用。另外，在 IPv6 的格式中，首部字段的长度就是固定的了。因此，关于选项字段这里不再详细介绍。

5.2.2　IP 数据报的分片与重组

1. IP 数据报的分片

在发送方，每一个 IP 数据报都需要交给网络层之下的数据链路层进行进一步的封装，此时，整个 IP 数据报将作为数据字段被封装在数据链路层的帧中。而不论是哪种数据链路层协议对其能够封装的数据字段大小都有限制，这个最大长度就是最大传输单元（MTU）。

例如以太网规定，数据字段的最大长度是 1500B。当发送方产生的 IP 数据报总长度超出了 MTU，就需要在发送前对 IP 数据报进行分片，以满足数据链路层的传输要求。

不同的数据链路层协议对其数据字段的最大长度，即 MTU 的规定是不同的。表 5-3 列出了几种常见的数据链路层协议的 MTU。

表 5-3　不同网络数据链路层协议的 MTU 值

协议	FDDI	以太网	PPP	PPPoE	X. 25
MTU/B	4352	1500	1500	1492	576

除了发送方需要对长度超出 MTU 的 IP 数据报执行分片操作之外，路由器也常需要对 IP 数据报进行分片。因为在互联网中，异构网络通过路由器连接在一起，一个路由器的多个端口可能连接着多种装配了不同链路层协议的网络，每一种网络会有不同的 MTU。当路由器从一个 MTU 较大的网络中接收了一个 IP 数据报，要将其转发到另一个 MTU 较小的网络中去时，这个 IP 数据报的长度可能就会大于接下来要转发到的网络的 MTU，此时，路由器就必须对该数据报进行分片，才能对其继续转发。举个例子，如图 5-9 所示，路由器 R 连接了两个网络，网络 1 是 MTU 为 1500 字节的以太网，网络 2 是 MTU 为 576 字节的 X. 25 网络。此时，主机 A 向主机 B 发送了一个 IP 数据报，其长度为 1400B。路由器 R 收到该数据报后，需要将其转发到网络 2 中，但 1500>576，此时路由器 R 就需要对该数据报进行分片，然后再将每个分片转发到网络 2 中。

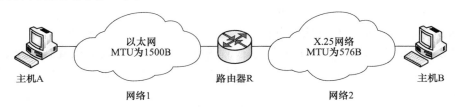

图 5-9　路由器连接 MTU 不同的网络

分片的具体操作是：首先将 IP 数据报中的数据字段分成大小能够满足下一站网络的数据链路层协议支持的 MTU 规定的片段，然后对每一个片段再分别进行 IP 数据报的封装，即为这些片段加上 IP 首部。其中，首部里的"标志"和"片偏移"字段是操作的重点。所有分片首部中的"标志"字段的最高位和中间位都为 0，除最后一个分片首部中的"标志"字段最低位值为 0 之外，其余分片首部中的"标志"字段最低位均为 1。至于"片偏移"字段，第一个分片的"片偏移"字段值为 0，其余分片的"片偏移"字段值由每个分片数据字段中起始字节相对于原 IP 数据报数据字段起始字节的偏移位除以 8 得到。

在上面的例子当中，假设主机 A 生成了一个长度为 4020 的 IP 数据报（使用固定首部，即首部长度 20B，数据部分长度 4000B），要发送给主机 B，其传输路径为主机 A-路由器 R-主机 B。由于网络 1 的 MTU 是 1500B，故主机 A 在发送该 IP 数据报之前首先要对其进行分片。因为固定首部长度是 20B，所以每个分片的数据部分长度不能超过 1480B。于是将原 IP 数据报的数据部分分为 3 个片段，其长度分别为 1480B、1480B 和 1040B。之后，将原始数据报的首部复制为各数据报分片的首部，并修改其中一些字段的值，添加到各数据片段的前面，这样就完成了数据报分片的封装。IP 首部中，与分片操作相关的字段包括总长度、标识、标志、片偏移等。图 5-10 描述了分片的过程及 IP 首部相关字段的值。

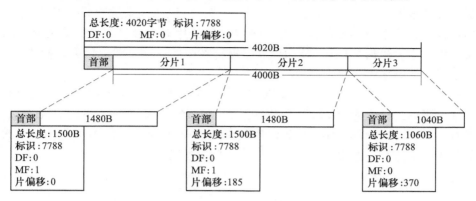

图 5-10　主机 A 对 IP 数据报的分片

　　假设系统生成的原 IP 数据报的标识字段的值是 7788，则所有该 IP 数据报的分片的标识都是 7788。原 IP 数据报的总长度为 4020B，分片后的三个数据报片总长度分别为 1500B、1500B 和 1060B。原 IP 数据报的标志字段中的 DF、MF 都是 0，片偏移字段也是 0。分片后的三个数据报片的 DF 字段均为 0，表示允许分片；前两个数据报片的 MF 为 1，代表后面还有分片，而最后一个数据报片的 MF 为 0。三个数据报分片的片偏移值分别是由 0/8、1480/8、2960/8 计算得到。

　　主机 A 生成的原 IP 数据报经过分片后，就通过网络 1 的传输到达了路由器 R，接下来，R 根据主机 B 的地址，要将这些数据报分片转发到网络 2。而网络 2 的数据链路层 MTU 只有 572B，因此，在路由器 R 上，对需要转发的这三个数据报分片还要进行进一步的分片。这里以第一个数据报分片为例，其数据部分长度是 1480B，要通过 MTU＝572B 的网络 2，需要至少再分成 3 个分片，每个分片的数据部分长度不超过 572B−20B＝552B，且能被 8 整除。一种具体分片方案如图 5-11 所示。

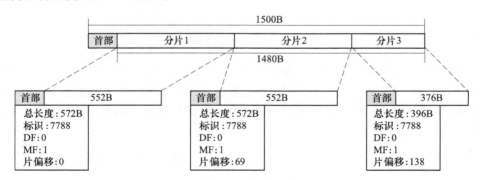

图 5-11　路由器对 IP 数据报的分片

2. IP 数据报的重组

　　当这些 IP 数据报分片经过网络的传输到达目的主机之后，目的主机必须对这些分片进行重组，还原成原来的 IP 数据报之后才能向上层协议提交。IP 数据报的重组过程就是根据各 IP 数据报分片的首部信息将数据部分按照顺序合并在一起，只保留第一个数据报分片的首部用作重组后的 IP 数据报首部，其余分片的首部都要去掉。重组的主要依据是首部中的标识、标志和片偏移三个字段。通过标识字段的值，可以找到来源于同一 IP 数据报的所有分片，根据标志字段中 MF＝0 的信息可以确定所有分片中的最后一片，其余分片的顺序则由片偏移字段决定。最后，还要修改 IP 数据报首部中的一些字段，例如，标志字段的 MF 置 1，DF 为 0，片偏移为 0 等。

在上面的例子中，主机 B 最终会收到 8 个主机 A 发来的 IP 数据报分片，并要将它们重组，还原成原来的总长度为 4020 的 IP 数据报。这里有一点需要注意的是，无论 IP 数据报在传输过程中经过几次分片，无论在分片后是否经过 MTU 更大的网络，分片重组的工作都最终在目的主机上进行，路由器只负责分片，不负责重组。

5.2.3 IP 地址

对相互连接的不同网络中的主机或路由器端口进行统一编址，并按照地址对数据报进行寻路转发是 IP 的重要工作内容。接下来，介绍这个统一的地址形式——IP 地址。不同版本的 IP 中，IP 地址的格式也是不同的。这里介绍的 IP 地址是指 IPv4 中定义的地址，至于 IPv6 中的 IP 地址形式，将在后面第 5.2.7 小节中介绍。

1. IP 地址的格式

IP 地址是由互联网名称与数字地址分配机构（The Internet Corporation for Assigned Names and Numbers，ICANN）为 Internet 上每一个主机或路由器端口分配的全球唯一的 32 位的标识符。如图 5-12 所示，它的结构主要由两部分组成：网络号（net-ID）和主机号（host-ID）。前一部分的网络号标识主机或路由器连接的网络，它在整个 Internet 中必须是唯一的。后一部分的主机号标识主机或路由器的一个具体的端口，它在其所在的网络内必须是唯一的。

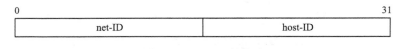

图 5-12　IP 地址的格式

整个 IP 地址的长度是 32 位 4B，通常，为了记忆的方便，每个字节用一个十进制数表示，各数字之间由 "."分开，这种表示方法称为 "点分十进制"表示法，如图 5-13 所示。显然，202.118.1.53 比 11001010 01110110 00000001 00110101 要好读、好记得多。

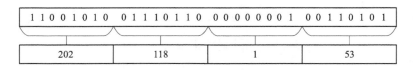

图 5-13　IP 地址的点分十进制表示

2. IP 地址的分类

在 Internet 发展早期，由于网络数量比较少，接入网络的主机和路由器也少，因此 IPv4

的 IP 地址完全够用，当时并没有"子网"的概念。根据网络通信类型和网络的规模，IP 地址被分成了 A、B、C、D、E 五类。其中，A、B、C 三类是单播地址，D 类是组播地址，而 E 类是保留地址。下面对这几类地址进行详细介绍。

（1）单播地址 IP 地址分类中的 A、B、C 三类属于单播地址，即单播通信时使用的地址。从这三类 IP 地址的结构上看（见图 5-14），网络号字段的长度分别为 1B、2B 和 3B，相对应的主机号字段长度分别为 3B、2B 和 1B。由此可见，A 类 IP 地址表示的网络规模最大，B 类次之，C 类地址表示的网络规模最小。

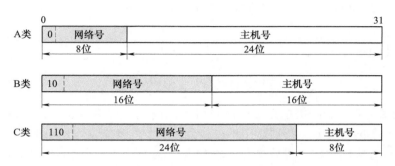

图 5-14 A、B、C 类 IP 地址的格式

A 类 IP 地址的首字节最高位固定为 0，因此可用于网络号分配的有 7 位，但实际上可以分配的网络号有 126 个（即 2^7-2），这里不包括 00000000 和 01111111。这是因为在 IP 地址中，全 0 和全 1 的地址往往具有特殊含义，一般不做常规分配。网络号为 127（即 01111111）的地址保留用作本地软件进行环回测试使用。例如，主机发送一个目的地址是 127.0.0.1 的数据报，则该数据报不会被发送到任何一个网络上，而是由本主机自己的协议软件来处理。关于特殊的 IP 地址，后面会详细介绍。

A 类 IP 地址的主机号有 24 位，可分配的最大主机数为 $2^{24}-2=166777214$ 个（除去主机号全 0 和全 1 这两个地址）。由此可见，虽然 A 类 IP 地址可分配的网络数不多，但每个网络的规模都很庞大。

B 类 IP 地址的网络号有 16 位，其最高两位固定为 10，所以可用来分配的只有 14 位。通常 128.0.0.0 不用来做网络地址分配，B 类最小可分配的网络号是 10000000 00000001，所以实际上 B 类 IP 地址可分配的网络数量是 $2^{14}-1=16383$ 个。B 类 IP 地址的主机号有 16 位，相对于 A 类 IP 地址适用于大规模网络，B 类 IP 地址则适合于中等规模的网络，每个网络可分配的主机地址有 $2^{16}-2=65534$ 个。

C 类 IP 地址的网络号最长，共有 24 位，所以其可以分配的网络数量也最多。C 类 IP 地址的最高三位固定为 110，可用于网络号分配的还剩 21 位。而其中的 192.0.0.0 通常不分配，可分配的最小 C 类网络号是 11000000 00000000 00000001，所以 C 类 IP 地址实际可以分配 $2^{21}-1=2097151$ 个网络。由于 C 类 IP 地址的主机号只有 8 位，所以通常用于小型网络，每个 C 类网络可分配的主机地址是 254 个（即 2^8-2）。

综上所述，A、B、C 三类 IP 地址的可分配情况总结见表 5-4。

表 5-4 IP 地址的可分配范围

类型	可分配网络数	网络号范围	可分配主机数	主机号范围
A	126（2^7-2）	1~126	166777214（$2^{24}-2$）	0.0.1~255.255.254
B	16383（$2^{14}-1$）	128.1~191.255	65534（$2^{16}-2$）	0.1~255.254
C	2097151（$2^{21}-1$）	192.0.1~223.255.255	254（2^8-2）	1~254

（2）组播地址 D 类 IP 地址是组播地址，应用于组播通信，其地址格式如图 5-15 所示。D 类 IP 地址不区分网络号和主机号，最高字节的前 4 位固定为 1110，其余 28 位均可用于分配，因此 D 类 IP 地址的可分配范围是 224.0.0.0~239.255.255.255。

图 5-15 D 类 IP 地址的格式

IP 组播技术主要用于解决单点发送多点接收的问题。与单播相比，组播通过一对多的通信，大幅节约了网络资源，特别适用于视频会议、在线直播、远程教育、远程医疗、网络电视、网络电台等应用领域。组播源发送的 IP 数据报中，源地址仍是单播地址，而目的地址要设置为 D 类的一个组播地址，标识一个接收该数据报的组播组。这样，所有加入该组播组的主机就都能接收到该数据报。

为了更好地规范和管理组播地址，根据不同的应用环境和用途，组播地址又被分为四类：预留组播地址、公用组播地址、临时组播地址和本地管理组播地址。具体的分类方法及 IP 组播技术将在第 5.2.7 小节介绍。

（3）保留地址 E 类 IP 地址是保留地址，不分配给用户使用，其地址结构如图 5-16 所示。最高字节的前 5 位固定为 11110，地址范围是 240.0.0.0~247.255.255.255。

图 5-16 E 类 IP 地址的格式

3. 特殊的 IP 地址

在 IP 地址分配时，有一些地址由于具有特殊含义，因此不用作一般主机地址的分配。接下来，就来介绍一下这些特殊的 IP 地址。

（1）全 0 地址 在 Internet 中，IP 地址的全 0 字段被解释为"本"（This）。全 0 的 IP 地址是表示"本"主机，网络号全 0 而主机号不为 0 的 IP 地址代表"本"网络。例如，地址 0.0.0.0 表示本网络中的本主机，通常在系统刚刚启动时使用；一个 B 类地址 0.0.0.76 则表示在当前这个网络中主机号为 76 的主机。当主机号字段全 0，而网络号字段不为 0 时，则表示一个网络地址，如 5.0.0.0 就表示一个 A 类 IP 地址的网络。

（2）全 1 地址 IP 地址中规定，全 1 字段表示"所有"（All），故通常用来表示广播地址。广播地址分为两类，一类是全 1 地址，即 255.255.255.255，被称为有限广播地址（Limited Broadcast Address）或本地广播地址（Local Network Broadcast Address），它表示在当前网络中的广播地址，使用这种表示方法可以在不知道当前网络的网络地址的情况下发送广播报文。而发送方一旦知道其所在网络的网络号，或其要发送广播报文的目的网络的网络地址，就应该使用另外一种广播地址——定向广播地址（Directed Broadcast Address）。在定向广播地址中，网络号字段是一个确定的已知值，主机号字段为全1，它表示一个指定的网络中的广播地址。例如202.118.3.255，就是C类网络202.118.3.0的广播地址。

（3）环回地址　在IP地址中，除了全0和全1这样的特殊地址之外，还有一种地址，它的第一个字段值是127，这一类地址一般不出现在Internet上，也不作为普通地址使用，这类地址称为环回（Loopback）地址。环回地址主要用于测试TCP/IP以及本机进程间的通信。当任何程序使用环回地址作为目的地址时，发出的报文都会被发送主机上的协议软件直接处理，而不会将该报文发送到真正的网络中去。因此，在网络中永远不会出现目的网络号是127的报文。

图5-17总结了以上三种特殊形式IP地址的有效组合。

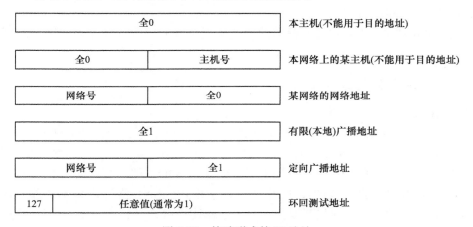

图 5-17　特殊形式的 IP 地址

4. 私有 IP 地址

在IP地址设计之时，为了提高A、B、C三类通用IP地址的利用率，在每一类IP地址中，都各自划分出一段专门用于局域网内部通信的地址段，这些地址段中的地址可以在不同的公司、不同的机构内部的局域网中重复使用，而无须向IP地址管理机构申请、注册和购买。这类地址就是私有IP地址。具体的各类IP地址中私有IP地址段分布见表5-5。

表 5-5　私有 IP 地址段分布

网络类型	私有 IP 地址段	私有地址数量（包括网络地址和广播地址）
A 类	10.0.0.0~10.255.255.255	2^{24}（16777216）
B 类	172.16.0.0~172.31.255.255	2^{16}（65536）
C 类	192.168.0.0~192.168.255.255	2^{16}（65536）

与私有IP地址相对应的就是公有IP地址。在A、B、C三类IP地址中，除了少量的私有IP地址之外，其余的都是公有IP地址。私有IP地址只能在局域网内部通信时使用，而主机一旦接入Internet，就必须使用公有IP地址。

最后，关于IP地址有几点重要的说明。

1）为了简化讨论，常说 IP 地址标识了网络中的一台主机，但这种说法并不准确。例如，一台连接了多个网络的路由器，不可能只为其分配一个 IP 地址，而是需要为每一个连接到网络的端口分配一个。同样，一台具有多个网卡，且同时连接到多个网络的主机也需要分配多个 IP 地址。这样的主机称为多地址主机（Multi-homed Host）。显然，此时的 IP 地址并不是标识一台主机，而是标识着主机上的一个网络连接。

2）IP 地址是一种分层次的地址结构，即每一个 IP 地址都由网络号和主机号两部分组成。IP 地址管理机构只负责分配网络号部分，主机号部分则由各获得网络号的单位自行分配。

3）同一个网络中的主机，其 IP 地址都要有相同的网络号；不同网络中的主机其 IP 地址中的网络号一定不同。因此，网络中用网桥或交换机连接起来的若干个局域网仍然是一个网络，而路由器连接的则是不同的网络，所以每一个路由器都至少要有两个或以上的 IP 地址，且它们的网络号各不相同。

4）无论网络中有多少台主机，覆盖的地理范围有多大，所有分配到网络号的网络都是平等的。

5.2.4　子网划分与聚合

1. 分类 IP 地址的不合理性

通过前面的学习了解到，IP 地址在最初设计时，采用了分类划分的方法，每一类 IP 地址的格式相对固定，在分配网络地址时，只能为一个网络分配 A、B、C 类 IP 地址中的一类，因此该网络获得的可用 IP 地址数量也就是固定不变的。但是，随着计算机网络规模的迅速增长和互联网应用的快速发展，这种早期的分类 IP 地址暴露出许多不合理的地方，以至于 IP 地址资源非常紧张，很快就要消耗尽了。具体来讲，分类 IP 地址的不合理之处主要体现在以下几个方面：

（1）IP 地址空间浪费　由于 IP 地址在最初设计时采用了分类划分的方法，在网络地址分配时，每一个网络获得的 IP 地址必然属于 A、B、C 这三类 IP 地址之一。也就是说，每一个网络的规模由其 IP 地址所属类别来确定，而这与网络的实际规模往往很难相符，因此，就会造成大量的 IP 地址浪费。例如，在一个 A 类 IP 地址网络中，主机号部分为 24 位，可以使用的 IP 地址数量为 16777214 个，也就是最多可以连接 16777214 个主机；在 B 类 IP 地址网络中，主机号部分为 16 位，最多可以连接 65534 个主机；网络规模最小的 C 类 IP 地址网络其主机号部分为 8 位，因此可以分配 254 个 IP 地址。若某公司现在有 100 台主机需要连接到 Internet，如果为其分配一个 A 类 IP 地址网络，则有 16777114 个 IP 地址会闲置；若该公司申请到的是一个 B 类 IP 地址网络，则会有 65434 个地址浪费；即使是规模最小的 C 类 IP 地址网络，仍然会剩余 154 个 IP 地址。而由于这些剩余的 IP 地址与已分配出去的 100 个 IP 地址同属一个网络，又不能分配给其他单位的其他网络使用，因此造成了大量 IP 地址资源的浪费。对 IP 地址的浪费会使有限的 IP 地址资源过早枯竭。

（2）对已有 IP 地址资源不能充分利用　分类的 IP 地址除了在主机数量少、规模小的网络中使用时会造成地址浪费之外，当需要组建多个小规模网络时，还必须为这些网络申请不同的网络地址，这种做法进一步加剧了 IP 地址的浪费。例如，某公司原有 100 台主机接入 Internet，申请到一个 C 类网络地址用来分配。现在出于业务需要，公司网络进行扩展，新增一个网络，其中包含 100 台主机。显然，若要为这新增的 100 台主机分配 IP 地址，必须再申请一个新的网络地址才行。虽然原来的 C 类网络地址中还有大量 IP 地址的剩余，但也不能在新增的网络中分配。可见，网络规模的扩展并不能对已有 IP 地址资源进行充分利用，反而造成了更多 IP 地址的浪费。

（3）地址分配不够灵活　从 IP 地址的管理来看，所有 A、B、C 类的 IP 地址都是由 IP 地址管理机构来统一分配的，各使用单位只能对主机号部分自行分配。当某单位进行网络扩展或改造时，必须要先向 IP 地址管理机构申请新的网络地址，才能使新增的网络正常开始工作。这种做法限制了使用单位在本单位内部灵活地进行网络规划与建设。

由此可见，早期的 IP 地址在设计上存在诸多不合理的地方，这些问题会导致 IP 地址资源的枯竭，严重影响 Internet 的发展，因此必须尽快采取有效的解决办法。

2. 子网划分

针对上述问题，1985 年，RFC 950 中提出了"子网划分"的概念，在原来的 IP 地址结构中增加了"子网号"字段，即 IP 地址由原来的"网络号+主机号"变为"网络号+子网号+主机号"。具体结构如图 5-18 所示。

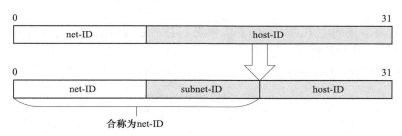

图 5-18　带有"子网划分"的 IP 地址格式

"子网号"字段通常是从原 IP 地址结构中的"主机号"字段划分出来的，其目的是将原来的一个较大规模的网络划分为若干个小网络，称为"子网"。"子网号"字段越长，划分出的子网数量就越多，相应地，每个子网中可容纳的主机数量就越少。拥有相同网络号、不同子网号的 IP 地址被视为在不同的网络当中。因此，在划分子网后的 IP 地址中，网络号和子网号通常合称为网络号。

"子网号"字段的增加使得网络规划与分配变得更加灵活。当一个单位需要建设新的网络时，如果该单位原来获得的网络地址中可用的 IP 地址充足，那么就可以根据本单位的需要在其所属的物理网络上进行多个子网的划分，充分利用可分配的 IP 地址资源，而无须向 IP 地址管理机构申请。因为子网划分完全是一个单位内部的事情，子网划分后，该单位对外仍表现为一个网络。由此可见，子网划分在提高了 IP 地址分配的灵活性的同时，也提高了 IP 地址的利用率，减少了浪费。

下面用一个例子来说明子网划分的具体操作。某单位有一个 C 类的网络地址 198.28.61.0，各部门共有 100 台主机，原来都在一个网络中。现在根据工作需要进行网络重新分配，其中销售部的 50 台主机和设计部的 50 台主机要分别组建成两个不同的网络，这种情况需要如何处理呢？

该单位原来拥有的 IP 地址为 C 类，故网络号为 24 位，主机号为 8 位。现在要划分为两个子网，因此需要从主机号中借出若干位作子网号。那么，子网号的位数如何确定呢？子网号的位数决定了划分出来的子网数量，如一个 n 位的子网号，可以形成 2^n 种不同的组合。RFC 950 规定，子网号不能是全 0 或全 1，所以 n 位子网号产生的可用子网数为 2^n-2 个。由此可知，若要划分为两个子网，则需要从主机号部分划分出 2 位作为子网号，原主机号部分剩余 6 位用来分配给子网内的各主机。子网划分的过程如图 5-19 所示。

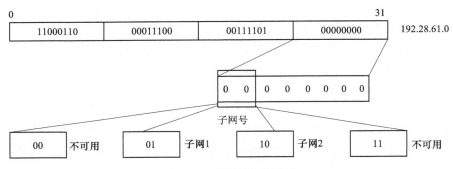

图 5-19　子网划分的过程

表 5-6 中列出了该例中子网划分的具体情况，包括划分后的网络号、子网号、可分配的主机号及各子网中可用 IP 地址的范围。划分出两个子网后，每个子网最多可以容纳 62 台主机（全 0 和全 1 的主机号不予分配），能够满足该单位的组网需要。

表 5-6　子网划分情况

子网	网络号	子网号	主机号	可分配的 IP 地址
子网 1	11000110. 00011100. 00111101	01	000001~111110	198. 28. 61. 65~198. 28. 61. 126
子网 2	11000110. 00011100. 00111101	10	000001~111110	198. 28. 61. 129~198. 28. 61. 190

因为子网划分是一个单位内部的事情，所以该单位对外仍然表现为一个网络，而其具体的子网划分情况外部也无从了解。如图 5-20 所示，路由器 R 是该单位连接外部网络的边界路由器，所有从该单位发向外部网络的数据报或外部网络发往该单位的数据报都要经过路由器 R 的转发。在划分子网之前，路由器 R 在单位内部只有一个连接接口，连接在一个网络上；划分为两个子网后，路由器 R 在单位内部连接在两个不同的网络上，两个子网之间的通信必须要经过路由器 R 的转发，但路由器 R 对外的接口保持不变，即从任何一个子网向外部网络发送的数据报都要通过路由器 R 进行转发，而外部发往该单位的数据报也仍然由路由器 R 接收，路由器 R 再根据数据报中具体的目的 IP 地址向不同的子网进行转发。

3. 子网掩码

当网络进行了子网划分之后，IP 地址所属的网络地址就由网络号和子网号两个字段组成。当路由器收到一个 IP 数据报需要对其进行转发时，如何能知道其源主机和目的主机所在的网络是否进行了子网划分？当主机要发送一个 IP 数据报时，如何判断该数据报的目的主机是否在当前网络中？主机或路由器如何根据 IP 地址判断出其所在网络的网络地址呢？此时，就需要用到子网掩码。

子网掩码是一个 32 位的二进制数，由一串连续的 1 和一串连续的 0 组成。其中，1 的位数对应着 IP 地址中网络号和子网号部分，0 的位数对应着 IP 地址中的主机号。如果某网

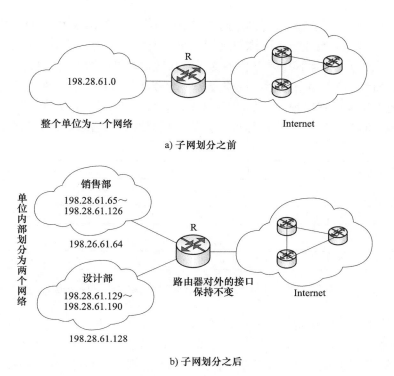

图 5-20　子网划分是一个单位"内部"的事情

络没有划分子网，那它的子网掩码就使用标准的子网掩码，即子网掩码中连续 1 的位置与
IP 地址中的网络号相对应，连续 0 的位置与 IP 地址中的主机号相对应。根据 IP 地址所属分
类的不同，标准子网掩码一共有三种形式，分别是：A 类网络的 255.0.0.0，B 类网络的
255.255.0.0，C 类网络的 255.255.255.0。如图 5-21 所示。

0			31	
网络号	子网号	主机号		划分子网的IP地址

0		31	
111　……　……　111	000 … … 000		子网掩码

0		31	
网络号	主机号		标准IP地址

0		31	
111　……　……　……　111	000　……　……　000		标准子网掩码

255	0	0	0	A类子网掩码

255	255	0	0	B类子网掩码

255	255	255	0	C类子网掩码

图 5-21　子网掩码

无论网络是否划分了子网，都可以通过子网掩码快速计算出某 IP 地址所在的网络地址。具体计算办法是：将 IP 地址与子网掩码进行逻辑"与"（AND）运算。由于"与"运算的运算特性（任何数与 1 做运算结果保持不变，与 0 做运算结果为 0），因此，任何一个 IP 地址与子网掩码进行"与"运算之后，网络号和子网号部分保持不变，而主机号部分被清零，即得到该 IP 地址所属的网络地址。如图 5-22 所示，IP 地址 202.118.100.196 的子网掩码是 255.255.255.0，那么通过"与"运算可知，其所在网络的网络地址为 202.118.100.0。

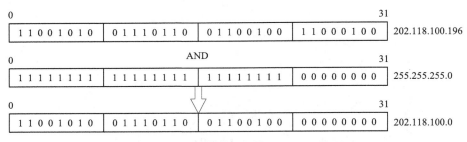

图 5-22　IP 地址与子网掩码进行"与"运算得到网络地址

在现在的网络标准中规定，所有的网络都必须使用子网掩码，这主要是便于查找路由表。因此，在路由表中，每一个项目除了要给出目的网络地址之外，还必须给出该网络的子网掩码。路由器在与相邻路由器交换路由信息时，必须携带上自己所在网络的子网掩码。

除了路由器中的路由表，每一台网络中的主机，也必须配置子网掩码信息，它能够表明该主机所在的网络。例如，一台主机的 IP 地址是 198.28.61.123，子网掩码是 255.255.255.0，则表明该主机所在网络是一个 C 类网络，没有进行子网划分，网络号是 198.28.61.0。若该主机的子网掩码改为 255.255.255.192，则该主机所在的网络就是 198.28.61.64。可见，同样的 IP 地址，设置不同的子网掩码，就能让该主机所在的网络发生改变，这也正是子网划分和聚合的具体操作方法。比如，将子网掩码设置为 255.255.255.192，一个 C 类网络 198.28.61.0 就可以划分为两个子网，网络地址分别是 198.28.61.64 和 198.28.61.128。

通过子网划分，网络的规模不再受制于标准网络中 A、B、C 类的限制，可以按需进行分配，以减少 IP 地址的浪费。而这种按需设计子网大小的方法主要是通过改变每个子网对应的子网掩码中 1 的位数来完成的。有时，根据一个单位实际组网的需求，可能需要在一个申请到的标准网络中划分出几个规模大小不一的子网，此时在该单位的网络中必然会同时存在几个不同的子网掩码，这种情况的子网掩码称为可变长子网掩码（Variable Length Subnet Mask，VLSM）。如图 5-23 所示的例子，某单位申请到一个 C 类的 IP 地址 198.28.61.0，该单位销售部有 50 台主机，设计部有 50 台主机，人事部有 10 台主机，财务部有 20 台主机，都需要分别组建成不同的网络。考虑到今后网络的扩展，在子网划分中，尽量节约 IP 地址资源，因此划分出 4 个规模不同的子网分配给 4 个部门。另外，图中的路由器 R2 是该单位的网关路由器，负责连接到外部的 Internet 上，而连接 4 个部门网络的路由器 R1 与 R2 直接相连，因此，在 R1 与 R2 直连的这段点到点线路也构成一个子网。由于该网络上只需要给两个路由器分配两个 IP 地址（R1 接口 IP 地址为 198.28.61.253，R2 接口 IP 地址为 198.28.61.254），所以为其设置的子网掩码为 255.255.255.252。表 5-7 列出了该单位子网划分的具体方案。

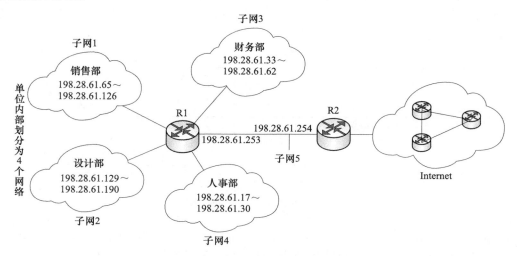

图 5-23   可变长子网掩码 VLSM 的应用

表 5-7   上述应用中子网划分具体方案

部门/子网	主机数	子网掩码	网络地址	可分配 IP 地址范围
销售部	50	255. 255. 255. 192	198. 28. 61. 64	198. 28. 61. 65 ~ 198. 28. 61. 126
设计部	50	255. 255. 255. 192	198. 28. 61. 128	198. 28. 61. 129 ~ 198. 28. 61. 190
财务部	20	255. 255. 255. 224	198. 28. 61. 32	198. 28. 61. 33 ~ 198. 28. 61. 62
人事部	10	255. 255. 255. 240	198. 28. 61. 16	198. 28. 61. 17 ~ 198. 28. 61. 30
子网 5	2	255. 255. 255. 252	198. 28. 61. 252	198. 28. 61. 253 ~ 198. 28. 61. 254

4. 关于全 0 和全 1 子网

按照 RFC 950 的规定，子网号不能为全 0 或全 1，即若子网号字段为 n 位，则可用的子网数为 2^n-2。之所以这样规定，是因为全 0 子网与没有划分子网的标准网络的网络地址是一样的，而全 1 子网与没有划分子网的标准网络中的广播地址是一样的，容易造成冲突，导致无法区分是子网还是标准网络。但是随着无分类域间路由（Classless Inter-Domain Routing, CIDR）的广泛应用（后面介绍），在后来的 RFC 1878 中，这项规定被取消了，因此新的路由设备都支持全 0 和全 1 子网的使用。不过，在实际应用中，对这种全 0 或全 1 子网的使用还是要谨慎，一定先确定路由器是否支持 RFC 1878，若不支持，还是要避免使用全 0 或全 1 的子网。

5. 构造超网与无分类域间路由

通过子网划分，可以将一个较大规模的网络划分为几个小规模网络，在不申请新的 IP 地址的情况下，完成新增网络的配置。有时可能还会遇到这样的问题：一个单位需要组建一个规模比较大的网络，如要容纳至少 500 台主机，但该单位目前只申请到了几个 C 类的 IP 地址，显然，单独使用任何一个网络地址都无法满足新建网络的要求。在这种情况下，可以借鉴子网划分的思想，通过改变 IP 地址的结构来改变网络地址的规模。但是与子网划分不同的是，这一次要将网络规模扩大，因此要扩展 IP 地址中主机号字段的位数，使其可以分配给更多的主机，相应地，原 IP 地址中的网络号字段就要缩小，即从网络号字段中借若干位扩展到主机号字段中。我们把这种将几个小规模网络聚合为一个大规模网络的过程称为"构造超网"，如图 5-24 所示。

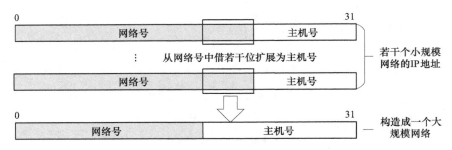

图 5-24　构造超网的 IP 地址结构

如图 5-25 所示，某单位可以将已经拥有的两个 C 类 IP 地址 202.118.100.0 和 202.118.101.0 通过构造超网的方式聚合为一个网络，新的网络 IP 地址中，网络号为 23 位，主机号为 9 位，对应的子网掩码为 255.255.254.0。此时，该网络可容纳的最大主机数是 510（2^9-2），可以满足新建网络的需求。

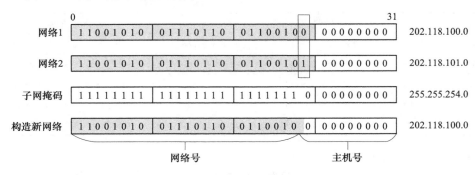

图 5-25　构造超网举例

尽管划分子网与构造超网在一定程度上缓解了 Internet 发展过程中遇到的 IP 地址资源危机，但并没有从根本上对问题进行解决。一方面，标准的网络地址很快就要分配殆尽；另一方面，随着 Internet 规模的增大，网络数量的增多，Internet 主干网中路由器的表项急剧增长，已达到几万个，严重影响了路由效率。因此，IETF 着手寻求解决办法，在 VLSM 的基础上进一步提出了无分类域间路由（CIDR）的方法，并于 1993 年形成 RFC 1517~1519 和 RFC 1520 文档，目前已成为 Internet 的建议标准。

CIDR 的主要思想是取消传统 IP 地址中 A、B、C 类地址分类的概念，将这个 32 位地址划分为两个部分：前一部分为"网络前缀"，用来表示网络地址；后一部分为"主机号"，用来表示主机。如图 5-26 所示。

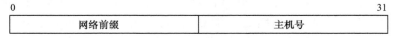

图 5-26　CIDR 地址结构

CIDR 地址的网络前缀的长度可以是任意的，不再受分类的限制。地址结构中取消了"子网号"字段，因此在 CIDR 中也就不存在子网划分的概念。在地址表示中，通常使用"斜线记法"来描述网络前缀的长度，即在 IP 地址后面加上斜线"/"，后面写上代表网络前缀长度的数字。比如 172. 16. 153. 22/20，表示该 IP 地址的网络前缀是 20 位。这种地址记法也称为 CIDR 记法。

从一个 CIDR 地址中，可以得出该 IP 地址的网络前缀，以及具有相同网络前缀的所有 IP 地址范围。比如，172. 16. 153. 22/20 的网络前缀是 10101100 00010000 1001（20 位），具有该网络前缀的最大 IP 地址是 172. 16. 159. 255，最小 IP 地址是 172. 16. 144. 0，即共有 2^{12} 个 IP 地址（其中主机号为全 0 和全 1 的地址不能分配给主机使用），如图 5-27 所示。在 CIDR 中，通常把网络前缀都相同的连续 IP 地址称为一个 CIDR 地址块，记为"最小 IP 地址/网络前缀位数"，上述 2^{12} 个 IP 地址构成的地址块就可以记为 177. 16. 144. 0/20。可见，一个 CIDR 地址块中通常包含了多个传统 IP 地址中的分类网络。比如，上述地址块 177. 16. 144. 0/20 中就包含了 $2^4 = 16$ 个 C 类网络，这种将多个网络地址聚合成为一个 CIDR 地址块的做法就叫作路由聚合，也称为子网聚合。前面所讲的"构造超网"实际上就是一种路由聚合。

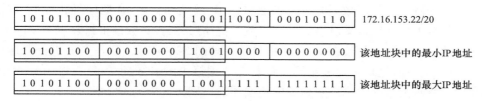

图 5-27 CIDR 地址块举例

由于一个 CIDR 地址块聚合了多个网络地址，因此路由器使用 CIDR 地址块来表示目的网络，可以大幅减少路由表中的项目数，从而提高路由效率，提高整个 Internet 的性能。为了方便路由器进行路由选择，与传统 IP 地址类似，CIDR 地址也通过与一个 32 位的地址掩码进行"与"运算获得目的网络地址，这个 32 位的地址掩码由一串连续的"1"和一串连续的"0"组成，其中"1"的个数就是网络前缀的长度。比如，"/20"地址块的地址掩码是 11111111 11111111 11110000 00000000（20 个 1 和 12 个 0）。

尽管 CIDR 中不使用子网的概念，但在一个 CIDR 地址块中，仍然可以通过改变网络前缀的长度划分出一些规模更小的网络，只是在这些网络对应的地址中，网络前缀的长度要更长一些。相对于传统分类的 IP 地址，CIDR 可以更充分地利用有限的地址资源，使得地址分配更加灵活、方便。而在采用斜线记法的 CIDR 地址中，除了包含 IP 地址信息之外，还可以得出该地址所在地址块的地址掩码、地址块中包含的地址数量、地址范围等信息。

5. 2. 5 地址解析协议

1. IP 地址与硬件地址

通过对 IP 地址相关内容的学习，了解其在网络层工作中起到的作用和意义。但是，IP 地址并不是计算机网络通信时使用的唯一地址形式，因为在数据链路层一章，还曾经学习过硬件地址。那么，为什么有了硬件地址，还需要 IP 地址呢？IP 地址与硬件地址有什么区别?

首先, 来说说 IP 地址存在的必然性。通过前面的学习可知, 局域网的种类有很多, 不同的局域网往往采用不同的协议工作, 而不同的协议对局域网中主机地址表示形式的规定也不一样。也就是说, 在不同的局域网中, 主机的硬件地址形式是不统一的。如果将这些不同类型的局域网互连在一起, 若直接使用硬件地址进行通信, 就必须进行非常复杂的硬件地址转换, 这种工作对于用户主机来说是无法完成的。因此, 在网络层的工作中, 屏蔽底层网络硬件地址的差异, 使用形式统一的 IP 地址, 也是其重要的工作内容之一。

接下来, 了解一下 IP 地址与硬件地址的区别。IP 地址是网络层及以上各层使用的地址, 封装在 IP 数据报的首部, 是 IP 数据报传送时寻路的主要依据。而硬件地址是数据链路层使用的地址, 封装在数据链路层的数据帧中, 主要在局域网内传输数据帧时使

图 5-28　IP 地址与硬件地址

用。以以太网为例, 在发送数据时, 网络层将源 IP 地址和目的 IP 地址封装在 IP 数据报的首部, 然后将数据报交给数据链路层处理; 数据链路层再将 IP 数据报封装成 MAC 帧, 源硬件地址和目的硬件地址就封装在 MAC 帧的首部, 如图 5-28 所示。因此, 数据链路层只能解析出 MAC 帧中的硬件地址, 而看不到其封装在数据报中的 IP 地址, 只有将 MAC 帧的首部和尾部去掉, 将数据报交给网络层后, 网络层才能识别出其中的 IP 地址。

可见, IP 地址是网络层及以上各层使用的地址, 而硬件地址是数据链路层使用的地址。那么, 在数据传输的过程中, 这两个地址是如何发挥作用的呢? 下面以图 5-29 为例, 主机 H1 和主机 H2 分别位于局域网 1 和局域网 3 中, 局域网 1 和局域网 3 分别通过路由器 R1 和 R2 与局域网 2 相连, 假设这三个局域网都是以太网, 各设备的 IP 地址和硬件地址如图中标注所示。现假设 H1 向 H2 发送数据, 该数据经过各层协议的封装, 最终形成一个 MAC 帧, 发送出去。在 H1 发出的 MAC 帧中, 源硬件地址为 HA1, 目的硬件地址为 HA2, 在其封装的 IP 数据报中, 源 IP 地址为 IP1, 目的 IP 地址为 IP6。该 MAC 帧到达路由器 R1 时, R1 会

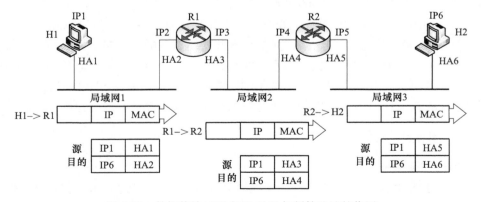

图 5-29　数据传输过程中 IP 地址与硬件地址的作用

首先将 MAC 帧的首部和尾部去掉，将数据部分交给路由器的网络层处理。路由器的网络层根据 IP 数据报中的目的 IP 地址对其进行寻路，确定下一站为 R2，并根据下一站的硬件地址重新将 IP 数据报封装成帧。接下来，数据帧就到达了路由器 R2。R2 对该数据帧执行与 R1 相同的操作，最终将数据帧传送到主机 H2 并由 H2 接收。在数据从 H1 传送到 H2 的过程中，IP 数据报首部的源 IP 地址和目的 IP 地址始终没有变化，而在每个局域网中传输的 MAC 帧首部里面的源硬件地址和目的硬件地址各不相同。

从上面的例子可以看出，IP 地址与硬件地址在网络寻址的过程中构成了一种分层的寻址方式。首先，根据 IP 地址将数据送到目的网络，然后，再根据硬件地址找到目的网络中的目的主机。那么，这个用来寻找目的主机的目的硬件地址是如何被主机或路由器获知并封装到数据帧中的呢？这个问题要由地址解析协议来解决。

2. 地址解析协议工作原理

以太网中的主机或路由器在发送数据前，其数据链路层需要在封装的 MAC 帧中填入源 MAC 地址和目的 MAC 地址，其中的源 MAC 地址可以直接从设备接口获得，但目的 MAC 地址如何能知道呢？接下来，就来介绍根据已知的 IP 地址获取其对应的 MAC 地址的协议——地址解析协议。

地址解析协议（Address Resolution Protocol，ARP）的全称是以太网地址解析协议 (Ethernet Address Resolution Protocol)，它是通过已知的 IP 地址来获取其所对应的以太网 MAC 地址的一种网络层协议。在网络通信中，所有数据在发送之前都要经过各层协议的封装，最终在数据链路层上形成"帧"，才能交给物理层实现比特流在媒体上的传输，这就需要主机或路由器在帧的首部填入源 MAC 地址和目的 MAC 地址。但是，通常在网络应用时只会给出要访问的目的 IP 地址，并不知道其对应的 MAC 地址是什么，此时，就需要 ARP 了。

在只知道对方 IP 地址，不知其 MAC 地址的情况下，ARP 不可能直接向目的主机发出询问，所以 ARP 只能采用广播的形式发出询问目的主机 MAC 地址的报文，这就是 ARP 请求。由于是广播，所以同一个局域网中的所有主机和路由器都能收到这个请求，包括被询问的主机，因此当被询问的主机收到这个 ARP 请求后，就会将其 IP 地址和 MAC 地址的映射关系发送给发出询问的主机，这就是 ARP 应答。

ARP 请求与应答都以 ARP 报文的形式发出，该报文有自己的首部和数据部分，不需要经过 IP 的封装。在 ARP 报文的数据部分，有源 MAC 地址、源 IP 地址、目的 MAC 地址和目的 IP 地址四个字段，如图 5-30 所示。因此，无论是发送 ARP 请求还是 ARP 应答，发送方都要在报文中将自己的 IP 地址和 MAC 地址填写进去。如果是 ARP 请求，发送方的 IP 地址和 MAC 地址填写在源 IP 地址和源 MAC 地址字段，报文中的目的 IP 地址就是被询问的主机或路由器的 IP 地址，目的 MAC 地址填全 0；如果是 ARP 应答，源 IP 地址是被询问主机或路由器的 IP 地址，源 MAC 地址就是要获取的被询问主机或路由器的 MAC 地址。ARP 的工作原理如图 5-31 所示。

8	6	4	6	4 bytes
ARP首部	源MAC地址	源IP地址	目的MAC地址	目的IP地址

图 5-30　ARP 报文格式

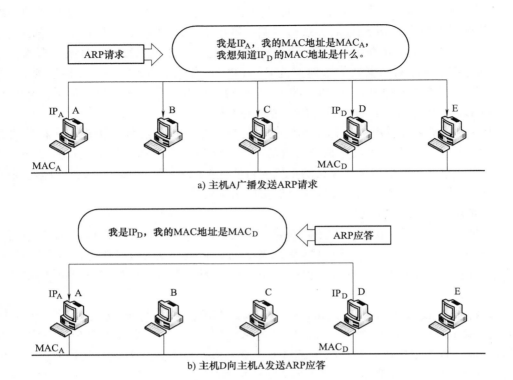

图 5-31 ARP 的工作原理

考虑到如果每一次通信都需要 ARP 以广播的形式询问目的 MAC 地址会使网络通信量大幅增加，同时也会影响到通信的效率，因此在每一个主机或路由器上，都设有一个 ARP 高速缓存（ARP Cache），里面存放着目前已知的本局域网中主机和路由器的 IP 地址和 MAC 地址的映射表。

在图 5-31 所示的例子中，当主机 A 收到主机 D 发来的 ARP 应答之后，就会将主机 D 的 IP 地址与 MAC 地址的映射关系记录到 ARP Cache 中，这样，当主机 A 下一次向主机 D 发送数据时，首先在其 ARP Cache 中查找有无主机 D 的 IP 地址信息，若有，则取出对应的 MAC 地址作为目的 MAC 地址写入 MAC 帧中，无须再发送 ARP 请求广播。为了进一步减少网络上的通信量，考虑到主机 A 向主机 D 发送数据之后，主机 D 很可能会在不久的将来也会向主机 A 发送数据，因此当主机 D 收到主机 A 发来的 ARP 请求时，根据 ARP 报文中的源 IP 地址和源 MAC 地址，将主机 A 的 IP 地址与 MAC 地址的映射关系记录到自己的 ARP Cache 里。主机 D 采用的这种更新 ARP Cache 的方式称为"捎带技术"。

综上，使用 ARP Cache 的 ARP 工作过程可以总结如下：

1）网络上某主机在向本局域网中的另一台主机发送数据之前，首先在其本地的 ARP Cache 中查看是否存在目的主机的 IP 地址信息。

2）若在 ARP Cache 中找到目的主机的 IP 地址，则取出该条记录中对应的 MAC 地址作为目的 MAC 地址封装到 MAC 帧中。

3）若在 ARP Cache 中没有找到目的主机的相关记录，则以广播的形式发送 ARP 请求，等待目的主机的应答。

4）被询问的目的主机利用捎带技术，记录下请求方的 IP 地址与 MAC 地址的映射关系。

5）请求方主机在收到目的主机的应答后，更新本机的 ARP Cache，然后使用应答中给出的目的 MAC 地址封装 MAC 帧。

由此可见，ARP Cache 的应用在 ARP 的工作过程中发挥了重要的作用，大幅减少了网络上的通信量。但是，为了保证 ARP 获取 MAC 地址的正确性，必须考虑 ARP Cache 中映射记录的时效性，避免因为没有及时对地址映射的改变进行更新而造成的错误。因此，在 ARP Cache 中，每一条记录要设置一个生存时间，凡是超过生存时间的记录都会被删除，然后在下一次需要用到该记录时，再通过广播方式发送 ARP 请求，重新获得最新的映射关系。

从 ARP 的工作原理中可以看出，ARP 是解决同一个局域网中主机或路由器的 IP 地址与硬件地址映射关系的问题。那么，如果通信双方不在同一个局域网中的时候，ARP 要怎么做呢？显然，此时源主机是无法获知目的主机的硬件地址的，源主机发送的数据报必须要经过路由器的转发才能送达目的主机，所以源主机首先需要把数据发送到与其在同一个局域网中的路由器上，它只需要知道这个路由器的硬件地址就可以了。至于后面的转发工作就交给路由器以及与路由器相连的其他网络来完成。在图 5-29 所示的例子中，主机 H1 只需要通过 ARP 获得路由器 R1 的硬件地址 HA2，将数据发送到路由器 R1 上，然后再由路由器 R1 通过 ARP 获得路由器 R2 的硬件地址 HA4，将数据发送到路由器 R2 上，最后再由路由器 R2 通过 ARP 获得目的主机 H2 的硬件地址 HA6，来完成数据的最终交付。

3. 逆地址解析协议

ARP 是根据已知的 IP 地址获取其对应的硬件地址，相反地，如果只知道某主机的硬件地址，能不能知道它的 IP 地址呢？答案是肯定的。这个时候就需要用到逆地址解析协议。

逆地址解析协议（Reverse Address Resolution Protocol，RARP）允许只有硬件地址的主机从服务器上获取自己的 IP 地址，常用于无盘工作站。因为无盘工作站没有硬盘，所使用的操作系统都是位于服务器端的，在启动时只知道自己网卡上的 MAC 地址，其 IP 地址就需要通过 RARP 来获得。RARP 在过去曾经起到重要的作用，但现在的动态主机配置协议（DHCP）中已经包含了 RARP 的功能，已经很少单独使用 RARP 了，因此这里不做过多介绍。

5.2.6　网际控制报文协议

由于 IP 采用无连接的数据报服务，不提供可靠传输的保证，为了提高 IP 数据报成功交付的概率，提高 IP 数据报转发的效率，在网络层使用网际控制报文协议（Internet Control Message Protocol，ICMP）来辅助 IP 的工作。主机或路由器可以通过 ICMP 报文来报告网络中的差错情况或异常。

1. ICMP 报文格式

与 ARP 不同，ICMP 的报文需要被 IP 数据报封装之后才能发送，如图 5-32a 所示，因此在网络层，ICMP 位于较高层次，但仍属于网络层协议。

ICMP 报文由首部和数据部分组成，如图 5-32b 所示。首部有 8B，其中前 4B 的格式是固定的，包括类型、代码和检验和 3 个字段；后 4B 的内容由 ICMP 报文的类型决定。首部

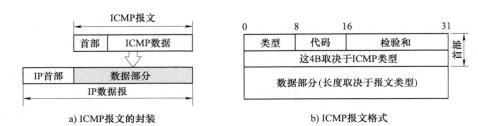

a) ICMP报文的封装　　　　　　　b) ICMP报文格式

图 5-32　ICMP 报文

后面是 ICMP 数据部分，其长度与报文类型有关。首部前 4B 的固定字段含义如下：

（1）类型　占 1B，标识 ICMP 报文的类型。目前已经定义了 14 种，具体类型值和含义将在下面介绍。

（2）代码　占 1B，标识对应 ICMP 报文的代码，与类型字段一起标识了 ICMP 报文的详细类型。

（3）检验和　占 2B，用于检验包括数据部分在内的整个 ICMP 报文在传输过程中是否出现了差错，其计算方法与 IP 首部中的"检验和"计算方法相同。由于 IP 数据报首部中的检验和只用于检验 IP 首部是否出现差错，而不检验其数据部分，因此，ICMP 报文中的检验和计算与 IP 报文首部中的检验和计算并不冲突。

2. ICMP 报文的种类

ICMP 报文的格式与具体的 ICMP 报文类型有关，ICMP 报文的类型总体来说分为两类：ICMP 差错报告报文和 ICMP 询问报文。目前，常用的 ICMP 差错报告报文类型有 5 种，ICMP 询问报文有两种。其具体类型代码和含义见表 5-8 和表 5-9。

表 5-8　常用的 ICMP 差错报告报文类型

ICMP 报文类型	类型值	含　义
终点不可达	3	当路由器或主机不能交付数据报时，向发送该数据报的源主机发送终点不可达的报文
源点抑制	4	当主机或路由器由于拥塞而丢弃数据报时，就向源主机发送源点抑制报文，使源点降低发送速度，以缓解网络拥塞
时间超过	11	当路由器收到 TTL 为 0 的数据报时，除丢弃该数据报外，还要向源主机发送时间超过报文，告知数据报没有正常交付目的主机；或当目的主机没有在预先规定的时间内收到一个数据报的全部分片时，就把所有已收到的分片丢弃，并向源主机发送时间超过报文
参数问题	12	当路由器或主机收到的数据报的首部字段中有不正确的值时，就丢弃该数据报，并向源主机发送参数问题报文
改变路由	5	当路由器发现当前收到的数据报有除它之外更好的路由时，就把改变路由的报文发送给源主机，让源主机在下一次发送数据报时发送给另外的路由器，即更改源主机路由表中的默认路由

表 5-9 常用的 ICMP 询问报文类型

ICMP 报文类型	类型值	含 义
回送请求和回答	8 或 0	主机或路由器向某目的主机发送回送请求报文，收到该请求报文的目的主机必须向源主机或路由器发送回答报文。该类型报文主要用于探测某目的主机是否可达，并了解其状态
时间戳请求和回答	13 或 14	收到时间戳请求报文的主机或路由器需要向发送请求的源主机或路由器发送当前的日期和时间，主要用于进行时钟同步和时间测量

所有的 ICMP 差错报告报文的数据字段内容都相同，即把需要报告差错的 IP 数据报的首部和数据部分的前 8B 填入 ICMP 差错报告报文的数据部分。

3. 常见的 ICMP 应用举例

ICMP 的常见应用包括 Ping（Packet Internet Groper，分组网间探测）和 Tracert（Windows 系统中的操作消息回显命令）。下面就分别介绍 ICMP 在这两种应用中的基本工作原理。

Ping 使用 ICMP 回送请求和回答报文，用来探测两个主机之间的连通性。源主机首先通过 Ping 命令向目的主机发送一系列回送请求报文并等待回应，目的主机在收到了请求报文后回送回答报文给源主机，如果源主机在规定时间内收到回答报文，则 Ping 成功，说明源主机与目的主机之间是可达的，否则就会显示 Request timed out，说明两者不连通。

具体操作时，用户可以在系统的命令窗口中输入"ping XXX"，其中"XXX"代表目的主机，可以是其 IP 地址或域名，根据返回结果判断两个主机之间是否连通。如图 5-33a 所示，在源主机的命令窗口中输入"ping mail. neu. edu. cn"，探测当前主机与邮件服务器是否连通，根据返回结果可以看出，邮件服务器的 IP 地址是 202. 118. 1. 83，一共发出了 4 个 IC-MP 回送请求报文，收到了 4 个 ICMP 回答报文，丢失率为 0，说明该主机与邮件服务器在网络层上是连通的。如图 5-33b 所示，Ping 的目的主机是 202. 118. 1. 12，从返回结果来看，一共发出了 4 个 ICMP 回送请求报文，全部丢失，显示"Request timed out"，说明这两个主机在网络层上是不连通的。

```
C:\Documents and Settings\lz>ping mail.neu.edu.cn

Pinging mail.neu.edu.cn [202.118.1.83] with 32 bytes of data:

Reply from 202.118.1.83: bytes=32 time<1ms TTL=61
Reply from 202.118.1.83: bytes=32 time<1ms TTL=61
Reply from 202.118.1.83: bytes=32 time<1ms TTL=61
Reply from 202.118.1.83: bytes=32 time<1ms TTL=61

Ping statistics for 202.118.1.83:
    Packets: Sent = 4, Received = 4, Lost = 0 (0% loss),
Approximate round trip times in milli-seconds:
    Minimum = 0ms, Maximum = 0ms, Average = 0ms
```

a) 连通状态

图 5-33 用 Ping 命令测试连通性

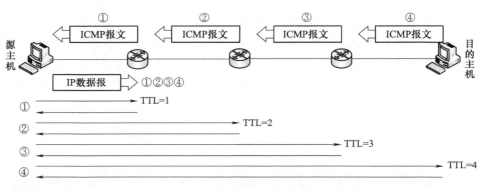

b) 非连通状态

图 5-33 用 Ping 命令测试连通性（续）

ICMP 另一个常见的应用是 Tracert（UNIX 系统中的 tracerout），用来跟踪一个数据报从源主机到目的主机的传输路径。这项应用主要是利用 IP 数据报首部中的 TTL 字段在每经过一个路由器转发就会减 1，当 TTL=0 时，路由器会向源主机发送时间超过的 ICMP 报文的原理，从源主机向目的主机发送一连串 TTL 不等的 IP 数据报，之后根据源主机收到的一连串 ICMP 报文中记录的路由器信息来获得源主机和目的主机之间传输数据报所经过的全部路由器。Tracert 工作原理如图 5-34 所示。

图 5-34 Tracert 工作原理示意图

如图 5-34 所示，源主机与目的主机之间的一条通路上有 3 个路由器，为探测出这条通路的情况，源主机首先发送一个 TTL 为 1 的 IP 数据报，里面封装一个无法交付的 UDP 数据报（在 UDP 数据报中使用非法的端口号），当该数据报到达传输路径上的第一个路由器时，路由器先收下它，然后将 TTL 减 1，结果发现 TTL=0，于是再将该数据报丢弃，并向源主机发送一个时间超过的 ICMP 差错报告报文。该差错报告报文中包含 Tracert 报文的传输时间、ICMP 报文的返回时间以及返回 ICMP 报文的路由器的 IP 地址等信息。

源主机接着发送第二个 IP 数据报，并将其中的 TTL 设置为 2。该数据报到达第一个路由器后，TTL 减为 1，之后被转发到第二个路由器，第二个路由器再将 TTL 减 1，此时 TTL 的值减为 0，故第二个路由器将该 IP 数据报丢弃，同时向源主机发送一个时间超过的 ICMP 差错报告报文。

源主机接着发送第三个 IP 数据报，并将其中的 TTL 设置为 3。与上面的过程类似，这一次 IP 数据报中的 TTL 会在第三个路由器上被减为 0，因此第三个路由器向源主机发送一个时间超过的 ICMP 差错报告报文。

源主机接着发送第四个 IP 数据报，其中的 TTL 值为 4。这一次，IP 数据报经过三个路由器的转发最终到达了目的主机，在到达目的主机时，TTL 的值为 1，目的主机不会再将 TTL 减 1，但是发现该数据报中封装的 UDP 数据报无法按照其端口号进行交付，因此会丢弃该数据报，并向源主机发送一个类型为终点不可达的 ICMP 差错报告报文。当源主机收到这个 ICMP 报文后，探测工作结束。

经过上述四个步骤，源主机就通过 Tracert 的方式获得了其与目的主机之间的路径信息，即到达目的主机需要经过哪些路由器，以及到达其中每一个路由器的往返时间。

5.2.7 网络地址转换

在学习 IP 地址的时候了解到，A、B、C 三类地址中都预留了一部分 IP 地址用作私有地址，这类地址只能分配给一个机构内的计算机在机构内部通信使用，而不能接入 Internet 中，因此也被称为本地地址或专用地址（Private Address）。这三部分 IP 地址块分别是：

1) A 类地址中的 10.0.0.0~10.255.255.255（或记为 10/8）。

2) B 类地址中的 172.16.0.0~172.31.255.255（或记为 172.16/12）。

3) C 类地址中的 192.168.0.0~192.168.255.255（或记为 192.168/16）。

之所以在 IP 地址中预留出上述本地地址，一方面是因为 IP 地址数量紧缺，每个单位或部门需要使用的 IP 地址数量往往远小于可以申请到的地址数量，也就是说，要给单位或部门内每一台计算机都分配一个可以在 Internet 中通信使用的 IP 地址是不可能的。另一方面，考虑到 Internet 中的安全问题，一个机构并不想将其所有的计算机都接入 Internet，而事实上，这些计算机大部分时间都是在与机构内部的其他计算机进行通信，真正需要接入 Internet 的情形并不普遍，因此这些计算机也不需要获得全球唯一的公有 IP 地址。如果仅在这些机构内进行通信，那么机构内的计算机只需要分配本地 IP 地址就可以了，对于那些需要连接到 Internet 与其他设备或主机通信的计算机，再为其分配公有 IP 地址。这样一来，每个机构仅需要少量的公有 IP 地址就可以维持正常的网络运转，大幅节约了宝贵的 IP 地址资源。由于本地 IP 地址的私有特性，不同的单位或部门可以重复使用它们，只要保证在同一个机构中不出现重复即可。

使用本地 IP 地址进行互连通信的网络称为本地网或专用网。这些网络中的大部分主机都只能与本地网内部的主机进行通信，但如果这些主机有了访问 Internet 的需求时，该怎么办呢？一种办法是向 IP 地址管理机构申请新的公有 IP 地址，但显然这很难实现；另外一种办法就是利用该机构中现有的公有 IP 地址进行网络地址转换（Network Address Translation，NAT）。

NAT 是 1994 年被提出来的，它是一种利用软件对 IP 数据报中的源 IP 地址或目的 IP 地址进行改写的方法，根据通信的需要，在本地网主机使用的私有 IP 地址和该机构可使用的公有 IP 地址之间进行转换。NAT 软件通常运行在本地网连接到 Internet 的路由器上，这样的路由器也叫作 NAT 网关。所有使用私有 IP 地址的本地网主机在访问 Internet 时，都需要在 NAT 网关上进行地址转换。

NAT 的工作原理如图 5-35 所示。图中的主机 A 是本地网 192.168.1.0 内的一台主机，它的 IP 地址是一个私有 IP 地址 192.168.1.4。现在主机 A 要访问位于 Internet 上的另外一台主机 B，其 IP 地址是 198.31.21.2。由于主机 A 的 IP 地址不是公有 IP 地址，因此，不能直接访问主机 B，而必须经过 NAT 网关进行网络地址转换。图中连接本地网和 Internet 的路由器是 NAT 网关，其拥有一个公有 IP 地址 202.118.35.34（NAT 网关上可能有不止一个公有 IP 地址）。

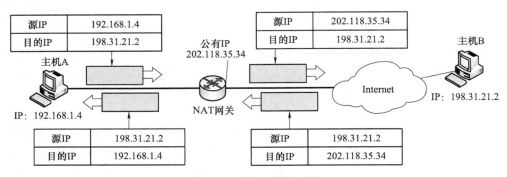

图 5-35　NAT 的工作原理

从主机 A 发出的访问主机 B 的 IP 数据报中，源 IP 地址是主机 A 的 IP 地址 192.168.1.4，目的 IP 地址是主机 B 的 IP 地址 198.31.21.2。该数据报到达 NAT 网关后，网关首先用地址转换软件将其中的源 IP 地址修改为可以访问 Internet 的公有 IP 地址 202.118.35.34，然后再将该数据报转发出去。对于主机 B 来说，它只能从收到的 IP 数据报中得到该数据报来源于 202.118.35.34 的信息，却并不知道该数据报的源地址经过了地址转换，也不可能了解真正发出该数据报的主机是谁。因此，当主机 B 向主机 A 发送 IP 数据报时，使用的目的 IP 地址是 NAT 网关的 IP 地址 202.118.35.34。当 NAT 网关收到主机 B 发来的 IP 数据报后，由于真正的目的主机应该是主机 A，所以网关上的地址转换软件将数据报中的目的 IP 地址修改为 192.168.1.4，再转发到主机 A 所在的本地网中去。

从上面的 NAT 工作过程中可以看出，NAT 网关上拥有的公有 IP 地址数量越多，就可以使越多的本地网主机同时连接到 Internet。NAT 网关上的这些公有 IP 地址通常是被本地网中所有主机轮流使用的，按需分配，用完收回。网关上存储有地址转换表，里面记录着正在使用的本地 IP 地址和公有 IP 地址的映射关系，以便在收到 Internet 上发来的数据报时能够根据之前发送出去的地址转换映射关系进行目的 IP 地址的修改。

NAT 网关就像是本地网络通往 Internet 的一道必经的门，无论是从本地网发往 Internet 的报文还是从 Internet 接收到本地网的报文，都需要经过 NAT 网关的处理。"门"外的 Internet 上的主机只能看到 NAT 网关，而无法了解"门"内所连接的本地网内的主机情况，这在一定程度上隔离了 Internet 上的风险，保护了本地网络的安全。

为了能更充分地利用 NAT 网关上的公有 IP 地址，同时使更多的本地网主机接入 Internet，现在的 NAT 经常还和端口号在一起应用，在地址转换映射中加入端口号信息，这种地址转换叫作网络地址与端口号转换（Network Address and Port Translation，NAPT）。关于端口号的概念会在下一章介绍。

5.3 路由的基本原理

路由是网络层的一个重要的基本功能,其工作内容主要包括两个方面:路由转发与路由选择。路由转发是网络层的 IP 数据报在分组交换网中为到达目的主机而进行路径选择的过程,具体来讲,就是从源主机出发,需要经过哪些路由器的转发可以最终到达目的主机。而在路径选择过程中,每一个路由器做出的转发决策都由该路由器执行的路由选择协议来决定,路由选择协议的核心就是路由算法。本节先来介绍路由转发的基本原理,路由算法及路由选择协议将在 5.4 节介绍。

路由实际上就是路径选择问题,这与实际生活中的很多路线选择问题是类似的。比如,放假了,要从学校出发,去火车站乘车回家,从学校到火车站有多条路线可以选择,如图 5-36 所示,这些路线的距离不同,可选择的交通工具不同,花费的时间和路费也不同(假设行程时间与距离成正比,具体路线详情见表 5-10),究竟应该怎么选择呢?通常会根据自己当时的情况综合各项因素进行比较。比如,距离火车开车的时间很近了,那么就会选择路线 2,花费最少的时间乘坐出租车前往,此时的路费就会高一些;如果有充足的时间,

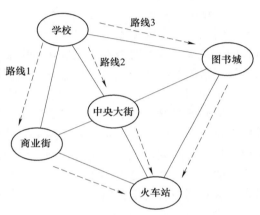

图 5-36 实际生活中的路线选择问题

想节约一些路费的话,就会选择路线 3,乘坐直达的公交车;如果想买一些纪念品带回家,就会选择路线 1,路过商业街进行公交车换乘,顺便买东西。由此可见,路线的选择通常需要考虑多种因素。而路由选择也一样,需要考虑传输线路的距离、信道带宽、线路的稳定性、所经节点的开销等。不同的路由算法所考虑的因素并不相同,这一点将在 5.4 节关于路由算法的介绍中详细说明。

表 5-10 路线详情表

路线	下一站	总距离	交通工具	花费
路线 1	商业街	10 公里	公交车 1 换乘公交车 2	4 元
路线 2	中央大街	8 公里	出租车	20 元
路线 3	图书城	12 公里	公交车 3 直达	2 元

尽管在选择路线时可考虑的因素很多,但最终都会根据实际情况确定其中的一个因素作为主要选择依据,而这个因素一旦确定,路线也就确定了,剩下的问题就是如何按照这个路线前往目的地。这就是本节要介绍的路由转发的工作。

5.3.1 路由表

路由转发的工作是由网络上的主机和路由器来完成的,具体来讲,就是根据 IP 数据报首部中的目的 IP 地址进行寻路,并按照寻路结果转发。其中,寻路的依据就是路由表。

1. 路由表的基本组成

路由表是一个存储在路由器或主机中的电子表格（文件）或类似的数据库，里面存储着到达特定网络地址的路径信息和度量值。路由器通常依据所建立和维护的路由表来决定对具体的 IP 数据报如何转发。

由于网络中主机数量巨大，若路由表的每个表项对应记录一个可达的主机 IP 地址的话，那么路由表就会过于庞大，使得路由表的存储和查找都会变得很困难，因此，路由表中的一个表项通常代表一个可达主机所在的网络，这样就可以大幅减少路由表中的记录数。比如，某路由器可达的一个网络中有 100 台主机，若用 IP 地址记录的话则需要 100 条记录，而用网络地址来记录则只需要一条记录就可以代表这 100 台主机。路由表中记录的内容应该能够正确反映该路由器或主机可达的所有网络及其周围的拓扑连接情况，并以此作为路由转发的依据。因此，一个路由表中，每一条路由记录都至少要包含两个信息：目的网络地址和下一站地址。其中，目的网络地址代表该路由器或主机可达的网络，其对应的下一站地址表示要到达该网络需要把数据报向哪里转发。举例说明，在图 5-37 所示的网络拓扑中，路由器 R2 的路由表如图所示。由于 R2 与网络 2 和网络 3 直接连接，因此，如果要到达这两个网络的话，只需要通过接口 0 或接口 1 将数据报转发出去即可到达目的主机，这种转发方式也称为直接交付，即当前路由器是与目的网络直接相连的路由器，不需要再对数据报进行转发。如果数据报的目的地址在网络 1 中，则 R2 需要将该数据报转发给路由器 R1，因此目的网络为网络 1 的下一站地址是 R1 的 IP 地址 35.0.0.1。如果数据报的目的地址在网络 4 中，则 R2 需要将该数据报转发给路由器 R3，因此下一站地址为 36.0.0.2。

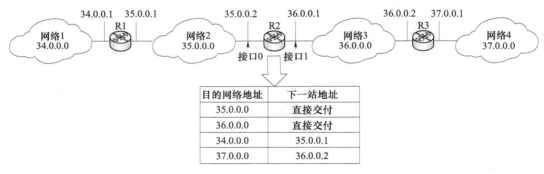

图 5-37　路由表举例

图 5-37 中的路由表只是一个示例，与实际的路由表还是有区别的。在实际的路由表中，除了目的网络地址和下一站地址之外，还可能包括一些其他的信息，如标志、参考技术、使用情况以及转发接口等。特别是在有子网划分的网络中，路由表里还必须包括目的网络的子网掩码信息。

2. 有子网划分的路由表

在有子网划分的网络中，IP 数据报首部封装的目的 IP 地址格式与标准 IP 地址格式可能不同，其中网络号字段的长度需要根据子网掩码才能确定，因此，在这种情况下，路由表的表项中，必须增加子网掩码一项，用来计算收到的 IP 数据报真正的目的网络地址是什么。如图 5-38 所示的网络中，路由器 R1 的路由表里必须包含目的网络地址、子网掩码和下一站地址三项信息。

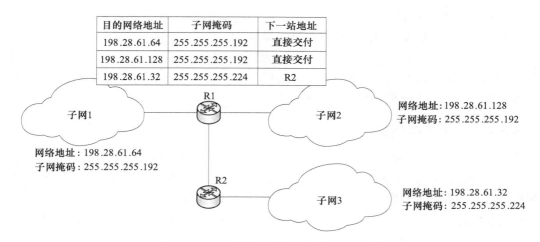

目的网络地址	子网掩码	下一站地址
198.28.61.64	255.255.255.192	直接交付
198.28.61.128	255.255.255.192	直接交付
198.28.61.32	255.255.255.224	R2

图 5-38　在有子网划分情况下的路由表举例

3. 特定主机路由

尽管路由器对所有分组的转发都是根据目的主机所在网络的地址进行的，但在特殊的情况下，路由表中也会出现某个特定目的主机的 IP 地址，此时的子网掩码为 255.255.255.255，这种路由叫作特定主机路由。采用特定主机路由可以使网络管理人员能更方便地控制网络和测试网络。比如，在对网络的连接和路由表进行排错时，特定主机路由就非常有用。另外，在出于安全问题考虑的时候，也可以使用这种特定主机路由。

4. 默认路由

除了记录所有可达网络的信息之外，路由器常常会在路由表的最后一项上设置一个默认路由（Default Route）。它的作用是当路由器为转发数据报进行路由表查询时，若在路由表中没有找到与数据报的目的网络一致的记录，则按照默认路由的方式对其进行转发。设置默认路由的目的是为了减少路由表所占用的空间和搜索路由表所用的时间。特别是当一个网络只有很少的对外连接时，大部分数据报都会通过默认路由进行转发，大幅节省了处理时间。使用默认路由的好处往往在主机的路由表中表现得更为突出。如图 5-39 所示的网络，连接在 Net1 中的所有主机的路由表里只需要记录两项：一是到达主机所在的网络 Net1，采用直接交付方式；二是到达其他网络采用默认路由，将数据报转发给路由器 R1，由 R1 再根据数据报的目的 IP 地址转发给下一个路由器，一直转发到目的网络为止。而路由器 R2 的路由

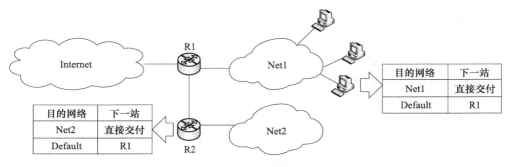

图 5-39　默认路由举例

表也因为默认路由的设置变得更加简化，同样只需要两条记录：若数据报的目的地址在 Net2，则直接交付；其余数据报均转发给路由器 R1 处理。

关于路由表，最后有一点需要说明的是，在举例的路由表中，有"直接交付"和"Default"的字样，这在真正的路由器上是不会出现的。事实上，在真正的路由表中，"直接交付"或"Default"通常采用特殊的地址"0.0.0.0"来表示。

5.3.2 路由转发的流程

路由表是路由器工作时用来寻路的主要依据，即当路由器收到一个 IP 数据报后，要根据该数据报中的目的 IP 地址在路由表中进行查询，找到对其进行转发的下一站地址，之后按照这个地址将数据报转发出去。那么，路由器是如何获得数据报中的目的 IP 地址的呢？对路由表如何进行查询？当找到了下一站地址之后，又怎么将数据报发送出去呢？下面就来详细说明路由转发的流程。

IP 数据报从主机发送出来的时候，被封装到了 MAC 帧里，因此路由器首先收到的数据形式是 MAC 帧。MAC 帧在路由器上被网络接口软件解析、拆帧，得到其中的 IP 数据报，之后再由运行在路由器上的 IP 解析数据报的首部，获得其中的目的 IP 地址。就这样，路由器得到了查表的依据。

接下来，路由器在路由表中逐项查找匹配，比较目的 IP 地址所在的网络地址与路由表表项中的目的网络地址是否相同。若相同，则按照该表项所示的下一站进行转发；若不同，则继续与下一个表项进行匹配，直到路由表的最后。如果路由表最后有默认路由，则最后按照默认路由转发；如果没有默认路由，则向源主机发送 ICMP 的差错报告报文。在路由表进行目的网络地址匹配时，还需要考虑是否有子网划分的情况，如果有，则需要根据子网掩码来计算待转发数据报的目的网络地址。

经过路由表查询找到的下一站地址并不能填入 IP 数据报的首部，因为在首部中并没有这样的字段，那么如何能把数据报发送到下一站呢？因为路由器转发数据报时，必须也要经过数据链路层的封装，将 IP 数据报封装成 MAC 帧之后才能发出，所以，下一站的 IP 地址需要交给 ARP 将其转换成对应的硬件地址，并将其作为目的 MAC 地址封装到 MAC 帧里，这样，封装了 IP 数据报的 MAC 帧就根据这个硬件地址找到下一站，也就将其中封装的 IP 数据报送到了下一站。由此可见，路由器的工作除了查找路由表进行寻路之外，还包括对接收到的 MAC 帧的拆封、目的 IP 地址的提取、根据下一站 IP 地址查找对应的硬件地址并重新进行 MAC 帧的封装。所以，每一个 IP 数据报在路由器上都要经历拆封、再封装的过程。

将路由器对 IP 数据报转发的流程总结如下：

1）对收到的 MAC 帧拆封，从 IP 数据报中获取目的 IP 地址 D。

2）用 D 与路由表中的各表项由上至下逐条匹配。

- 若表中有子网掩码一项，将 D 与子网掩码进行"与"运算，得到目的网络地址 N；否则，则根据 D 所属的标准 IP 地址类型获取其网络地址 N。

- 将 N 与表项中的目的网络地址进行匹配，若匹配成功，则按照该表项所示的下一站地址进行转发，路由表匹配结束；否则，继续匹配下一条。

- 匹配到路由表最后，若有默认路由，则按照默认路由进行转发；否则，向源主机发送 ICMP 差错报告报文。

3）将待转发的 IP 数据报封装成帧。其中源硬件地址为该路由器的硬件地址，目的硬件地址为下一站 IP 地址对应的硬件地址（利用 ARP 获取）。

4）发送 MAC 帧。

5.4 路由选择协议

根据路由的基本工作原理，路由协议主要由两部分组成：一是路由传输协议，即在网络中经路由传输的协议，如 IP；二是路由选择协议，用来生成路由表中的最佳路由并进行更新维护，其核心内容是路由算法。本节就来讨论几种常见的路由选择协议。

5.4.1 路由算法概述

路由算法也就是路由器选择最佳路径的策略，是指在给定的网络拓扑结构中，找出一条从源点到目的点的最佳路径的方法，是路由选择协议的核心内容。为了完成这项任务，路由器需要收集和保存各种与传输路径相关的数据，如拓扑结构、端口度量、端口速率等，然后根据最佳路由的度量标准计算出从源点出发到达目的地的最佳路径，以此生成路由表，并对路由表进行维护和更新的策略。一个路由算法的好坏将直接影响路由的效果，进而影响网络传输的效率，因此，路由算法的设计非常重要。

1. 路由算法的设计目标

通常来讲，一个理想的路由算法需要具备以下一些特点：

（1）正确性和简单性　正确性是对路由算法最基本的一个要求，即按照路由表中的路由转发分组，一定可以将其最终交付到目的主机。简单性是要求路由算法的计算不能过于复杂，尽量减少软件和应用的开销，同时要避免在网络中增加太多额外的传输开销。

（2）健壮性和稳定性　由于网络规模巨大，运行时间很长，其间可能会出现各种各样的软、硬件问题，这就要求路由器必须具有适应网络变化的能力。当网络中的拓扑结构发生变化时，路由算法能够及时发现并改变路由，不会因为主机或路由器的崩溃而影响整个网络的传输。当网络中的数据流量发生变化时，路由算法可以通过改变路由均衡各链路的负载，避免出现拥塞。

（3）公平性　公平性要求路由算法对网络中的所有用户必须是平等的，即没有任何两个用户之间的端到端时延会被优先考虑。

（4）最优性　路由算法应该能够找到"最佳"的路由。这里的"最佳"是根据路由算法中选取的某种度量标准来确定的，并不具有普适性。因为不同的网络环境、不同的网络应用，对网络传输服务的要求也不同，不可能得到一种绝对的"最佳"路由，因此这里所说的"最佳"是指相对于某一种特定要求而得出的较为合理的选择。

（5）快速收敛性　快速收敛性是指路由算法能够使所有路由器对最佳路径快速达成一致，这在网络发生变化的时候尤为重要。比如，当网络中出现故障导致某条路径中断时，路由器通过发送路由更新信息，促使最佳路径重新计算，最终使所有路由器达成一致，这个过程越快完成，链路中断对网络的影响越小。

事实上，路由选择是个非常复杂的问题，它要随时面对网络中突发的各种状况，需要协调网络中的所有节点共同完成路径的选择。一个实际的路由算法在设计实现时，很难达成以上的全部目标，往往是在其具体的应用环境中有所侧重，尽量接近上述目标。

2. 路由算法的分类

根据路由算法是否能够对网络中通信量的变化和拓扑结构的改变而自适应地进行调整，路由算法总体上可以分为两类：一类是具有自适应性的动态路由，另一类就是静态路由。

动态路由也叫作自适应路由。它的特点是能够较好地适应网络状态的变化，但具体实现较为复杂，开销也比较大，通常用在规模较大、变化较多的网络中。目前，使用较多的动态路由算法有"距离向量算法"和"链路状态算法"。关于动态路由算法的内容将在后面几节详细讨论。

静态路由也叫作非自适应路由。它的特点是配置和管理都比较简单、开销小。静态路由的路由表信息需要管理员根据实际需要一条条地手动配置，如果网络规模较大的话，这种手动配置方式的工作量就比较大了，而且容易出错，因此静态路由一般用于小型局域网或作为大型网络中动态路由的补充。因为静态路由是由人工配置的、静态的，所以当网络拓扑结构或链路状态发生变化时，它不能自动适应这种改变，而是需要等待网络管理员来修改相关信息，因此灵活性较差。如图5-40所示，当路由器 Ra 和 Rb 之间的链路中断时，在 Ra 的路由表中，到达网络 B 的原路由中断，需要将到达网络 B 的下一站更改为 Rc，接口改为 a3；同样，在 Rb 的路由表中，到达网络 A 的下一站也要从 Ra 更改为 Rc，接口改为 b2。但由于是静态路由，所以这种更新路由器不能自动完成，此时需要管理员手动修改，才能恢复网络的正常工作。

3. 分层次的路由协议

由于 Internet 的规模特别大，几百万个路由器连接在一起，如果在全网内采用统一的路由选择协议，在所有路由器上都维护一个全网内可达的路由表的话，这个路由表的表项会非常多，查询时间会很长，而且路由器之间用于交换信息更新路由所需的传输带宽会使链路达到饱和。因此，在全网内运行统一的路由选择协议是很难实现的。另外，一些单位或部门并不希望本单位的网络拓扑结构被外界获知，因此它们往往希望在单位内部采用与外界不同的路由选择协议，但又不影响其与外界的通信。考虑到上述这些问题，Internet 把整个网络划分为很多小的自治系统（Autonomous System，AS），并在这种结构之上采用分层次的路由选择协议。

在 RFC 4271 中，对自治系统有如下的定义：一个自治系统就是处于一个管理机构控制之下的路由器和网络群组，它有权自主地决定在本系统中应采用何种路由协议。在一个自治系统中的所有路由器必须相互连接，运行相同的路由协议，同时分配同一个自治系统编号。自治系统之间的连接使用外部路由协议以确定分组在自治系统之间的路由。

这样，在 Internet 中，路由选择协议就被划分为两大类，即

（1）内部网关协议（Interior Gateway Protocol，IGP）。这类路由选择协议是指在一个自治系统内部使用的路由选择协议。每一个自治系统选择何种内部网关协议是自治系统内部的事情，与其他自治系统的选择无关。目前，这类路由选择协议使用得最多，如后面讲到的 RIP 和 OSPF。

（2）外部网关协议（External Gateway Protocol，EGP）。这类路由选择协议是在多个自治系统之间进行路由选择的协议。如果源主机和目的主机不在一个自治系统中，源主机发出

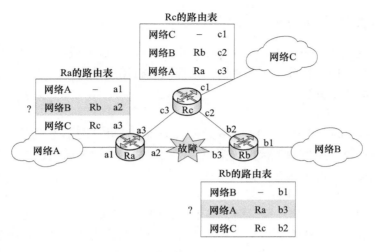

a) 发生时障时路由表不能自动更新

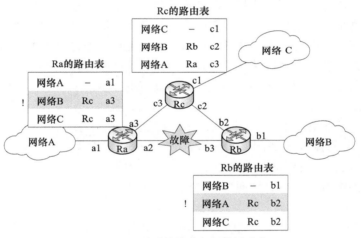

b) 发生故障时手动更新路由表

图 5-40 静态路由在网络发生变化时需要手动更新路由表

的 IP 数据报到达源主机所在 AS 的边界时，需要找到一条较好的路径将其转发到另一个 AS 中，这时就需要外部网关协议进行路径的选择。目前，使用最多的外部网关协议是 BGP 的版本 4。

关于内部网关协议与外部网关协议的关系如图 5-41 所示。

图 5-41 内部网关协议和外部网关协议的关系

5.4.2　内部网关协议——RIP

路由信息协议（Routing Information Protocol，RIP）是最早得到广泛使用的内部网关协议，其核心思想是采用一种分布式的距离向量算法进行路由选择和更新。下面就先来介绍这种基于距离向量的路由算法。

1. 距离向量路由算法

距离向量（Distance Vector，DV）路由算法是 ARPANET 网络上最早使用的路由算法。它的基本思想是：每个路由器上维护一个距离向量表，定时向邻居路由器通告自己的距离向量信息，同时根据收到的邻居路由器的距离向量信息更新距离向量表。每个距离向量表中都会包含两部分内容：到达某目的网络的下一站和到达该目的网络所需的代价（时间或距离，这里统称为"距离"）。每隔一段时间，路由器会向所有邻居路由器发送它的路由表，其中包括到达每个目的网络的距离，同时也接收来自每个邻居路由器发来的路由表。根据收到的路由表中的距离向量信息，路由器会对自己的距离向量表进行更新，包括增加新的距离向量，在发现更短距离时更新原来的距离向量等。如此一来，经过一段时间之后，网络中的所有路由器上就会维护一个全网统一的距离向量表，路由算法也就收敛于此。路由器从这个距离向量表中找出到达每个目的网络的最短距离，并以此作为最佳路由填入路由表。最终，路由器就根据这个路由表将 IP 数据报转发到目的网络的目的主机。

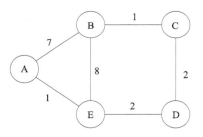

在距离向量算法中，距离向量表是生成路由表的基础，其中的信息是算法经过收集、计算、比较得出的，是逐渐完善的过程。下面就以图 5-42 为例，来介绍距离向量算法中路由确定的流程。如图 5-42 所示，A、B、C、D、E 代表 5 个路由器，直线旁边的数字代表两个路由器之间的距离。以路由器 E 为例，说明其距离向量表的生成和路由的确定。

图 5-42　距离向量算法举例

在初始状态下，每个路由器只能收集到与其直接相连的链路信息，因此，E 的距离向量表初始状态和路由表的初始状态如图 5-43 所示。

从E	经A	经B	经D
到A	1		
到B		8	
到C			
到D			2

a) E 的距离向量表

目的节点	下一站	距离
到A	A	1
到B	B	8
到C		
到D	D	2

b) E 的路由表

图 5-43　E 的距离向量表和路由表的初始状态

之后每隔一段时间，A、B、C、D、E 都会向它们的邻居路由器发送自己的路由表，A 向 B 和 E 发送，B 向 A、C、E 发送，C 向 B 和 D 发送，D 向 C 和 E 发送，而 E 向 A、B、D 发送。每个路由器又会根据邻居路由器发来的路由信息更新自己的距离向量表，经过一段时间的信息交换和更新，各路由器上的距离向量表趋于统一，反映了当前网络中的拓扑连接情况。

从 E 的距离向量表中，选取到达各目的节点距离最短的一条路径，作为最佳路由填入路由表中，最终形成 E 的路由表。

E 的距离向量表和路由表的最终状态如图 5-44 所示。同样地，网络中的路由器 A、B、C、D 也都通过这种方式确定了整个路由表的内容。但整个内容并不是固定不变的，当网络中的拓扑结构发生变化时，各路由器的距离向量表又会发生变化，路由表将重新进行更新。

从E	经A	经B	经D
到A	1	15	5
到B	8	8	5
到C	6	9	4
到D	4	11	2

E的距离向量表

目的节点	下一站	距离
到A	A	1
到B	D	5
到C	D	4
到D	D	2

E的路由表

图 5-44　E 的距离向量表和路由表的最终状态

2. RIP 的工作原理

在了解了距离向量算法之后，下面再来具体认识一下路由信息协议（RIP）。早在 20 世纪 70 年代，Xerox 公司就开发出了 RIP，用于 UNIX 系统中的 routed 进程，成为 IP 所使用的第一个路由协议。1988 年，RIP 成为 Internet 的正式标准，定义在 RFC 1058 中。RIP 是一种基于距离向量的路由选择协议，它要求网络中的每一个路由器都要维护一个从它自己出发到其他每一个可达目的网络的距离记录，这组距离记录就是所谓的"距离向量"。

RIP 中的距离也称为"跳数"（Hot Count），即从该路由器出发到目的网络需要经过的路由器的个数。RIP 认为经过的路由器越少，代表该路径的距离越短，这条路径也就越好。因此，"跳数"就是 RIP 中最佳路由的度量标准。RIP 规定，从某路由器到直接连接的网络的距离为 1，到非直接相连的网络的距离为所经过的路由器数量加 1。比如，在图 5-37 中，路由器 R1 到达网络 1 和网络 2 的距离为 1，到达网络 3 的距离为 2，到达网络 4 的距离为 3。另外，RIP 还规定，在任何一条路径上，最多只能包含 15 个路由器，因此当"距离"为 16 时，代表目的网络不可达。由此可见，RIP 只适用于小型的网络。

RIP 是一种分布式的路由选择协议。这种协议的特点是：在初始状态下，每个路由器都只能获取周围有限的拓扑信息，产生有限的路由，之后必须通过不断地与其他路由器进行路由信息的交换，才能逐渐了解全网一致的拓扑情况，获得更多的路由信息。因此，在 RIP 的工作过程中，如何与其他路由器进行信息交换，如何根据交换的信息更新路由表是它的主要工作内容。

关于如何与其他路由器进行信息交换，RIP 有如下的规定：

1）路由信息的交换是周期性进行的。RIP 规定每隔 30s 启动路由信息交换，在自己的路由信息发送给其他路由器的同时，也根据收到的路由信息更新自己的路由表。

2）路由器交换的信息是整个路由表。路由器在每一次信息交换时，都将自己知道的全部路由信息发送出去。

3）信息交换仅在相邻的路由器之间进行。所谓的相邻路由器是指两个路由器之间的通信不需要再经过其他路由器的转发。在 RIP 中规定，每隔 30s 路由器仅向其相邻的路由器发送自己的路由表；同样地，每一个路由器也只能收到其邻居路由器发来的路由信息。

在信息交换的过程中，路由器除了将自己的路由表发送给相邻路由器之外，还有一个重要的工作就是根据收到的路由信息更新路由表。那么，如何进行路由表的更新呢？更新的原则有哪些？

在收到相邻路由器发来的路由信息之后，路由器可以从中了解到除自己周围之外更多的网络拓扑结构信息，这些重要的信息就是路由表更新的依据。总体来说，路由表更新的原则有以下三点：

1）从收到的路由信息中发现新路由时，将其更新到路由表中。

2）在收到的路由信息中发现到达同一目的网络有比原路由距离更短的路由时，更新该路由的距离值。

3）在收到的路由信息中发现原路由表中某一路由的必经之路上的距离有变化（通常是变大）时，更新该路由的距离值。

根据上述 RIP 的工作原理，以图 5-45 所示的网络拓扑结构为例，具体来说明 RIP 建立路由表的过程。

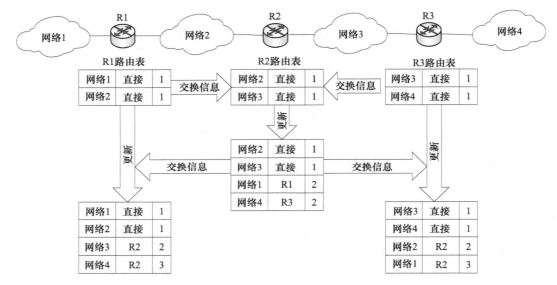

图 5-45　RIP 建立路由表的过程

图中的路由表均采用简化表示，其中第一列为可达的目的网络；第二列是下一站，如果与目的网络直接相连，则用直接交付来表示；第三列表示到达目的网络的距离。路由器 R1、R2 和 R3 在刚刚接入网络时，路由表中只有到达其直接相连的网络的路由信息。根据 RIP 的工作原理，每隔 30s 三个路由器都要向邻居路由器发送路由表信息。这里假设 R1 和 R3 首先向 R2 发送了自己的路由表，R2 在收到 R1 和 R3 发来的信息之后，对路由表进行更新。R2 从收到的信息中发现，经过 R1 可以到达网络 1，R1 到达网络 1 的距离是 1，所以 R2 如果经过 R1 到达网络 1，那么距离将是 1+1=2。这是一条新路由，根据更新路由表的原则，将其更新到路由表中。同理，R2 发现经过 R3 可以到达网络 4，距离为 1+1=2，该路由也被更新到路由表中。接下来，R2 将自己的路由表发送给 R1 和 R3，R1 和 R3 在收到 R2 发来的路由表后，用同样的方法对自己的路由表进行更新。经过一次信息的交换，三个路由表都进行了更新，其更新结果使每个路由器都知道了到达本自治系统内所有可达网络的最佳路由。由此可见，使用距离向量算法的 RIP 可以较快地收敛。

3. RIP 报文格式

RIP 使用运输层的用户数据报协议（UDP）进行封装，之后再经由 IP 封装形成 IP 数据报。RIP 报文由首部和路由部分组成。如图 5-46 所示，首部占 4B，其中第一个字节是命令字段，表示报文的意义；第二个字节是版本号字段，表示当前 RIP 的版本

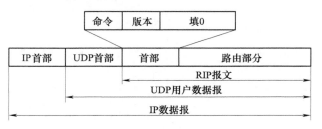

图 5-46 RIP 报文格式

号，目前广泛使用的是 RIP 的第 2 个版本；后面两个字节必须填 0，用来与后面的路由部分进行 4B 的对齐。

RIP 报文中的路由部分由若干个路由信息组成，每个路由信息由 20B 表示，这部分最多可以包括 25 个路由信息。如果一个路由器的路由表长度超过 25，则需要再用一个 RIP 报文进行传送。

最后，来总结一下 RIP 的特点。RIP 最大的优点就是实现简单，开销较小。但它的缺点也较多，主要包括以下三个方面：

1）RIP 中规定每条路径上的最大距离是 15（16 表示不可达），这样就限制了网络的规模。

2）路由器周期性交换的信息是路由器的整个路由表，因此随着网络规模的扩大，路由信息交换所造成的传输开销必然就会增加。

3）"坏消息传得慢"。当网络出现故障中断时，更新过程的收敛时间过长。关于这个问题，用下面的例子来进行说明。

在图 5-47 所示的例子中，网络 1、网络 2 和网络 3 通过路由器 R1 和 R2 相连，为说明问题方便，图中只给出与问题相关的路由表项。在 R1 的路由表中显示，到达网络 1 的距离是 1，采用直接交付。在 R2 的路由表中显示，R2 到达网络 1 的距离是 2，下一站是 R1。

现在假设路由器 R1 与网络 1 连接的链路出现了故障，导致 R1 与网络 1 中断，因此 R1 会将路由表中到达网络 1 的距离更新为 16（表示不可达）。但是，更新之后的路由表可能需要等待 30s 之后才能发送给 R2，然而在这 30s 之间内，R2 却可能先把自己的路由表发给了 R1。

R1 在收到 R2 的路由表之后，发现 R2 可以到达网络 1，距离为 2，由此误认为通过 R2 就可以到达网络 1，距离为 2+1＝3，这相当于发现了一条更短的到达网络 1 的路由，因此会将自己的路由表更新为"网络 1，R2，3"。在交换信息时间到来的时候，就将这条更新后的路由发送给了 R2。

R2 收到这条更新的路由信息之后，发现 R1 到达网络 1 的距离更改为 3，而 R2 到达网络 1 的下一站正是 R1，这就意味着 R2 到达网络 1 的必经之路的距离发生了改变，因此就将自己的路由表更新为"网络 1，R1，4"。接着，R2 又把这条路由信息发送给了 R1。

R1 在收到 R2 的路由信息之后，继续把自己的路由表更新为"网络 1，R2，5"……这样的更新一直进行下去，直到 R1 和 R2 到达网络 1 的距离都更新为 16，R1 和 R2 才发现原

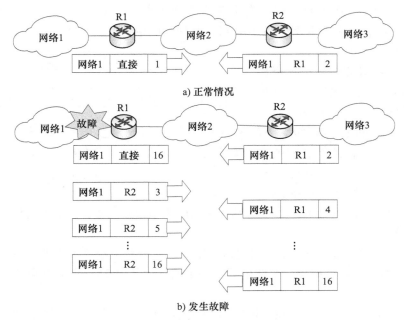

a) 正常情况

b) 发生故障

图 5-47　RIP 的"坏消息传得慢"

来网络 1 是不可达的。这就是所谓的 RIP "坏消息传得慢"的问题。

5.4.3　内部网关协议——OSPF

以距离向量算法为基本思想的 RIP 因其简单、易实现的特点在计算机网络发展早期得到了广泛的应用,在网络拓扑结构相对简单且链路极少发生故障时,这种路由选择协议的效果令人满意。但随着网络规模逐渐扩大,网络拓扑结构日益复杂,链路状态随时都可能发生改变,此时,RIP 收敛慢的缺点变得非常突出,已经无法在庞大复杂的网络中继续使用。链路状态路由算法正是针对这个问题被提了出来的。目前,具有代表性的基于链路状态路由算法的路由选择协议就是开放最短路径优先(Open Shortest Path First,OSPF)协议。

1. 链路状态路由算法

链路状态路由(Link State Routing)算法的基本思想是:网络中的各个节点不需要交换到达目的网络的距离,而是维护一张网络拓扑图,在网络拓扑结构发生变化时及时更新拓扑图即可。这张拓扑图以"链路状态"的形式来表示。所谓"链路状态"就是说明本路由器和哪些路由器相邻,以及到达这些邻居路由器的代价是多少。这里的"代价"是一种度量值,具体来说,它可以是距离、时延、传输开销等一种或多种指标。路由器将所有已知的链路状态组成一个链路状态数据库,这就形成了一张网络拓扑图。具体来讲,链路状态算法的工作主要由以下五个步骤组成:

1)发现邻居节点并获得其网络地址。

2)测量到各邻居节点的代价。

3)将刚刚获知的邻居节点地址和到达该节点的代价(也就是"链路状态")封装成一个分组。

4）向所有路由器发送这个分组，收到的路由器会据此更新自己的链路状态数据库。

5）根据目前获知的所有链路状态信息（即链路状态数据库），使用最短路径算法计算到达每一个其他路由器的最短路径，由此生成路由表。

链路状态算法在网络拓扑结构发生变化时能够较快地进行更新，使网络中的所有路由器都能及时更新其路由表，因此更新过程收敛快是链路状态路由算法的重要优点。

2. OSPF 的特点

OSPF 是为了克服 RIP 收敛慢的缺点在 1989 年被提出来的，它的核心思想就是使用链路状态路由算法。目前，第二个版本的 OSPF 已经成为 Internet 的正式标准（RFC 2328）。OSPF 在路由信息交换时，其交换的对象、交换的内容以及交换的时间都与 RIP 有着很大的不同。

首先，运行 OSPF 的路由器在交换路由信息时，不是仅向其邻居路由器发送路由信息，而是使用"洪泛法"（Flooding）向本自治系统内的所有路由器发送信息。所谓"洪泛法"就是发送信息的路由器首先通过所有端口向其所有相邻的路由器发送信息，然后每一个相邻的路由器再将此信息发送给它们所有相邻的路由器（刚刚发来消息的那个路由器除外），一直这样传递下去，最终整个自治系统内的路由器都会收到这个消息。正是因为使用了洪泛法，OSPF 在网络拓扑结构发生变化的时候才能够快速地将这种更新告知给本自治系统内的所有路由器。具体的做法在后面还会详细讨论。

其次，由于采用洪泛法交换信息，考虑到网络中的传输开销，OSPF 并不像 RIP 那样周期性地、定时地进行路由信息交换，而是仅在链路状态发生变化的时候，才向其他路由器发送需要更新的链路状态信息。

最后，OSFP 交换的不是路由器的路由表，而是该路由器与所有相邻路由器的链路状态，这只是路由器所知道的部分路由信息。

通过频繁的交换链路状态信息，最终所有的路由器都能建立一个全网一致的链路状态数据库，每个路由器都知道全网有多少个路由器，哪些路由器之间存在链路，以及链路上的代价，等等，这就是一张全网的拓扑结构图。之后，路由器根据这个链路状态数据库中的数据采用合适的路由算法（如 Dijkstra 的最短路径路由算法）计算出最佳路由，构造路由表。

3. OSPF 的工作原理

为了尽量减少交换信息带来的网络传输开销，OSPF 不经过传输层的封装而是直接使用 IP 数据报进行传输，因此 OSPF 构成的数据报通常很短。具体的报文格式如图 5-48 所示。

OSPF 报文由首部和数据部分组成，其中首部长度为 24B，包括 8 个字段，其具体名称和含义见表 5-11。数据部分的内容根据报文的类型有所不同。OSPF

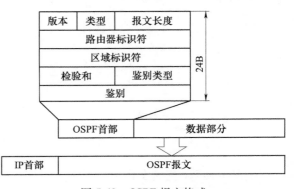

图 5-48　OSPF 报文格式

报文一共有 5 种类型，包括问候报文、数据库描述报文、链路状态请求报文、链路状态更新报文、链路状态确认报文。其中，问候报文是用来发现和维持相邻路由器是否可达的，其余 4 种报文都是用来进行链路状态数据更新和同步的。下面就围绕这 5 种报文类型具体介绍

OSPF 的工作原理。

表 5-11　OSPF 报文首部字段名称及含义

字段名称	含　义
版本	OSPF 的版本号，目前值为 2
类型	OSPF 报文类型，共有 5 种
报文长度	包括首部在内的 OSPF 报文长度，以字节为单位
路由器标识符	发送该报文的路由器接口的 IP 地址
区域标识符	报文所属区域的标识符（关于区域划分后面介绍）
检验和	用来检验报文的差错
鉴别类型	目前只有两种：0 为不用；1 为口令
鉴别	鉴别类型为 0 时，填 0；鉴别类型为 1 时，填 8 个字符的口令

　　OSPF 规定，每隔 10s 两个相邻的路由器要交换一次问候报文，以确定对方是否可达。大部分时间 OSPF 发送的都是这种问候报文。因为相邻路由器的可达性是判断链路状态的基础，如果两个路由器不可达，那么也就不存在链路了。若某个相邻路由器在超过 40s 的时间内一直都没有发送问候报文，则认为该路由器不可达，此时就要立即修改链路状态数据库，并重新计算路由表；同时，这种链路状态的改变要尽快通过洪泛法发送给其他路由器，在全网内更新链路状态数据库。

　　更新链路状态数据库时，要使用 OSPF 的链路状态更新报文，更新的过程就是采用洪泛法对更新报文进行发送，其过程如图 5-49 所示。

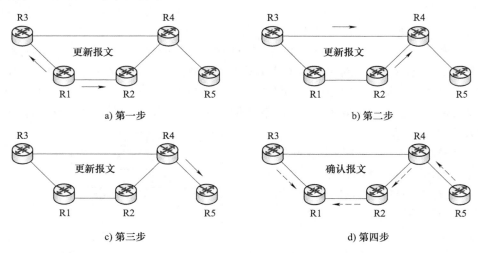

图 5-49　用洪泛法发送更新报文

　　假设路由器 R1 首先发出更新报文，将该报文发给与它相邻的 R2 和 R3（见图 5-49a）；之后 R2 将该报文转发给 R4，R3 也将该报文转发给 R4（见图 5-49b）；R4 在收到该报文后，再把报文转发给与它相邻的 R5（见图 5-49c）；所有收到更新报文的路由器都会更新自己的链路状态数据库，并重新计算路由，同时向发送给它报文的路由器发送链路状态确认报文（见图 5-49d）。

在一个路由器刚刚接入网络开始工作时，它只能通过问候报文获得它与相邻路由器的链路状态，之后，必须通过一系列的链路状态信息交换才能逐渐使全网的链路状态数据库达到同步。为了减少同步过程中的传输开销，OSPF 使用了除问候报文的其余 4 种报文来进行同步。具体做法如下：

1）路由器将自己目前已知的链路状态信息摘要（即目前数据库里已有的链路状态信息及其序号）写入数据库描述报文中，发送给相邻路由器。通过与相邻路由器交换数据库描述报文，双方就了解了目前哪些链路状态信息是自己还不知道的，在接下来的链路状态信息交换中，只需要获得这些还不知道的状态信息即可。

2）路由器使用链路状态请求报文，向相邻路由器请求自己所缺少的链路状态信息。

3）对方通过链路状态更新报文把请求的链路状态信息的详细内容回送回来。

4）路由器收到后再向对方发送一个链路状态确认报文，表示已收到新的链路状态信息。

5.4.4 外部网关协议——BGP

前面介绍的 RIP 和 OSPF 都是内部网关协议，即运行在一个 AS 内部的路由选择协议。这些内部网关协议可以在一个 AS 内实现路由表的建立和更新，但若源主机与目的主机分别位于不同的 AS，数据报从源主机转发到其所在 AS 边界时，就必须考虑下一站应该发送到哪个 AS 的问题，此时就需要用到外部网关协议。

外部网关协议的作用是在多个 AS 之间进行路由选择，这与在一个 AS 内的路由选择有很大的不同。

首先，相对于一个 AS 来说，整个 Internet 的规模过于庞大，这使得在 AS 之间进行路由选择变得非常困难。比如，一个 Internet 主干网上的路由器需要知道如何能到达所有合法 IP 地址所在的目的网络，因此其路由表中会有几万个甚至更多的目的网络地址，在这种情况下，无论使用前面介绍的任何一种路由算法，都会花费非常长的计算时间和非常大的传输开销。

其次，每一个 AS 在选择其中运行的路由选择协议时，都会使用该协议指定的度量参数计算路径代价，作为路由选择的标准。但不同的 AS 可能会运行不同的路由协议，它们使用的度量标准也因此不同，如果源主机和目的主机之间经过了多个 AS，那么它们之间路径上的代价就是由几个不同度量标准的代价组合而成，而计算这样的代价实际上是没有什么意义的。因此，在多个 AS 之间，无法根据计算路径的"代价"来选择最佳路由。

另外，由于 AS 本身具有的复杂背景，在 AS 之间进行路由选择时，除了考虑路径本身的传输特性之外，还必须考虑各 AS 之间涉及的关于政治、安全或经济等方面的因素。例如，在两个 AS 之间找到了一条距离比较近的路径，但却发现这条路径上经过的某个 AS 可能会对数据造成一定的安全威胁，那么这条路径就不能选择。如在我国国内的两个 AS 之间进行数据报传输时，不应该经过国外的 AS 转发，特别是对我国有安全威胁的国家，主要就是考虑到安全问题。此外，还有一些 AS 出于利益考虑，更愿意把资源留给那些付了费的 AS，转发它们的数据报，而将免费的 AS 发来的数据报拒之门外。受到这些策略的制约，在 AS 之间的路由选择很难找到最佳，只能退而求其次，试图寻找一条比较好的路由。当然，这些与策略相关的问题并不体现在路由选择协议当中，而是由网络管理人员事先在路由器上进行设置。

综上所述，在多个 AS 之间进行路由选择，必须使用更适合的外部网关协议。边界网关协议（Border Gateway Protocol，BGP）就是这样一种协议。它是 1989 年公布的一个标准的外部网关协议，经过几次修订之后，现在使用的是它的第 4 个版本 BGP-4。与距离向量算法和链路状态算法不同，BGP 使用路径向量（Path Vector）算法进行路由选择，其选择的标准并非所谓的"最佳"，而是"可达"即可。也就是说，BGP 并不试图寻找一条最佳路由，而是力求找到一条可以到达目的网络并且不兜圈子的路由。

在每一个 AS 中，管理员至少要选择一个路由器运行 BGP，这个路由器就是"BGP 发言人"。BGP 发言人要作为其所在 AS 的代表负责与其他 AS 交换路由信息，因此，一般来讲，BGP 发言人都是一个 AS 的边界路由器，通过共享网络与其他 AS 的 BGP 发言人连接在一起。图 5-50 描述了几个 AS 中的 BGP 发言人。其中，R1 是 AS1 的 BGP 发言人，R2 和 R4 是 AS2 的 BGP 发言人，R3 和 R5 是 AS3 的 BGP 发言人。

由于使用路径向量算法进行路由选择，BGP 发言人之间交换的路由信息内容是要到达某个网络需要经过哪些 AS。如图 5-50 所示，AS2 的 BGP 发言人就会通知 AS1 和 AS3 的 BGP 发言人：要到达网络 N1、N2、N3、N4 可以经过 AS2。在 BGP 发言人相互交换了网络的可达信息之后，BGP 发言人根据所使用的路由策略从中找到到达每个 AS 的一条比较好的路由，填入路由表中。路由表中的信息通常包括目的网络地址、下一站路由器地址和到达该目的网络要经过的一系列 AS。当某个 BGP 发言人收到来自其他 BGP 发言人发来的路径信息时，要检查它自己所在的 AS 是否在这个刚刚收到的路径信息中，如果在，就不采用这条路径，这样就可以避免在 AS 的连通拓扑中产生回路。因此，BGP 发言人根据路径信息最终构造出的 AS 连通图一定是树形结构的。这样做的好处就是可以避免数据在 AS 之间兜圈子。图 5-51 就是图 5-50 中 AS1 的 BGP 发言人构造出的一个 AS 连通图。

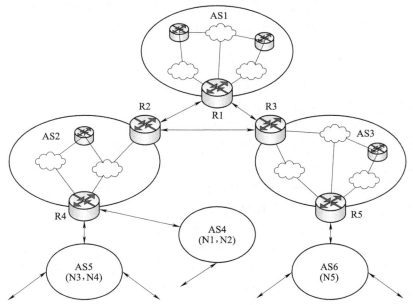

图 5-50　AS 中的 BGP 发言人

出于传输可靠性的考虑，BGP 的路由信息基于 TCP 进行传输。在 RFC 4271 中，规定了 4 种 BGP 报文的类型，具体见表 5-12。当两个相邻的 AS 中的 BGP 发言人想要与对方建立联系交换路由信息时，其中一个 BGP 发言人需要首先向对方发送 OPEN 报文，以询问对方是否愿意建立联系，如果对方同意建立联系并交换信息，则用 KEEP-ALIVE 报文进行响应，双方的邻站关系就建立起来了。之后为了维持这种联系，两个 BGP 发言人都要周期性地交换 KEEPALIVE 报文，以确定对方的存在。BGP 的主要工作是通过 UPDATE 报文来

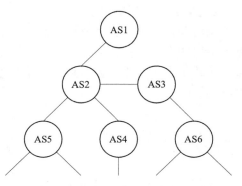

图 5-51　图 5-50 中 AS1 中的 BGP
发言人构造的 AS 连通图

交换路由信息。报文中可以增加新的路由，也可以撤销原来的路由。在增加新路由时，一个报文只能包含一条路由信息；但撤销路由时，可以在一个报文中包含多条撤销的路由信息。在 BGP 刚刚开始运行时，BGP 发言人向邻站交换的是整个路由表的信息，但之后为了能减少网络的传输开销和路由器的处理开销，就只在路由发生变化时更新有变化的部分。若 BGP 协议运行中出现错误，发言人向其他参与路由的站点发送 NOTIFICATION 报文，其中包含与错误类型对应的错误码和子类型码。

表 5-12　BGP 的报文类型

报文类型	报文作用
OPEN（打开）	用来与相邻的另一个 BGP 发言人建立联系，初始化
UPDATE（更新）	用来更新路由信息，包括增加新的路由或撤销原来的路由
KEEPALIVE（保活）	用来周期性的测试邻站是否连通
NOTIFICATION（通知）	用来发送检测到的差错

5.5　网络层连接设备

网络层的主要功能就是将大大小小的异种网络互连起来，屏蔽底层的传输细节，为高层提供统一的传输平台。这其中，最重要的工作都要由网络互连设备来实现。这一节详细地介绍网络层的连接设备。

5.5.1　路由器

路由器是网络层使用最普遍的一种连接设备，它的主要功能是对 IP 分组进行转发，实现 IP 分组在不同网络之间的传输。当路由器收到一个 IP 分组时，会根据其中的目的 IP 地址找到下一个应该接收该分组的路由器，并从合适的端口将其转发出去。下一个路由器再继续相同的转发工作，直到最终到达目的主机。路由器的工作主要由两部分内容组成：一个是路由选择，另一个是分组的转发。关于路由选择的工作在前面已经介绍过了，因此这一节重点介绍分组转发。

1. 路由器的结构组成

路由器是一种具有多个输入端口和多个输出端口的设备，在输入端口和输出端口之间，是路由器的交换结构，它是实现分组转发的核心部件。交换结构中处理转发过程的主要依据来自于路由表，而路由表则是通过路由选择协议生成的。图 5-52 给出的是一个典型的路由器结构。

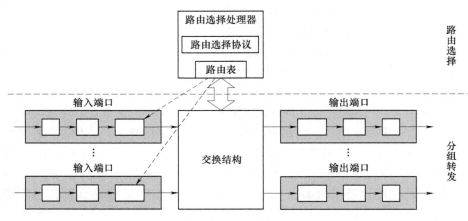

图 5-52　路由器的结构

从图中可以看出，路由选择部分也是路由器的管理控制部分，主要由路由选择处理器来实现，其上面会运行指定的路由选择协议，以此生成路由表，并对路由表进行更新和维护。路由选择的工作通常由软件来完成。

分组转发的工作通常由硬件实现，它主要由三部分组成：一组输入端口、一组输出端口和交换结构。输入端口是路由器接收分组并进行转发处理的地方，通过查表，确定分组转发的下一站以及转发该分组的输出端口，通过交换结构将分组送到相应的输出端口，最终由输出端口将分组转发出去。

输入端口与物理链路相连，是分组到达路由器的入口。在图 5-52 中，输入端口从左至右的三个方框分别代表输入端口中的物理层模块、数据链路层模块和网络层模块。物理层模块的主要工作是实现线路端接，接收来自传输线路上的比特流。数据链路层模块可以执行多种链路层协议，并按照协议处理接收到的数据帧，识别出帧的首部和尾部，提取出其中的数据部分交给网络层模块进行进一步处理。网络层模块根据分组的内容采用不同的处理方式。若分组是路由选择协议用来交换路由信息的报文（如 RIP 或 OSPF 报文），则将它们交给路由选择处理器进行处理；若分组是一般的 IP 数据报，则要根据其中的目的 IP 地址查找转发表，找到应该转发该分组的输出端口，通过交换结构将分组送到相应的输出端口上。

输入端口处理分组转发时查询的转发表来源于路由器中的路由表，但它与路由表又有着很大的不同。路由器中的路由表是根据路由选择协议生成的，它的主要目的是反映网络中当前的拓扑连接情况，表项中主要包含到达目的网络需要经过的下一站（用 IP 地址来表示）。而转发表的目的则是实现路由器的转发功能，也就是说，在转发表的表项中需要包含到达某个目的网络需要从哪个端口转发出去，以及下一站的 MAC 地址是什么。同时，转发表的结构还要考虑查表的效率问题。因此，转发表的结构和路由表的结构往往是不同的。由路由表生成的转发表在每一个输入端口都有一个相同的副本（见图 5-52 中的虚线箭头所示），这些副本被称为"影子副本"，它们的更新和一致性由路由选择处理器负责。采用影子副本的好处是可以避免集中式处理造成的瓶颈。

查找转发表并转发分组是路由器工作的核心内容，也是影响路由器工作效率的关键问题，因此如何能够提高查找转发表的速度一直都是路由器设计中的重点研究内容。最理想的情况是输入端口的处理速度能够达到分组的接收速度，但实际上这很难实现。因此，在路由器的输入端口会设置缓冲区，当一个分组正在处理的过程中，另外一个分组到达了，那么这个后来的分组就需要在缓冲区里面排队等候，这就产生了路由器的处理时延。图 5-53 给出了输入端口处理分组的示意图。

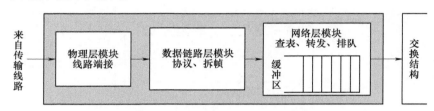

图 5-53　输入端口对分组的处理

通过交换结构，待转发的分组按照查表的结果被送到相应的输出端口。输出端口的工作就是将分组发送到物理链路上去，因此其处理过程与输入端口刚好相反。与输入端口类似，输出端口中也包括三个处理模块，如图 5-52 中所示，从左至右分别是网络层模块、数据链路层模块和物理层模块。其中，网络层模块主要负责从交换结构中接收分组，其中也设有缓冲区，当交换结构送来分组的速度超过了输出端口发送分组的速度时，来不及发送的分组就需要在缓冲区中排队等候。数据链路层模块的工作是将要转发的分组重新封装成帧，其中源 MAC 地址是该输出端口的 MAC 地址，而目的 MAC 地址是从转发表中查到的下一站的 MAC 地址。最后，封装好的数据帧由物理层模块发送到实际的传输线路上。具体的输出端口处理分组过程如图 5-54 所示。

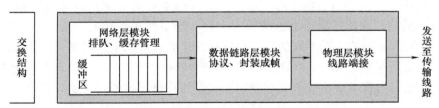

图 5-54　输出端口对分组的处理

前面提到过分组在网络传输的过程中可能会出现丢失的情况，这种情况大多数发生在分组传输过程中所经过的路由器上。除了设备故障的原因之外，造成分组丢失的另外一个重要原因是输入端口或输出端口的缓冲区溢出。若输入端口或输出端口的处理速度不及分组到达的速度，那么需要排队等候的分组就会越来越多，最终导致缓冲区全部被占满，此时后面到达的分组就无处可存，只能将其丢弃，这就造成了分组的丢失。

2. 路由器的交换结构

交换结构是路由器的核心部件，它负责将分组从输入端口交换到输出端口上。实现这种交换的方法有很多，常用的有三种，分别是经内存交换、经总线交换和经互连网络交换。图5-55简单描述了这三种方式的结构。

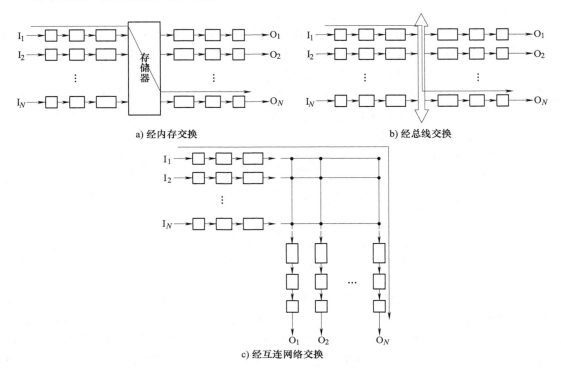

图 5-55　路由器的三种交换结构

　　经内存交换是使用最早的一种交换方式。因为早期的路由器实际上就是普通的计算机，利用计算机的 I/O 设备作为路由器的输入/输出端口，使用 CPU 来处理路由选择问题。从输入端口收到的交换分组要先暂时存储在计算机的内存中，之后 CPU 从分组的首部取出目的 IP 地址进行查表，找到合适的输出端口后，再将存储器中的分组送到相应的输出端口发送出去（见图 5-55a）。后来，当路由器成为一个独立设备之后，仍有一部分采用经内存交换的方式工作，但与早期路由器不同的是，根据目的地址查表的工作和对分组的缓存都在输入端口中进行。采用这种交换方式的路由器往往具有较大的交换容量，但速度却受限于内存的访问速度和存储器的管理效率，因此在早期的中低档路由器中使用得比较普遍。

　　经总线交换是结构最简单的一种交换方式。所有输入端口和输出端口连接在同一条总线上，交换的分组从输入端口通过共享总线直接传送到合适的输出端口，不需要路由选择处理机的干预（见图 5-55b）。但由于总线是所有端口共享的，同一时间只能有两个端口通过总线交换数据，当一个分组到达输入端口时发现总线上正在传输其他分组，则该分组就只能在输入端口排队等待，暂存在缓冲区中。所以，这种交换方式最大的缺点是其交换容量要受限于总线的容量，而且共享总线的仲裁还会带来额外的开销。总线的传输速率决定了采用这种交换方式的路由器的工作速度，目前总线的传输速率已经可以达到每秒吉比特的量级，因此很多中档的路由器都采用了这种交换方式。

　　图 5-55c 是一种通过纵横交换结构（Cross-bar Switch Fabric）进行交换的方式，这种结

构也称为互连网络。N 个输入端口和 N 个输出端口通过 $2N$ 条总线连接，形成一个 $N×N$ 的网络。在这个网络中，水平总线和垂直总线之间的交叉节点可以控制两条交叉总线的连通或断开，由此决定了分组的传输路径。比如，输入端口 I1 收到了一个分组，需要通过输出端口 O_N 转发出去，则这个分组首先要发送到与输入端口 I1 相连的水平总线上，若此时与输出端口相连的垂直总线是空闲的，那么这两条总线的交叉节点就将与 I1 相连的水平总线和与 O_N 相连的垂直总线连通，分组就通过垂直总线传送到了 O_N。若与 O_N 相连的垂直总线已经被其他分组占用，那么这个分组就必须在输入端口排队等待。这种互连网络的交换结构相当于具有 $2N$ 条并行工作的总线，$N×N$ 个交叉节点就像是开关，通过开关的切换对分组进行交换，因此开关的速度决定了路由器的交换速度。随着器件性能的不断发展，目前这种结构的交换速度普遍可以达到每秒几十吉比特，成为高端路由器和交换机的首选。

5.5.2　网关

与路由器一样，网关（Gateway）也可以实现在网络层上转发分组。在一些早期的计算机网络相关的文献中，曾经把网络层使用的路由器也称为"网关"。但现在的网关不仅是网络层上使用的互连设备，也可以在网络层以上各层的互连互通中使用，因此，网关被看作是网络层及以上使用的中间设备，可以连接两个不兼容的系统，进行高层协议的转换。那么，同样使用在网络层，路由器与网关到底有什么不同呢？

总的来说，路由器可以实现直连或非直连网络间的三层互通，根据各种路由协议建立到达各个目的网络的路由表项，提供从源网络到目的网络的完整转发路径。但网关只能实现直连网络的三层互通，而且不提供全部的转发路径，只能完成"一跳"。网关就像是一扇"门"，其直接连接的两个网络就像是门两侧的房间，正如推开门就能从一个房间进入另一个房间一样，通过网关，分组就可以从一个网络转发到另一个直连的网络，如图 5-56 所示。

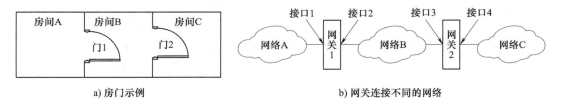

a) 房门示例　　　　　　　　　　　　b) 网关连接不同的网络

图 5-56　网关作用示例

在图 5-56a 所示的例子中，从房间 A 到房间 B 或者从房间 B 到房间 A 可以通过门 1 进入；同理，从房间 B 到房间 C 或者从房间 C 到房间 B 可以通过门 2 进入。但是从房间 A 到房间 C 或者从房间 C 到房间 A 不能通过任何一个门直接进入，因为这两个房间不是相邻的。与房门类似，网关在直接相连的网络中也起到了这样的作用。如图 5-56b 所示，网络 A 和网络 B 通过网关 1 直接相连，因此分组可以从网络 A 经过网关 1 的转发进入网络 B，也可以从网络 B 经过网关 1 的转发进入网络 A；网关 2 的作用也与此相同。但网络 A 和网络 C 不是直接相连的网络，所以分组从网络 A 不能经过网关 1 到达网络 C，也就是说，网络 A 不能通过网关 1 和网络 C 实现互连，网络 C 也不能通过网关 2 与网络 A 实现互连。

网关的使用需要在用户主机或网络设备上进行配置，具体的配置信息就是网关接口的 IP 地址。比如，图 5-56b 中网络 A 的一台主机将网关配置为接口 1 的 IP 地址，那么这台主机就可以通过网关 1 将分组发送到网络 B 中；如果网络 C 中的主机将网关配置为接口 4 的 IP 地址，那么这台主机就可以将分组通过网关 2 发送到网络 B 中。配置了网关信息之后，当需要向直接相连的网络转发分组时，就可以直接通过网关进行转发，而不需要路由。这种应用在默认网关的配置中更为广泛，作用也更为明显。

与路由器一样，网关也可以同时连接多个网络，就像一个房间中可以有多扇门，分别通往多个相邻的房间一样。当一个网关上同时连接多个网络时，这个网关就成了多个网络中的网关，网关上每一个接口的 IP 地址都应该属于不同的网络。图 5-57 描述了一个网关连接多个网络的情形。图中的网络 A、网络 B 和网络 C 可以通过网关实现互连互通。网络 A 中的分组通过接口 1 和接口 2 可以转发到网络 B，网络 B 中的分组可以通过接口 2 和接口 3 转发到网络 C。

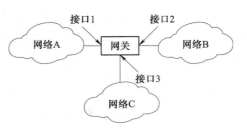

图 5-57　网关连接多个网络

综上所述，网关只对分组进行一跳的转发，而路由可以进行多跳且不受限制的转发。目前，有专门的网关设备，这些设备通常没有路由功能，但更多的是同时具有网关功能和路由功能的设备，如路由器和三层交换机，它们的每个接口都可以作为所连网络的网关，在路由表项中的"下一跳"通常也是指网关。

5.5.3　三层交换机

在前面的内容中，学习了二层交换机在局域网中的应用。二层交换机根据帧的目的 MAC 地址进行转发，有效隔离冲突域，在扩大局域网范围的同时提高网络整体的吞吐量，因此在局域网中得到了广泛的应用。但是，二层交换机仅具有物理层和数据链路层的功能，因此它只能在同一个网络内部使用，而不同网络间的数据转发就只能通过路由器来完成。与交换机相比，路由器的成本高，端口少，转发性能却不如交换机那样高效，不能很好地满足网络发展的需要。路由器主要是通过在网络层对分组转发（即三层转发）来实现网络间的互连，那么能不能将二层交换机高效的转发原理应用到三层转发中去，让交换机也能够实现不同网络间的互连呢？答案是肯定的，三层交换机就是这样一种实现了三层交换的设备。

二层交换机的数据交换一般是使用应用专用集成电路（Application Specific Integrated Circuit，ASIC）硬件芯片来完成的，在 ASIC 芯片中存储 MAC 地址表，也就是二层交换机转发帧的依据，由硬件实现查表转发的过程，所以转发性能非常高。根据这一原理，大多数的三层交换机也采用 ASIC 芯片来完成转发，内部集成了三层转发的功能，包括检查 IP 首部、修改生存时间（TTL）、重新计算 IP 首部的校验和、对 IP 数据报封装成帧等。

目前，三层交换机中实现三层路由模块的方式有三种：纯软件实现、纯硬件实现和软、硬件结合实现。

纯软件实现的路由模块主要出现在早期的或版本较低的三层交换机中，通过 CPU 来调用相关的软件功能，实现路由转发，路由表存放在内存中，通过软件进行修改和维护。在这样的交换机中，二层交换功能仍由 ASIC 芯片来实现，其中存储着 CAM 表。路由模块在将 IP 数据报封装成帧时通过 CPU 来调用并查询这个 CAM 表。具体结构如图 5-58 所示。

纯硬件实现的路由模块将所有功能都集成在专门的 ASIC 芯片中，路由表也存储在 ASIC

芯片中，由芯片进行路由表的查找和刷新，速度快、性能好、带负载能力强。但这样的芯片设计复杂，实现成本高。其具体结构如图 5-59 所示。

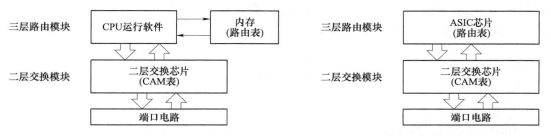

图 5-58 纯软件路由模块的三层交换机结构　　图 5-59 纯硬件路由模块的三层交换机结构

目前，纯软件或纯硬件路由模块的三层交换机都比较少见，更多的是将两者结合起来实现的软、硬件结合的路由模块。在这样的模块中，ASIC 芯片主要用来完成二、三层的转发功能，其内部存储用于二层转发的 MAC 地址表和用于 IP 转发的三层转发表；而路由表和 ARP 高速缓存中的映射表则存储在内存中，由 CPU 来负责维护。另外，CPU 还负责转发的控制，并根据转发信息来配置存储在 ASIC 中的三层转发表。这种软、硬件结合的路由模块既利用硬件实现高性能的转发，又保留了软件实现的灵活性。

三层交换机的工作原理可以概括成：一次路由，多次交换。其中，一次路由是指通常第一个需要转发到某目的地的分组需要由 CPU 查询内存中的路由表完成转发。在这次路由的同时，CPU 会根据这次转发结果在 ASIC 中的三层转发表中建立一个转发表项。有了这个新的转发表项，后续发往同一目的地的分组就可以由 ASIC 芯片根据三层转发表实现转发，即"多次交换"。

5.6 小　结

本章主要介绍了 TCP/IP 体系结构中的网络层的功能和相关协议。作为通信子网的最高层，网络层的主要作用是屏蔽底层各种物理网络的差异，向上层提供统一的分组传输服务；同时连接多种异构网络，在不同网络间进行路由选择。

在 TCP/IP 的网络层中，最重要的协议就是 IP，它是一个无连接的传输协议，主要功能是将分组从源主机发送到目的主机，在互连起来的多个网络间进行传输。本章详细介绍了 IP 数据报中首部的格式及各字段的含义，并重点描述了 IP 数据报分片时首部相关字段的应用。IP 使用全球形式统一的 IP 地址来标识源主机和目的主机，利用子网掩码判断主机所在的网络，并以此作为路由寻路的依据。由于 IP 地址结构最初设计得不合理性导致了 IP 地址资源非常紧张，并存在一定程度的浪费，因此利用子网掩码进行子网划分和聚合可以在一定程度上缓解这个问题。进一步地，利用 NAT 技术在局域网内使用私有 IP 地址，可以大幅节省 IP 地址资源。

除了 IP 之外，网络层还有一些辅助 IP 工作的其他协议，比如，用于 IP 地址与硬件地址转换的 ARP 和 RARP、用于差错报告和报文控制的 ICMP 等。

路由寻路是网络层的主要工作内容之一。由于 Internet 的规模庞大，因此路由选择的工作以自治系统为界，分为内、外两个层次。本章首先介绍了路由的基本原理和路由器的转发流程，接下来介绍了几个典型的路由算法，包括用于自治系统内部的 RIP 和 OSPF，以及用于自治系统之间的 BGP。

网络层上使用的网络互连设备主要有路由器、网关和三层交换机，本章在最后对这三种设备的工作原理分别进行了详细的介绍。

习　题

1. 网络的主要作用是什么？

2. 网络层提供哪两种服务？它们各自的特点有哪些？

3. IP 数据报中的首部检验和并不检验数据报中的数据部分，这样做有什么好处？又有什么弊端？

4. 在路由器转发 IP 数据报时，数据报首部中的哪些字段可能会被修改？（不考虑选项部分）

5. 一个 IP 数据报长度为 2220B（首部长度固定），现要经过一个 MTU = 620B 的网络，则该数据报应如何分片？请写出分片后各数据报片的数据部分长度、片偏移及 MF 字段的值。

6. IP 地址共分为几类？请判断下列 IP 地址所属的类别。

(1) 53.230.34.110　　(2) 222.45.66.1　　(3) 199.0.124.35

(4) 153.28.71.2　　(5) 25.114.0.5　　(6) 171.0.92.254

7. 什么是子网掩码？子网掩码有什么作用？如果某个网络的子网掩码为 255.255.255.192，则该网络中最多可以连接多少台主机？

8. 某一网络地址块 202.101.102.0 中有五台主机 A、B、C、D 和 E，它们的 IP 地址及子网掩码见表 5-13。

表 5-13　某网络地址块示例

主机	IP 地址	子网掩码
A	202.101.102.18	255.255.255.240
B	202.101.102.146	255.255.255.240
C	202.101.102.158	255.255.255.240
D	202.101.102.161	255.255.255.240
E	202.101.102.173	255.255.255.240

(1) 五台主机 A、B、C、D、E 分属几个网段？哪些主机位于同一网段？

(2) 主机 E 的网络地址为多少？

(3) 若要加入第六台主机 F，使它能与主机 B 属于同一网段，其 IP 地址范围是多少？

9. 某网络上连接的所有主机，都得到 "Request time out" 的显示输出。检查本地主机的网络配置：IP 地址为 202.117.34.35，子网掩码为 255.255.0.0，默认网关为 202.117.34.1。请问问题可能出在哪里？

10. 找出下列不能分配给主机的 IP 地址，并说明原因。

A.131.107.256.80　　B.231.222.0.11　　C.126.1.0.0　　D.198.121.254.255

E. 202. 117. 34. 32

11. 某公司下设四个部门，每个部门有 20 个员工。现公司申请了一个 C 类的 IP 地址 201.1.1.0，请为该公司做出 IP 地址规划，要求给出每个子网的网络地址、可用 IP 范围及子网掩码。

12. 有人说："ARP 向网络层提供了转换地址的服务，因此 ARP 应当属于数据链路层。"这种说法对吗？为什么？

13. 每个计算机都有自己的硬件地址，为什么还要有 IP 地址？IP 地址与硬件地址有什么区别？如何转换？

14. 在一个对于 IP 地址为 192.168.44.64 的设备的 ARP 请求分组中，目的硬件地址是什么？

15. 三个网络经网桥 B 和路由器 R 互连在一起，如图 5-60 所示。主机 A 向主机 H 发送数据帧 F1。经过网桥 B 后变成 F2，再经过路由器 R 之后变成 F3。在每一个数据帧中都有四个重要的地址，即目的站硬件地址 D-HA，源站硬件地址 S-HA，目的站 IP 地址 D-IP 和源站 IP 地址 S-IP。主机 A 和 H 以及网桥 B 和路由器 R 的有关地址已经标注在图中。试问：在数据帧 F1、F2 和 F3 中，这四个地址分别是什么？

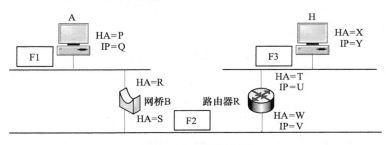

图 5-60　某网络示例

16. 某单位网络拓扑如图 5-61 所示，其中 PC 的 IP 地址为 202.114.1.11/27，Web 服务器的 IP 地址为 202.114.1.33/27。路由器 E0 接口的 IP 地址为 202.114.1.30/27，E1 接口的 IP 地址为 202.114.1.62/27.

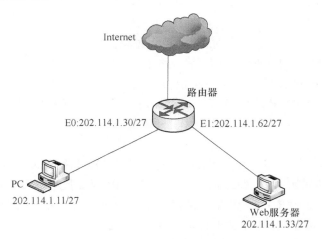

图 5-61　某单位网络拓扑

（1）PC 上网需配置的四个参数是什么？四个参数的作用分别是什么？

（2）如果 PC 的子网掩码改成了 255.255.255.0，它能否直接访问 Web 服务器 202.114.1.33，以及能否访问外网？试分析之。

17. 设有四台主机 A、B、C 和 D 都处在同一物理网络中，它们的 IP 地址分别为 192.155.28.112、192.155.28.120、192.155.28.135 和 192.155.28.202，子网掩码都是 255.255.255.224，请回答：

（1）该网络的四台主机中哪些可以直接通信？哪些需要通过设置路由器才能通信？请画出网络连接示意图，并注明各个主机的子网地址和主机地址。

（2）若要加入第五台主机 E，使它能与主机 D 直接通信，则其 IP 地址的范围是多少？

（3）若不改变主机 A 的物理位置，而将其 IP 地址改为 192.155.28.168，则它的直接广播地址和本地广播地址各是多少？若使用本地广播地址发送信息，请问哪些主机能够收到？

（4）若要使该网络中的四台主机都能够直接通信，可采取什么办法？

18. 一个网络有几个子网，其中的一个已经分配了子网掩码 74.178.247.96/29，问下面哪些不能再分给其他子网？

（1）74.178.247.120/29　　（2）74.178.247.64/29

（3）74.178.247.108/28　　（4）74.178.247.104/29

19. 一台路由器的路由表见表 5-14。

表 5-14　某台路由器的路由表

目的网络	子网掩码	下一站
135.46.56.0	255.255.252.0	接口 0
135.46.60.0	255.255.252.0	接口 1
192.53.40.0	255.255.254.0	R1
默认（default）		R2

现收到五个分组，其目的地的 IP 地址分别为：

（1）135.46.63.10　　（2）135.46.57.14　　（3）135.46.52.2

（4）192.53.40.7　　（5）192.53.56.7

请分别计算其下一站，要求写出简单的运算过程。

20. 某公司的网络拓扑如图 5-62 所示，路由器 R1 通过接口 E1、E2 分别与局域网 1 和局域网 2 相连接，通过接口 L0 连接路由器 R2，并通过路由器 R2 连接域名服务器与 Internet。R1 的 L0 接口的 IP 地址是 202.118.2.1；R2 的 L0 接口的 IP 地址是 202.118.2.2，L1 接口的 IP 地址是 130.11.120.1，E0 接口的 IP 地址是 202.118.3.1；域名服务器的 IP 地址是 202.118.3.2。

（1）网络地址采用 CIDR 形式，现将 IP 地址空间 202.118.1.0/24 划分为两个子网，分别分配给局域网 1 和局域网 2，每个局域网需分配的 IP 地址数不少于 120 个，请给出子网划分方案。若将每个局域网中可用 IP 地址的最小地址分别给路由器 R1 的相应接口，则局域网 1 和局域网 2 中主机可分配的 IP 地址范围分别是什么？

（2）请给出 R1 的路由表，使其明确包括到局域网 1 的路由、局域网 2 的路由、域名服

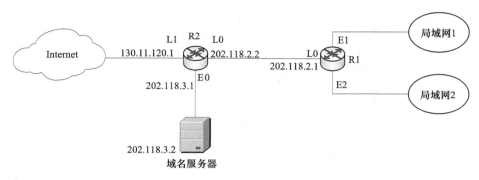

图 5-62　某公司的网络拓扑

务器的主机路由和 Internet 的路由。路由表结构如下所示。

目的网络 IP 地址	子网掩码	下一站 IP 地址	接口

（3）若为局域网 1 中的一台主机手动配置 IP 地址信息，则需要填入的子网掩码、默认网关、DNS 服务器的内容分别是什么？

21. 表 5-15 是一个使用 CIDR 的路由表。地址各字节是 16 进制的。比如，C4.50.00.00/12 中的"/12"表示网络掩码的前 12 位是 1，即 FF.F0.00.00。请说明下列地址将被传送到的下一跳各是什么。

表 5-15　使用 CIDR 的路由表示例

网络/掩码长度	下一站
C4.5E.02.00/23	A
C4.5E.04.00/22	B
C4.5E.C0.00/19	C
C4.5E.40.00/18	D
C4.4C.00.00/14	E
C0.00.00.00/2	F
80.00.00.00/1	G

（1）C4.4B.31.2E　　　　（2）C4.5E.05.09　　　　（3）C4.4D.31.2E

（4）C4.5E.03.87　　　　（5）C4.5E.7F.12　　　　（6）C4.5E.D1.02

22. 若某 CIDR 地址块中的某块地址是 128.34.57.26/22，那么该地址块中的第一个地址是什么？最后一个地址是什么？该地址块共包含多少个地址？

23. IP 数据报在到达时其首部有如下的信息（十六进制表示）：

49 00 00 76 00 B2 00 00 0E 06 00 00 7C 4E 03 02 B4 0E 0F 02

（1）该数据报首部有无任何选项？如果有，长度为多少？

（2）这个数据报被分片了吗？

（3）数据部分的长度是多少字节？

（4）这个数据报能够经过多少个路由器？

（5）这个数据报的标识号是多少?

24. 路由器具有如下的路由表（这三列分别表示"目的网络"、距离和"下一站"）:

Net1	7	B
Net2	5	C
Net3	5	F
Net4	5	G
Net5	4	D

若该路由器从路由器 C 收到下面的 RIP 报文，路由表中的内容将会是怎样的? 请给出理由。

Net1	6
Net2	7
Net4	3
Net5	4
Net6	3

25. 路由器 X 在某一时刻具有如下的路由表（见图 5-63a），若路由器 X 从 IP 地址为 35.24.10.10 的路由器 A 收到的路由信息如图 5-63b 所示，则 X 应如何进行路由更新? 请将新路由表填入空表（见图 5-63c）中。

目的网络	跳数	下一站
35.0.0.0	0	–
150.28.0.0	0	–
210.0.36.0	7	150.28.1.254
198.1.3.0	2	35.24.10.10
209.9.1.0	10	150.28.1.254

a) 路由器X的路由表

目的网络	跳数
35.0.0.0	0
150.28.0.0	3
210.0.36.0	4
198.1.3.0	9
100.100.0.0	4
209.9.1.0	12

b) 路由器A发给X的路由表

目的网络	跳数	下一站

c) X更新后的路由表(表项数量可自行增加)

图 5-63　路由表更新示例

26. RIP 使用 UDP，OSPF 使用 IP，而 BGP 使用 TCP。这样做有何优点? 为什么 RIP 周期性地和邻站交换路由信息而 BGP 却不这样?

第6章

传　输　层

6.1　传输层的功能

在计算机网络体系结构中，通常将各层结构划分为两部分：通信子网和资源子网。其中，通信子网包括网络层及以下各层，主要负责通信通道的建立；而传输层及以上各层则属于资源子网，负责完成终端系统之间的数据交换。在这其中，传输层既是面向用户的最底层，需要向应用层提供通信服务，将各种网络应用产生的数据发送给通信的对方，同时又是面向通信的最高层，因为当网络层将数据交付到目的主机之后，还需要传输层将数据交给具体的应用进程。因此，传输层在整个体系结构中位于一个承上启下的关键位置。

6.1.1　划分传输层的必要性

为了更好地理解传输层的重要作用，下面通过分析网络体系结构各层在数据传输中的作用来了解划分传输层的必要性。首先，物理层为数据通信提供了实际的物理线路和通信信道，构成了数据传输的基础；接下来，在此基础上，数据链路层为同一个网络中的数据传输提供了一条虚拟的通信信道，针对不同的物理链路类型对数据进行封装和传输；进一步地，网络层在不同的网络之间提供了路由功能，根据路由结果把数据从源主机逐步转发到目的主机，实现数据在不同网络之间的传输。既然经过了体系结构中下三层的传输，数据已经到达目的主机，那么还需要传输层做什么呢？

事实上，当 IP 数据报从源主机传输到目的主机之后，传输的工作并没有结束，因为在网络通信中，真正的通信实体并不是这些网络中的主机，而是运行在主机上的各种应用进程。众所周知，网络中传输的各种数据其实都是来自于源主机上的某一个应用进程，比如，用浏览器浏览网站，浏览器就会根据地址栏里的信息生成请求数据，发送给要访问的网站服务器。而这些数据在到达了目的主机之后，必须被交付给接收它们的一个具体的应用进程，这一次数据传输才算是真正的结束。比如，网站服务器的服务进程在收到浏览器的访问请求后，会解析这一请求，并将与之对应的响应结果，即包含网站页面内容的数据发回给源主机，而源主机在收到这些数据后，需要把它们交给浏览器进程，页面才能在浏览器中显示出来。

但是，大多数主机上都会同时运行很多应用进程，这些进程可能会同时通过网络传输数据，那么，在源主机将数据发送到网络上之前，如何对其不同应用进程产生的数据进行区分呢？当源主机收到网络中传回的响应数据后，如何知道这些数据是哪个进程需要的？又如何将数据交付给相应的进程呢？这些工作就都需要传输层来完成。

总的来说，传输层的主要工作就是对不同应用进程的数据进行"复用"和"分用"。这里的"复用"是指在一台主机上，对于不同应用进程产生的需要网络传输的数据，传输层可以对它们进行统一的处理，用同样的 PDU 进行封装，用相同的传输层协议进行传输。而"分用"则是在主机收到来自网络的数据之后，传输层可以根据报文首部中的端口号（这个概念将在后面的内容中介绍）将数据交付给不同的应用进程。也就是说，传输层在应用进程之间建立了逻辑上的通信信道，实现了数据在传输层上的对等传输（见图 6-1 中虚线所示）。但是请注意，传输层上实现的这种对等层上的传输是一种逻辑上的传输，也就是仅从传输层的角度来看，好像有一条水平的通信信道一样，数据可以沿着这条信道从源主机的一个应用进程传输到目的主机的另一个应用进程，而实际上，并不存在这样的物理信道，真正的数据传输还是要经过体系结构的各层工作实现（见图 6-1 中的实线所示）。

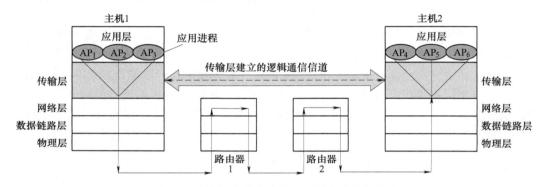

图 6-1　传输层在多个应用进程间提供逻辑通信

除了提供进程间的通信功能之外，传输层还有很多其他的网络层无法替代的重要功能，比如，对数据部分进行差错检验、提供差错控制和流量控制等，传输层具体实现的功能往往与其提供的服务类型有关。关于传输层的服务类型和其具体功能的实现后面再进行详述。

6.1.2　传输层提供的端到端传输服务

通常将传输层的功能描述为"为上层提供端到端的传输服务"，那么，到底什么是"端到端"的传输服务呢？为了更好地解释这个概念，将它和另外一种"点到点"的传输服务进行一下比较。

无论是"点到点"还是"端到端"，都描述了网络通信服务的一种工作方式。具体可以从两个方面来理解它们。其一是从网络物理连接的角度来看，这两种服务是基于两种不同的连接方式的，即"点到点"连接和"端到端"连接。所谓"点到点"连接，是指通信双方直接通过传输媒体连接起来，中间没有任何其他的设备，如图 6-2a 中的主机 A 和路由器 R1、主机 B 和路由器 R2、主机 C 和路由器 R3，以及路由器 R1、R2 和 R3 之间，都是点到点连接。而"端到端"连接通常是指两个终端系统的连接，在两个系统的物理连接上存在一个或多个中间设备，如图 6-2b 中的主机 A 和主机 B、主机 B 和主机 C、主机 A 和主机 C之间都是端到端连接。

另外一方面，从数据传输的角度来看，在两种不同的连接基础上，自然就有两种不同的

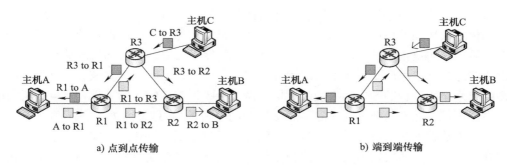

a) 点到点传输　　　　　　　　　　　　　b) 端到端传输

图 6-2　"点到点"传输与"端到端"传输

传输，也就是"点到点"传输和"端到端"传输。图 6-2a 描述的是点到点传输的过程。从图中可以看出，数据从一"点"可以直接传输给与它直接相连的下一"点"。比如，从主机A 传输到路由器 R1，然后路由器 R1 再决定是否需要将数据继续向下一"点"传输，如从R1 到 R2……可见，"点到点"传输是通过接力的形式将数据从源主机传输到目的主机的，中间经过的每一段点到点连接都是一次点到点传输。这种传输方式的特点是通过在中间设备上设置缓冲机制完成逐段链路上的传输工作，每一个"点"在将数据发送给下一"点"之后，传输任务就完成了，不需要参与数据传输的全过程，也就不再占用传输资源。这样可以使网络中的传输资源得到更充分、更有效的利用，在传输路径的选择上也更灵活。但它的缺点是传输中的每一"点"在发送数据前并不了解目的主机的状态，不知道发出去的数据是否能到达目的主机，以及何时能到。

图 6-2b 描述的是端到端的传输过程，在这种方式下，数据传输的起点和终点就是通过网络连接的两个端系统。比如，从主机 A 到主机 B、从主机 C 到主机 A。端到端的传输方式屏蔽了网络中间节点对数据转发的细节，仅描述数据从源端和目的端的传输过程。这种传输方式的特点主要体现在面向连接的传输服务中，在数据传输前，源端和目的端之间要建立一条虚拟的传输连接，连接建好之后，源端发出的数据都会沿着这条虚拟连接传输到目的端，就好像两端存在这样一条直接的连接一样。这种面向连接的端到端传输可以保证传输的可靠性，即源端发出的所有数据都能被目的端正确接收到。因为在连接建立时，目的端就已经做好了接收数据的准备，因此源端发出的数据目的端一定能够收到。但这种可靠性是用长时间占用网络传输资源换来的，因为在数据全部被目的端正确接收之前，源端要始终与目的端一起维持它们之间的虚拟连接，这就意味着源端和整个连接中需要的传输资源要一直被占用，直到连接释放。

"点到点"的传输服务和"端到端"的传输服务在计算机网络体系结构中都有应用，以Internet 为例，网络层及以下各层采用的是点到点的传输服务，而传输层及以上各层则使用端到端的传输服务。

6.1.3　端口的概念

前面讲过，传输层的主要功能之一就是对主机中不同应用进程的数据进行复用和分用，如何对这些属于不同进程的数据进行标识并加以区分是实现复用和分用的关键。在传输层，解决这一问题的方法就是使用协议端口号（Protocol Port Number），简称端口（Port）。

计算机网络 ··········

TCP/IP 的传输层使用一个 16 位的二进制整数来表示端口号，它是计算机中应用层各应用进程和传输层交互的接口的标识，在同一台计算机中，每一个应用进程的端口号都是唯一的。在传输层的协议报文的首部中，都有两个重要的字段：源端口号和目的端口号。当发送主机的传输层收到应用层交下来的某应用进程需要发送的数据时，会将该应用进程的端口号填在源端口号字段，目的端口号字段则要填入需要接收该数据的应用进程在接收主机中的端口号。由此可见，在发送数据时，除了要知道目的主机的 IP 地址之外，还必须要知道目的主机中接收该数据的应用进程的端口号。这就好像通过地址去寻找某个朋友的家，不仅要知道他家在哪个小区，还要知道具体的门牌号码才行。通过使用端口号，传输层给不同应用进程交下来的数据加上了不同的标识，之后就可以将它们封装成格式相同的报文，统一交给下面的网络层处理，实现对数据的复用。

在接收主机的网络层将 IP 数据报的首部去掉，取出后面的数据部分（即传输层协议报文）交给传输层时，传输层协议就会查看这个报文首部中的目的端口号字段，找到字段中端口号所代表的应用进程，在完成传输层的一系列处理之后将报文的数据部分送入该应用进程对应的缓冲区中等待应用层的处理。通过这样的操作，主机就可以把它收到的发给不同应用进程的数据区分开来，并有针对性地提交给相应的应用进程，这就是传输层对数据的分用过程。

由于端口号是一个 16 位的二进制整数，所以它的数值范围为 0~65535。一般来讲，端口号只具有本地意义，也就是说，相同的端口号在不同的计算机中是没有任何关联的。比如，主机 A 中的某个应用进程 a 的端口号是 20000，主机 B 中也使用了 20000 这个端口号，但却代表另外一个不相关应用进程 b。但为了方便使用 Internet 上一些知名的网络服务，有一些端口号被赋予了固定的意义，用来表示 Internet 上的一些重要的应用进程，这类端口号被称为全球知名的端口号，也叫作全局端口号，它们的数值为 0~1023，由互联网数字分配机构（The Internet Assigned Numbers Authority，IANA）进行统一分配，一般主机不能使用它们为一般的应用进程进行分配。表 6-1 列出了一些已经分配的知名的网络服务进程所对应的端口号。

表 6-1　知名的全局端口号

应用进程	FTP	TELNET	SMTP	DNS	TFTP	HTTP	POP3	SNMP
端口号	21	23	25	53	69	80	110	161

数值为 1024~65535 的端口号被称为本地端口号，它们的使用无须申请，可以由主机自行分配，但需要注意在同一台主机中正在运行的端口号不能重复。

6.1.4　传输层提供的服务类型

和网络层一样，传输层也提供两种不同的服务类型：面向连接的传输服务和无连接的传输服务。面向连接的传输服务需要在数据传输前先建立一个从源端到目的端的连接，之后的数据传输都在这条建立好的连接上进行，在传输结束后需要将连接释放掉，以释放占用的网络传输资源。这类面向连接的传输服务能够实现可靠的数据传输，具有差错控制和流量控制机制，典型的代表就是 TCP/IP 中的传输控制协议（Transmission Control Protocol，TCP）。面向连接的传输服务由于需要进行连接管理、对数据进行确认或重传、具有流量控制和拥塞控

142

制等功能，因此会增加很多传输开销，传输时延会加大，同时也要占用更多的处理器资源，这些都会影响到传输效率。

与可靠的面向连接的传输服务相比，另外一种无连接的传输服务的效率则要高很多。因为这种服务不需要在传输数据前建立连接，省去了传输前等待连接建立的时间，也避免了连接管理的工作，不对数据进行确认和重传，没有流量控制和拥塞控制，不保证数据传输的可靠性，因此使用这种服务的协议数据单元的首部一般都很简单，处理速度快，占用资源少。这种无连接传输服务的典型代表是 TCP/IP 中的用户数据报协议（User Datagram Protocol，UDP）。虽然不能保证传输的可靠性，但 UDP 的传输效率却非常高，特别适合于对实时性要求高的网络应用。

TCP 和 UDP 是 TCP/IP 体系结构中传输层上的两个最重要的协议，它们都使用网络层提供的无连接不可靠的分组传输服务，向应用层提供端到端的传输，如图 6-3 所示。关于 TCP 和 UDP 的内容，将在后面详细介绍。

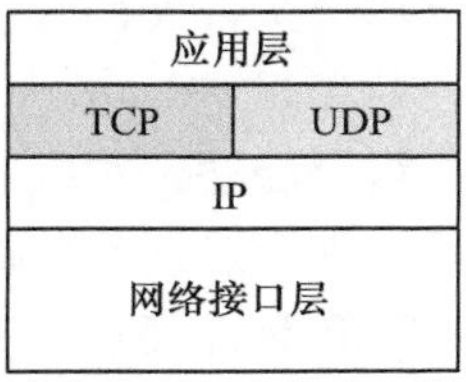

应用层	
TCP	UDP
IP	
网络接口层	

图 6-3　TCP/IP 体系结构中的传输层协议

6.2　差错控制和流量控制

由于 TCP/IP 的网络层使用的是无连接、不保证可靠传输的 IP，因此，为了满足一些网络应用的需求，网络层之上的传输层就要向应用层提供可靠的传输服务，这也是传输层的重要功能之一。为了实现可靠的传输服务，传输层需要在数据传输的过程中加入多种控制，以保证发送方发出的所有数据都能被接收方正确地接收到，这其中最重要的就是差错控制和流量控制。

差错控制和流量控制并不是传输层独有的功能，在前面关于数据链路层的内容中，也介绍到了差错控制和流量控制，那么，传输层的差错控制与流量控制与数据链路层的有什么联系？又有什么不同呢？在本节内容中，将对传输层的差错控制与流量控制的原理进行概述性的介绍，具体的实现方法会在 6.3 节 TCP 中再详述。

1. 差错控制

说到差错控制，其具体的内容应该包括两个方面，即差错检测和差错纠正。在几乎所有的网络协议的工作内容中，都包含差错检测的部分，虽然使用的检测方法和手段不同，但都可以让接收方在收到数据后及时发现错误。传输层使用的差错检测方法是利用报文首部的检验和字段对报文首部和数据部分进行计算，根据结果判断是否出现差错。发送方在数据发送前，按照检验和的计算方法（该方法将在 UDP 中详细介绍）在报文首部的相应字段中填入检验和的值，然后将报文发给接收方。当接收方收到该报文后，再利用相同的计算方法对报文的首部和数据部分的值进行计算（其中包括检验和），若结果符合检验要求，则说明该报文没有差错，接收方将其收下；若计算结果与检验标准不符，则接收方会将该报文丢弃。

显然，这种简单的丢弃报文操作并不是真正的差错控制，必须还要考虑如何纠正这种差错。差错纠正最有效的方法就是重传，这与在数据链路层学到的差错控制思想是一样的。出于减少网络传输开销的考虑，接收方在丢弃出错的报文之后，并不会将出错的情况主动报告给发送方，所以发送方采用的是连续重传请求思想。

除了报文本身的数值出现差错之外，报文的丢失也是一种差错，对于这种差错也必须纠正。报文丢失的原因有很多，比如，由于传输过程中经过的路由器或接收主机的处理速度有限导致待处理的数据占满其缓冲区，后续到达的报文就只能被丢弃；或者网络中突然出现的大流量数据使得中间节点设备或链路出现拥塞而导致数据丢失；再或者由于传输链路中断或中间节点设备出现物理故障而使得传输被迫中断导致数据丢失，等等。总之，无论什么原因导致的报文丢失都会引起定时器超时，因此都会对其进行重传处理。

在 TCP 中，每一个待发送的数据都会按字节进行编号，发送方在发送出每一个报文之后，都会启动其对应的定时器，若在定时器超时之后仍没有收到接收方对该报文的确认回答的话，则会启动重传机制。为了避免在重传的过程中出现 Go Back N 的问题影响传输的性能，TCP 允许接收方使用选择确认机制，通过设置足够容量的缓冲区，接收方可以将未按序到达的报文接收下来，并通过确认报文将当前的接收情况报告给发送方，这样发送方在重传的时候，只需要对接收方没有收到的报文进行重传即可。这就是之前学过的连续重传请求的改进方案——选择重传请求。

2. 流量控制

尽管通过差错控制可以保证接收方能够正确地接收到发送方发来的数据，但考虑到工作效率的问题，仅仅保证无差错接收在有些情况下是不能满足实际应用的需求的。比如，发送方发送数据的速度非常快，远远超出了接收方的接收能力，那么就会有大量的数据在到达接收方后由于来不及处理而导致丢失，此时发送方就不得不对这些数据进行重传，但如果重传的速度依然很快的话，这些重传的数据还是无法被接收方接收，重传还要继续……如此一来，数据的有效传输率就会大幅下降，网络的大量传输资源都浪费在了重传上面。再比如，如果当前网络的带宽为 10Mbit/s，网络中共有 200 台主机，其中的 100 台主机同时以 1Mbit/s 的速度向另外 100 台主机发送数据，此时的问题就不是接收主机是不是能来得及接收这些数据，而是这些同时涌入网络中的数据是否超出了网络所能承担的最大负载，网络还能不能正常工作的问题。由此可见，保证网络的正常工作也是实现可靠传输的必要工作内容，因此，流量控制也必不可少。

上面列举的两个例子虽然都与"流量"有关，但还是存在着本质上的区别的。前者是因为发送方和接收方的速率不匹配而造成的，对这种问题的解决方法就是要协调双方的速率，抑制数据的发送速度，保证接收方能来得及接收，因此这是一个对点对点的通信量进行控制的问题，属于链路两端的端到端行为，这种控制在传输层被称为"流量控制"。而后一种情况是由于网络中的负载超出了网络的承载能力造成的，属于全局性的问题，其解决办法就是要防止过多的数据注入网络当中，避免网络中的中间设备（路由器）或链路由于过载而出现数据拥塞，因此这种控制也称为"拥塞控制"，与流量控制的端到端行为不同，拥塞控制是一个全局性的过程。

"流量控制"与"拥塞控制"是传输层上 TCP 的重要工作内容。这两个概念本质上不同，但却关系密切。比如，如果 TCP 对其连接上所经过的所有链路都做好流量控制的话，那么拥塞控制的问题基本也就解决了；某些拥塞控制算法是通过向发送方反馈拥塞情况，降低发送端的发送速度来实现的，这与流量控制又非常相似。

传输层的流量控制与数据链路层的流量控制一样，都使用"窗口"的概念对发送方的发送数据量进行控制，但数据链路层中的窗口大小是固定的，而传输层中的 TCP 则使用大小可变的滑动窗口来调节发送方的发送速度。窗口值改变的依据是当前接收方的接收能力，即由接收方来控制发送窗口的大小。与流量控制相比，TCP 的拥塞控制要复杂得多。因为网络拥塞可能是由多方面因素引起的，往往是多个因素同时存在，因此处理拥塞问题不能简单地只针对某一方面进行解决，而必须从全局的角度来寻找解决方案。6.3 节中将简单介绍几个 TCP 中使用的拥塞控制算法。

6.3 TCP

在 TCP/IP 的传输层，主要有两个工作协议。本节将对其中的 TCP 进行详细的介绍，包括 TCP 的主要特点、报文格式以及与可靠传输相关的工作内容。

6.3.1 TCP 概述

1. TCP 的特点

由于 IP 的特点决定了网络层提供的是一种不可靠的数据传输服务，因此在传输层上，TCP 必须要对数据传输的可靠性进行保证，这就使 TCP 成为 TCP/IP 体系结构中非常复杂的一个协议。TCP 的特点主要包括以下几个方面：

1）TCP 是一个面向连接的传输协议。TCP 在传输数据之前，必须先在通信双方之间建立一条连接，然后在这条固定的连接之上进行数据传输。传输结束后，再将这条连接释放掉。关于连接的建立和释放，将在后面的 TCP 连接管理中做详细介绍。

2）只支持单播通信。由于 TCP 是面向连接的，因此通信只能在连接的两个端点之间进行。也就是说，TCP 只能实现一对一点到点的通信，而不支持广播和多播。关于 TCP 连接的端点这个概念，后面会继续讨论。

3）可以提供可靠的交付服务。TCP 连接上的发送方发出的数据都可以正确无误地到达接收方，不丢失、不重复、不乱序。

4）支持全双工通信。TCP 连接的两端都设有发送缓存和接收缓存，允许通信双方的应用进程在任何时间都可以发送数据。发送时，应用进程将数据送到 TCP 的发送缓存中，之后由 TCP 在合适的时间将数据发送出去；接收时，TCP 将收到的数据暂存在接收缓存里，等待应用进程在适当的时候来读取数据。

5）TCP 是面向字节流的。这里的字节流是指连续的字节序列。应用进程将一个个要发送的应用层报文送到 TCP 的发送缓存后，TCP 将这些报文只看作是一连串无结构的字节流，不关心其中有几个报文段，报文的格式是什么，也不清楚它们的含义。在 TCP 发送数据时，只根据接收方的接收能力和当前网络的拥塞程度，将长度合适的字节流封装成一个独立的报文发送出去，因此 TCP 发出的每一个报文中，其数据部分内容与应用进程交给它的应用层报文并不是一一对应的，它可能将一个比较大的应用层报文分几次发送出去，也可能把几个小的应用层报文合并在一个报文中发送。如在图 6-4 所示的例子中，应用进程交下来 3 个报文，存入 TCP 的发送缓存，但 TCP 只用了 2 个报文就将这些数据发送出去了。图中的数字代表字节的编号，为了表示方便，图中只画了体系结构中的上两层，在通信双方之间的 TCP 连接是一条逻辑连接。显然，TCP 报文中的数据部分与应用层报文没有对应关系。当然，在接收方，应用进程是可以通过一些标识识别这些字节流的，能够将它们还原成有意义的应用层报文。

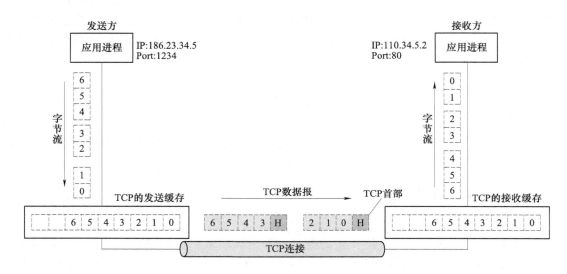

图 6-4　TCP 面向字节流的概念

2. TCP 连接的端点

TCP 连接是 TCP 工作的基础，所有的数据传输都是在连接之上完成的。连接的两端分别有两个端点，它们代表了 TCP 通信的主体。这个端点既不是主机，也不是主机上的应用进程，更不是传输层的协议端口，而是一个叫作套接字（Socket）的结构，也叫作插口。在 RFC 793 中，套接字被定义为在 IP 地址后面拼接端口号，中间用冒号或逗号分隔，即

$$\text{socket} = (\text{IP 地址：端口号}) \tag{6-1}$$

比如，在图 6-4 所示的例子中，如果发送方的 IP 地址是 186.23.34.5，发送数据的应用进程端口号是 1234，接收方的 IP 地址是 110.34.5.2，端口号是 80，则发送方的 socket 就表示为（186.23.34.5：1234），接收方的 socket 为（110.34.5.2：80）。在两个 socket 之间可以唯一确定一条 TCP 连接，因此 TCP 连接可以表示为

$$\text{TCP 连接：：} = \{\text{socket}_1, \text{socket}_2\} = \{(\text{IP}_1：\text{port}_1), (\text{IP}_2：\text{port}_2)\} \tag{6-2}$$

所以，图 6-4 中的 TCP 连接就可以表示为$\{(186.23.34.5：1234), (110.34.5.2：80)\}$。

从套接字的定义中可以看出，TCP 连接就是在一台主机的一个应用进程和另外一台主机的一个应用进程之间建立的。虽然有时候出于方便的考虑，可能会说一条 TCP 连接是在一个应用进程和另外一个应用进程之间建立的，但这种说法并不准确。

3. TCP 的端口

上面学习了传输层端口的概念，了解了其对应用进程标识的意义，那么，有哪些知名的应用进程是需要传输层提供 TCP 服务的呢？它们对应的端口号是多少？

由于 TCP 提供了可靠的传输服务，因此，对传输可靠性要求比较高的应用进程都会在传输层使用 TCP，这其中就包括 HTTP、TELNET、SMTP 等。具体的一些使用 TCP 的知名应用进程及其端口号见表 6-2。

表 6-2　使用 TCP 的知名应用进程及其端口号

应用进程	端口号	进程描述
FTP	20	文件传输中的数据传输
FTP	21	文件传输中的控制消息
TELNET	23	远程登录
SMTP	25	邮件发送
HTTP	80	万维网（WWW）数据传输
POP3	110	邮件接收

6.3.2　TCP 报文格式

在学习 TCP 的具体工作原理之前，先来了解一下 TCP 报文的格式。TCP 报文由首部和数据两部分组成。其中，数据部分来自应用层交付下来的应用层报文，但由于 TCP 是面向字节流的，因此数据部分的实际内容并不是原封不动的应用层报文，而是 TCP 根据当前接收方发来的窗口大小值和网络中的拥塞情况，从发送缓存中选取的一部分长度合适的字节流。TCP 的首部中包含了丰富的字段内容，是 TCP 全部功能的体现。本节主要介绍的就是这些字段的格式和含义。

TCP 报文的首部包括 20B 的固定部分和长度不定的选项部分。具体格式如图 6-5 所示。

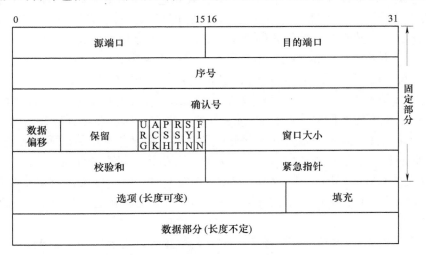

图 6-5　TCP 报文格式

（1）源端口和目的端口　各占 16 位，分别代表发送方进程的端口号和接收方进程的端口号，在发送方生成 TCP 报文时填入。对于接收方来说，发送方发来的报文中的源端口号就是向发送方回送数据时要使用的目的端口号，而目的端口号则可以使接收方实现 TCP 对数据的分用。接收方在收到 TCP 报文后，会根据目的端口号将数据提交给该端口号对应的应用进程，如果找不到相应的进程，则说明端口号不正确，此时要将该报文丢弃，并向发送方发送"端口不可达"的 ICMP 报文。

（2）序号　占 32 位，表示该报文中所发送的数据的第一个字节的序号，因此序号值的

范围是 $0 \sim 2^{32} - 1$，可以循环使用。因为 TCP 是面向字节流的，因此要对在一个 TCP 连接上传输的字节流中的每一个字节都要按顺序编号。编号不一定从 0 开始，但起始编号必须在连接建立的时候确定。比如，一个 TCP 报文的序号是 1000，而该报文的数据部分有 100B，则说明该报文中数据部分的第一个字节的序号是 1000，最后一个字节的序号是 1099。如果还有下一个报文的话，那么下一个报文的序号就应该是 1100。

（3）确认号　占 32 位，表示期望收到对方的下一个报文的序号，也就是下一个报文中数据部分第一个字节的序号。该字段仅在有确认功能的报文中有效，由 ACK 字段来标识（在 ACK 字段中还会讲到）。确认号是对已收到数据的确认，但其数值本身并不是已收到的报文中最后一个字节的序号，而是最后一个字节序号加 1，也就是希望收到的下一个字节的序号。因此，确认号表示在该确认号之前的所有数据都已经正确收到了。比如，主机 A 向主机 B 发送了一个序号为 1000 的报文，其中数据部分的长度是 100B。当主机 B 收到这个报文后，它实际收到的数据字节的编号是 $1000 \sim 1099$，此时，主机 B 要向主机 A 发送一个确认报文，在这个确认报文中，确认号的值就应该是 1100，而不是 1099。

以上的序号和确认号两个字段在 TCP 的差错控制中起到了非常重要的作用，保证了传输的可靠性。

（4）数据偏移　占 4 位，表示 TCP 报文的数据部分起始处距离整个 TCP 报文起始处的偏移量，实际上就是 TCP 报文首部的长度。因为 TCP 报文的首部可能包含长度不定的选项部分，也就是说，首部长度不是一个固定的值，因此这个字段非常必要，它可以使接收方在收到 TCP 报文后能够确定首部长度，以便对其进行解析和处理。该字段值是以 4B 为单位进行计算的，比如，首部没有选项部分的话是 20B，那么该字段的值就是 5。

（5）保留　占 6 位，为将来的应用所保留，目前设置为 0。

下面的（6）～（11）是六个控制位，主要用来表示报文的性质。

（6）紧急（Urgent，URG）　当该字段为 1 时，表示该报文中的数据部分有紧急数据，需要尽快传送，而不能按照原来排队的顺序传送。通常，TCP 在收到应用进程交下来的紧急数据时，会将其插入到当前报文数据部分的最前面，在紧急数据的后面是普通数据，因此了解紧急数据的长度也很必要。此时，就需要和紧急指针字段配合使用。

（7）确认（Acknowledgment，ACK）　该字段为 1 时，表示报文具有确认功能，确认号字段有效；字段为 0 时，确认号字段无效。在 TCP 中规定，在连接建立后，所有报文中的 ACK 字段都要为 1。

（8）推送（Push，PSH）　该字段为 1 时，表示接收方需要尽快将该报文中的数据部分提交给应用进程，而不是等待接收缓存填满再提交。

（9）复位（Reset，RST）　该字段为 1 时，表示当前的 TCP 连接存在很严重的差错（由线路中断、主机崩溃或其他原因引起），必须立刻将连接释放，然后重新建立新的连接。

（10）同步（Synchronization，SYN）　在连接建立时用来同步序号。当 SYN = 1 而 ACK = 0 时，表示这是一个连接请求报文，若对方同意建立连接，则会发回一个 SYN = 1 且 ACK = 1 的报文，表示接受连接请求。因此，该字段为 1 的报文代表一个连接请求或接受连接请求的报文。

（11）终止（Finish，FIN）　用来释放一个 TCP 连接。当 FIN = 1 时，表示该报文的发送方的数据已经发送完毕，并请求释放连接。此时，发送方不能再向接收方发送数据，但接收方还可以继续向发送方发送数据，即连接的释放是非对称的。关于这个问题将在后面的 TCP 连接管理中继续讨论。

（12）窗口大小　占 16 位，表示发送该报文的发送方的接收窗口大小，目的是向对方告知其当前的接收能力，即从确认号开始，对方还能发来多少字节的数据。由于连接中任何一方的接收缓存容量都是有限的，因此必须通过接收方的接收能力来控制发送方的发送速度，这样才能避免由于接收缓存溢出而造成数据丢失。接收方窗口字段的值就是发送方设置发送窗口大小的主要依据，这个值会随着接收缓存空间的变化随时改变，默认情况下是 $0 \sim 2^{16}-1$ 的一个整数，但是利用窗口扩大选项字段，也可以增大窗口值的范围（在后面的选项部分中介绍）。

比如，一个 TCP 报文中的确认号是 1001，窗口字段是 500，则说明该报文的发送方还能再接收 500B 的数据，这 500B 的序号是 1001~1500。该报文的接收方在收到这个报文之后，就会根据确认号和窗口值来调整其发送窗口的大小，使其中最大待发送字节的序号不超过 1500。

（13）检验和　占 16 位，用来在接收方对报文中的首部和数据部分进行差错检验，若有差错，则丢弃该报文。检验和字段的值是在发送方经过计算后填入的，在具体计算之前，要先在报文的前面增加 12B 的伪首部。之所以称为"伪首部"，是因为它并不是 TCP 报文真正的首部，只是在计算检验和时临时添加在报文前面的，当检验和计算完成后，这个伪首部就会从报文前面删除，因此它并不会被封装到真正的 TCP 报文中，既不会向上层提交，也不会向下传输出去。

伪首部的具体结构如图 6-6 所示，其中前两个字段是源 IP 地址和目的 IP 地址，这与 IP 首部中的信息是一致的；第三个字段为全 0，占 1B；第四个字段长度也是 1B，其值是 IP 首部中的协议字段的值，对于 TCP 来说，这个值是 6；第五个字段是 TCP 报文的长度。从伪首部的结构中可以看出，TCP 检验和既检查了 TCP 报文的首部和数据部分，又检查了 IP 报文的源 IP 地址和目的 IP 地址。

图 6-6　TCP 的伪首部

TCP 检验和的计算方法与 IP 报文中检验和的计算方法相似。首先将 TCP 的伪首部、首部和数据部分划分为若干个 16 位二进制序列，然后按照二进制反码运算对这些数据求和，最后再将求和得出的结果再取反码，即得到检验和。在发送方计算检验和前，先将检验和字段填入全 0，待检验和计算出来后，再填入真正的检验和值。如果 TCP 报文的数据部分不是偶数个字节，则需要填入一个全 0 字节参与运算，但这个字节并不发送出去。在接收方，将收到的 TCP 报文连同伪首部一起，再次按照二进制反码求和运算计算这些 16 位二进制序列的和，若结果为全 1，则说明报文没有差错，否则就表示有差错出现，接收方会丢弃该报文。这种差错检验方法的优点是简单、处理速度快，但它的检错能力并不强。

（14）紧急指针　占 16 位，仅在 URG 字段为 1 时才有效，表明在该报文的数据中，紧急数据有多少字节。如果一个 TCP 报文中包含紧急数据，通常在数据部分，紧急数据会在普通数据的前面，因此紧急指针的值也就是紧急数据的末尾在所有数据中的位置。当紧急数据处理完毕，TCP 就会通知应用程序恢复正常数据的操作。

（15）选项　选项字段是 TCP 首部中的可选字段，其长度可变，最多可以达 40B。若没有选项字段，则 TCP 首部的长度就是 20B。

TCP 最初只规定了一种选项，就是最大报文段长度（Maximum Segment Size，MSS）。这个最大报文长度并不是根据接收方的接收能力来设置的，事实上，它与接收窗口的大小没有任何关系。之所以规定最大报文长度，主要是出于对 TCP 传输效率的考虑。我们都知道，TCP 要传输的数据需要经过 TCP、IP 的封装才能形成 IP 报文，而 TCP 和 IP 的首部都至少是 20B，因此，到了网络层，TCP 数据传输所产生的额外开销至少是 40B，若要再考虑数据链路层上的开销就更多了。如果一个 TCP 报文中封装的数据过少，那么有效数据的传输率就会很低。比如，TCP 报文中只有 1 字节的数据，那么网络中有效数据的传输率就还不到 1/41。但是数据长度也不是越长越好，因为过长的 TCP 报文到了网络层后，就可能因为超出了该网络的 MTU 而被分成多个短的分片。由于分片在接收方还需要重新组合起来，一旦分片出错或丢失会造成更大的开销，因此，适当的 TCP 数据长度应该尽量大一些，只要在网络层不被分片就好。但是每个网络的 MTU 是不一样的，因此很难确定一个适合于所有网络传输的 MSS。在连接建立的过程中，通信双方将自己所支持的 MSS 填入选项字段告知对方，之后对方就按照这个长度来封装数据。通信双方在选项字段中填入的 MSS 值可以是不同的。如果连接时没有指定 MSS，则使用默认值 536B。需要注意的是，这个最大报文段长度指的是 TCP 报文中数据部分的最大长度，整个 TCP 报文的最大长度应该是 MSS 再加上 TCP 的首部长度，因此默认的 TCP 最大报文长度就应该是 536B+20B＝556B。

后来，随着 Internet 的发展，选项字段又陆续增加了窗口扩大选项、时间戳选项和选择确认选项等。由于这些选项字段并不常用，这里就不一一介绍了。

6.3.3 TCP 的连接管理

TCP 是面向连接的通信协议，在数据传输前必须先在通信双方之间建立起一条固定的连接，然后数据才能在这条连接上进行传输，当数据传输完毕后，还要将此连接释放掉。因此，一条 TCP 的连接就要经历连接建立、数据传输和连接释放三个阶段。所谓的连接管理就是要保证这三个阶段能够正常、顺利地进行，特别是连接建立和连接释放的阶段。

TCP 连接的建立采用的是客户端/服务器（C/S）模式，其中主动发起连接请求的一方为客户端（Client），而被动等待接受连接请求的一方为服务器（Server）。

1. TCP 连接的建立

TCP 连接的建立过程通常被称为三次握手（Three-way Handshake）或三次联络，这是因为一次连接的建立需要连接双方通过三次通信来完成，这三次通信实际上就是发送三个用于控制的 TCP 报文。具体的连接建立过程如图 6-7 所示。

在图 6-7 中，主机 A 是主动发起连接请求的一方，因此是客户端，而主机 B 是被动接受连接的一方，因此是服务器。连接建立前，双方都处于 CLOSED（关闭）状态。主机 B 首先启动服务器进程，进行传输前的初始化工作，然后进入 LISTEN 状态，等待连接请求的到来。

1）作为连接发起的主动方，主机 A 启动客户端进程，进行初始化工作，向主机 B 发送一个连接请求报文。该报文首部中的 SYN 字段为 1，表明这是一个同步报文，并选择一个初始序号 x，填入报文首部的序号（seq）字段。此时，主机 A 进入 SYN-SENT（同步已发送）状态。

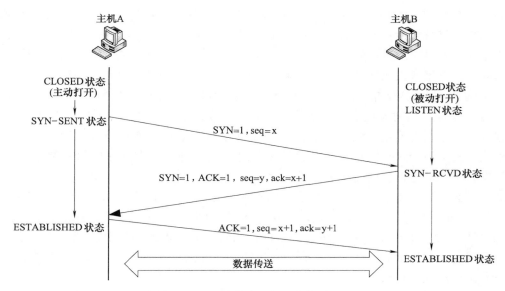

图 6-7 TCP 连接建立的三次握手过程

2）主机 B 收到连接请求报文后，若同意建立连接，则向主机 A 发送一个确认报文。在确认报文的首部中，SYN 字段为 1，表明这仍是一个同步报文，同时 ACK 也为 1，表明这是一个确认报文。主机 B 也为自己选择一个初始序号 y，填入 seq 字段，并在 ack 字段填入 x+1，表示对前一个报文的确认。此时，主机 B 进入 SYN-RCVD（同步已收到）状态。

3）主机 A 收到主机 B 发来的确认报文后，还要向主机 B 再次发送确认报文。在该确认报文中，ACK 字段为 1，表示这仍是一个确认报文，确认号字段是 y+1，而序号字段则是 x+1。此时，主机 A 就进入了 ESTABLISHED（连接已建立）状态。

当主机 B 收到主机 A 的确认报文后，也进入 ESTABLISHED（连接已建立）状态，到此为止，连接建立完毕。

关于序号的问题，这里统一说明一下：TCP 规定，同步报文是不能携带数据的，但需要消耗掉一个序号，也就是说，主机 A 发出的第一个连接请求报文的序号 x 并不代表数据字节的编号，而仅仅是报文消耗的。同理，主机 B 发出的第二个报文中也不携带数据，其序号 y 也是报文消耗的序号。另外，x 和 y 分别是两个主机自己设定的初始序号，二者之间没有任何关系。对于确认报文，TCP 是允许其携带数据的，若确认报文不携带数据，则不必消耗序号。因此，若主机 A 发出的第三个报文（确认报文）中没有数据，则序号 x+1 就可以在主机 A 发送的下一个报文中继续使用，即连接建立后主机 A 发送的第一个报文的序号仍是 x+1。

从 TCP 连接建立的过程中了解了"三次握手"，下面来讨论另外几个问题：TCP 连接的建立为什么一定要通过三次报文交换来完成呢？为什么主机 A 在主机 B 接受了连接请求发来确认报文后，还要对这个确认报文再次确认呢？

假设主机 A 在收到主机 B 的确认报文后不再发送确认，即通过两次报文传输来建立连接。在正常情况下，主机 A 发出了连接请求报文后，主机 B 收到该报文，并向主机 A 发送确认报文，此时双方就建立了连接。但是，主机 A 发出的连接请求报文不一定能够正确、准时到达主机 B，一旦在网络传输中出现丢失或延迟，主机 A 就会因为定时器超时而对这个连接请求报文进行重传。如果前一个连接请求报文丢失，重传后，主机 B 收到的就是重传的请求报文，在对这个重传的报文进行确认后，双方的通信连接建立，这样没什么问题。但是，如果第一个请求报文并没有丢失，而是在网络中发生了较大的延迟，在连接已经释放后才到达主机 B，那么这个报文就是一个失效的连接请求。但是主机 B 对此并不知情，还以为是主机 A 又发起了新的连接请求，于是会向主机 A 发送确认，这样在主机 A 和主机 B 之间就又建立了一条新的连接。但事实上，主机 A 并没有发送新的连接请求，所以对于主机 B 发回的确认报文不会理睬，也不会发送数据，而主机 B 却一直在连接的另一端等待主机 A 发送数据，资源就这样被白白浪费掉了。

之所以会出现上述情况，其根本原因是在网络中发生阻塞的连接请求报文已经失效了，却被误认为是新的连接请求。这个问题采用三次握手的办法就可以解决。在上面的情况发生时，主机 A 不会对主机 B 发来的确认报文进行确认，而主机 B 收不到主机 A 的确认报文，也就不会建立新的连接。因此，三次握手可以防止在连接建立的过程中由于已失效的连接请求突然到达而造成的错误。

2. TCP 连接的释放

在数据传输结束后，TCP 需要将连接释放掉。与连接建立的过程类似，TCP 连接的释放也是通过几次 TCP 控制报文的传输来完成的。在连接释放的报文中，首部里的 FIN 字段要置为 1。相对于连接建立的三次握手过程来说，TCP 连接释放的过程要复杂一些，需要经过四次握手才能完成。这是因为连接的释放请求要在发送完全部的数据之后提出，而 TCP 通信中的客户端和服务器不会同时完成数据的传输，通常在客户端把全部数据发出之后，服务器还需要一定的时间接收，也可能还有数据需要继续发送给客户端，因此，如果客户端发出了 FIN = 1 的连接释放请求，服务器只能先对这个连接释放请求进行确认。此时，TCP 的连接处于半关闭状态，客户端不能再向服务器发送数据，但服务器还可以继续向客户端发送数据。直到服务器将所有数据发送完毕之后，再向客户端发送 FIN = 1 的连接释放报文，客户端收到后，向服务器发送确认报文，该确认报文到达服务器后，连接才彻底释放。TCP 连接释放的四次握手过程如图 6-8 所示。

具体过程描述如下：

1）连接释放前，双方都处于 ESTABLISHED 状态。当主机 A 将全部数据发送完毕，就主动提出连接释放的请求，向主机 B 发送 FIN = 1 的报文，该报文的序号为 u（前一个报文中最后一个数据字节序号加 1）。TCP 规定，FIN 报文如果不携带数据的话，也要消耗一个序号。这时，主机 A 进入 FIN-WAIT1（终止等待 1）状态，不能再向主机 B 发送数据。

2）主机 B 收到主机 A 发来的连接释放报文后，立即对该报文进行确认，确认报文中的确认号为 u+1，序号是 v（主机 B 发送的前一个报文中最后一个字节的序号加 1），然后主机 B 进入 CLOSE-WAIT（关闭等待）状态。此时，TCP 连接处于半关闭状态，从 A 到 B 这个方向的连接就释放掉了。主机 A 收到主机 B 发来的确认报文后，进入 FIN-WAIT2（终止等待 2）状态，等待主机 B 释放连接的报文。

3）当主机 B 的数据全部发送完之后，应用进程就要通知 TCP 释放连接，于是向主机 A 发送 FIN = 1 的连接释放报文，该报文的序号是 w（在连接半关闭的状态下主机 B 又发送了 w-v 个字节的数据）。同时，该报文还是一个确认报文，即 ACK = 1，确认号仍是 u+1，因为

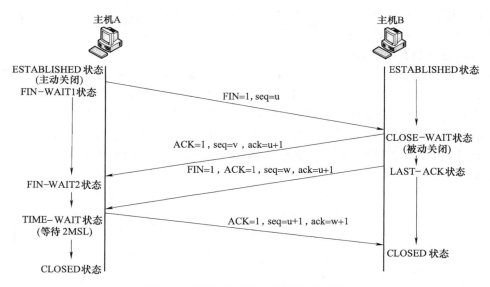

图 6-8 TCP 连接释放的四次握手过程

在连接半关闭状态下，主机 A 没有发送任何数据，所以确认号不变。这时，主机 B 进入 LAST-ACK（最后确认）状态，等待主机 A 的确认。

4）主机 A 收到主机 B 的连接释放报文后，必须对其进行确认，向主机 B 发送 ACK＝1 的确认报文，该报文的序号是 u＋1，确认号是 w＋1。然后，主机 A 就进入了 TIME-WAIT（时间等待）状态。此时，TCP 连接还没有真正释放，必须等待 2MSL 的时间之后，主机 A 才进入 CLOSED（连接关闭）状态。而主机 B 在收到主机 A 的确认报文后就进入 CLOSED 状态。当双方都进入 CLOSED 状态，TCP 连接才算是真正释放。

主机 A 在发送出最后一个确认报文后，为什么要等待一段时间？等待的这段时间又是多长呢？

此段时间叫作最长报文段寿命（Maximum Segment Lifetime，MSL）。在 RFC 793 中建议该时间为 2min。也就是说，主机 A 在发送出最后一个报文后，要等待 4min 后才能进入 CLOSED 状态。主机 A 之所以要在关闭连接前等待一段时间，主要是出于以下两个考虑：

第一，要保证主机 A 发送的最后一个确认报文能够被主机 B 正确收到。如果主机 A 发送的最后一个报文丢失了，主机 B 就会因为收不到确认而超时重传，重传的报文会在 2MSL 内到达主机 A，此时主机 A 就知道上一个报文丢失了，重新向主机 B 发送确认报文，并重新启动 2MSL 计时器。如果在 2MSL 内没有收到主机 B 重传的报文，则认为确认已经到达了主机 B，此时双方都正常进入 CLOSED 状态。如果主机 A 不在 TIME-WAIT 状态等待一段时间，而是发出最后一个确认报文后立刻关闭连接的话，就不会收到主机 B 因超时而重传的连接释放报文，也就不会再次向主机 B 发送确认报文，那么主机 B 就无法正常进入 CLOSED 状态。

因为主机 B 一收到主机 A 发来的确认报文就进入 CLOSED 状态，这个时间会早于主机 A 等待 2MSL 后结束的时间，所以通常都是主机 B 先于主机 A 进入 CLOSED 状态。

第二，与 TCP 连接建立是采用三次握手的考虑相同，主机 A 在等待 2MSL 的时间内，

计算机网络

可以使连接保持的时间内产生的所有报文都从网络中消失，也就避免了"已失效的连接请求报文"出现在下一个新的连接中的问题。

3. TCP 连接的有限状态机

为了更清楚地了解 TCP 连接的各种状态之间的关系，图 6-9 给出了 TCP 连接的有限状态机。图中方框表示 TCP 通信双方在连接不同时期的状态，箭头表示状态之间的转换，旁边的注释则表示状态转换的原因或发生的动作。可以将它和图 6-7、图 6-8 结合在一起看。图中粗的虚线箭头表示的就是图 6-7 和图 6-8 中右侧服务器正常的状态变迁过程，而粗的实线箭头表示的是图 6-7 和图 6-8 中左侧客户端的正常状态变迁。图中还有一些细箭头则表示一些异常的状态变迁。

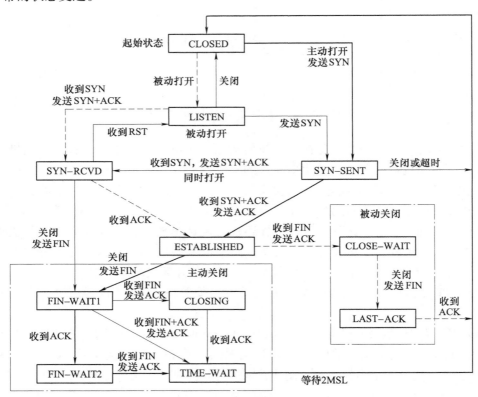

图 6-9 TCP 连接的有限状态机

6.3.4 TCP 的可靠传输机制

通过第 3 章数据链路层的学习，已经了解了基本的可靠传输原理，如带滑动窗口的连续重传请求。TCP 的可靠传输就是基于连续 ARQ 实现的。本节将具体介绍 TCP 的可靠传输机制。

1. TCP 的滑动窗口

基于连续重传请求的思想，TCP 在通信双方均设有滑动窗口。正常情况下，由于 TCP 的通信是双向进行的，因此在通信的任何一方都会既有发送窗口，又有和接收窗口。但是，为了说明问题的方便，在接下来的讨论中，假设数据只沿一个方向进行，即一方固定为发送

154

方（如发送方 A），另一方固定为接收方（如接收方 B）。

　　TCP 的滑动窗口是以字节为单位的，窗口大小即表示窗口内可容纳的字节数。下面分别来讨论发送方 A 的发送窗口和接收方 B 的接收窗口。

　　发送窗口的意义是：凡是序号在发送窗口内的数据都可以连续发送出去，而不必等待对前面数据的确认。窗口内已经发送出去但还没有收到确认的数据必须在窗口中暂存，以便在发生超时的时候重传。发送窗口的大小和位置由窗口的前沿和后沿来确定，确定的依据是接收方最近一次发来的确认报文中的窗口值和确认号。比如，在 B 最近一次发来的确认报文中，窗口大小是 15，确认号是 61，根据这两个值，A 的发送窗口设置为图 6-10 所示。

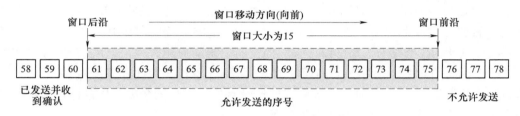

图 6-10　根据接收方的确认报文设置发送窗口

　　由于 B 发来的确认号是 61，则说明序号 60 及之前的数据都已经被正确接收了，因此发送窗口的后沿就设在序号 61 之后。确认报文中的窗口值是 15，说明 B 目前还能再接收 15B 的数据，因此发送窗口的大小就设置为 15。根据窗口后沿的位置，窗口前沿就应该设在序号 75 之前。如图 6-10 所示，窗口中的序号是 61～75，这 15 个序号代表的字节就可以被连续发送出去。而序号 75 之后的数据在发送窗口之外，是 B 目前无法接收的，因此不允许发送。

　　发送窗口的后沿会随着窗口内的数据被接收方确认而向前移动，而窗口前沿则会根据接收方最新报告的窗口值和窗口后沿的位置向前或向后移动。如果发送方收到了新的确认，并且窗口值保持不变或增大，则窗口前沿和后沿都会向前移动。而当接收方报告的新的窗口值缩小时，窗口前沿就有可能因为要缩小发送窗口大小而后移。但这种做法是 TCP 强烈不赞成的，因为窗口前沿的后移有可能会使原来在窗口中已经发送出去的数据被移到窗口外，因此会造成一些错误。

　　假如 A 收到的 B 最近一次发来的确认报文中，确认号是 63，窗口大小为 14，那么发送窗口就变为图 6-11 所示的设置。

图 6-11　发送窗口的移动

　　下面再来说说接收方的接收窗口。接收窗口中的序号是接收方允许接收的数据序号。如果接收方收到的数据序号不在接收窗口内，则要将其丢弃。接收方会对接收窗口内按序到达的连续数据进行确认，并将其提交给上层的应用进程。按照累积确认的思想，只对这些连续数据中的最后一个字节的数据发回确认报文。当数据被确认且向上层提交后，相应的序号就要被移出窗口，即接收窗口的后沿向前移动。对于那些没有按序到达的数据，接收方会将其暂存，等待缺失的数据到达后再一起提交，因而暂时不对其进行确认，这些数据的序号依然会停留在窗口内。接收窗口的大小主要由接收方缓存空间的大小和接收主机的 TCP 向应用进程提交数据的速度决定的。当缓存可用空间减少时，接收窗口就会变小，反之则增大。接收窗口大小的变化都通过发给发送方的窗口值来报告。

接着上面的例子，来看看接收方 B 的接收窗口的变化。如图 6-12a 所示，B 的接收窗口大小是 15，窗口中的序号从 61 开始，到 75 结束，即 61~75 这 15B 是 B 允许接收的。假设接下来 B 收到 A 发来的序号为 61、62、64、65、66 的字节数据。其中，61 和 62 号这两个字节是按序到达的连续字节，B 可以将它们提交给上层的应用进程，但由于 63 号字节没有收到，所以后面的 64~66 号字节与前面的数据就不是连续的，因此 B 只能对 62 号字节发回确认，即确认号是 63。对于 64~66 号字节这样没有按序到达的数据，B 会将它们暂存在接收缓存中，等待 63 号字节到达后在一并提交。

当 B 向 A 发送了对 62 号字节的确认并将 61 号和 62 号字节提交给应用进程后，接收窗口的后沿就可以向前移动两个序号，将 61、62 号移出窗口。同时，随着新字节的到来和应用进程对接收缓存中数据的读取，接收缓存空间的大小也会随时发生变化，这时接收窗口就要通过移动窗口前沿来改变窗口的大小，以保证数据能够被 B 正常接收并存入缓存。假定 B 在收到上面的 5B 后，缓存空间变小，B 随之将接收窗口的大小调整为 14，这一窗口值将随着确认报文一起发送给 A，以便 A 调整发送窗口的大小。改变后的接收窗口如图 6-12b 所示。

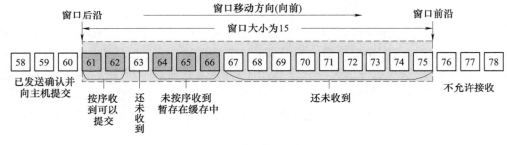

a) 接收窗口现状

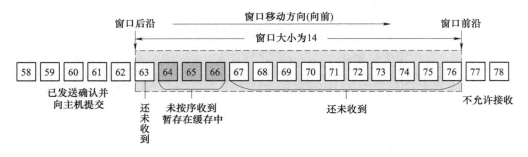

b) 接收窗口的移动

图 6-12 接收窗口的设置和移动

从窗口的使用可以看出，每一个 TCP 报文中的数据都来自发送方的发送窗口，最终进入接收方的接收窗口中，而在前面的图 6-4 中，介绍了 TCP 发送方的应用进程把要发送的数据以字节流的形式写入发送缓存，接收方的应用进程从接收缓存中将字节流读取出来。那么，缓存与窗口有什么关系呢？

　　在发送方，发送缓存中存放的数据包括两类：一是应用进程交付给 TCP 准备发送的数据；二是已经发送出去但还没有收到确认的数据。因此，发送窗口通常只占用发送缓存的一部分空间，剩下的那部分空间是应用进程已经交付下来，但还没有进入发送窗口的数据。关于发送窗口和发送缓存的关系，可以通过图 6-13a 来了解。发送缓存的空间占用是由应用进程向 TCP 交付数据产生的，而空间的释放则需要等待对已发送数据的确认。由于发送缓存的空间有限，所以应用进程必须控制交付数据写入缓存的速度，否则就可能造成溢出。

　　在接收方，接收缓存用来存放已按序到达但还未被应用进程读取的数据和未按序到达的数据。通常，随着对按序到达的数据的确认，接收窗口的后沿会向前移动，但如果这些已确认的数据没能及时被应用进程读取，就仍然要留在缓存中，直到应用进程将它们取走，才能把它们从缓存中删除。因此，接收缓存的空间大小等于已确认未读取的数据大小再加上接收窗口的大小，如图 6-13b 所示。如果应用进程读取数据的速度过慢，等待读取的数据就会越来越多，导致接收窗口就会越来越小，直到减小为零。此时，发送方就不能再向接收方发送数据。反之，如果应用进程读取数据的速度很快，就可以快速将已读取的数据从缓存中删除，缓存中可用空间增大，接收窗口也会随着增大，直到接收窗口与接收缓存的大小相同。

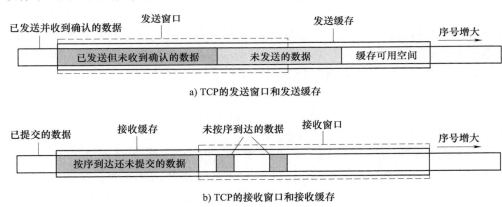

图 6-13　TCP 的窗口与缓存

2. TCP 的正确接收确认机制

　　为了保证传输的可靠性，TCP 的发送方在发出每一个报文后都必须等待接收方发来的对其进行确认的报文，只有收到确认报文，发送方才认为数据已经正确地到达接收方，才会将数据从发送缓存中删除，这就是 TCP 的正确接收确认机制。

　　TCP 的接收方通过向发送方发送确认号对收到的数据进行确认，通常采用累积确认的方式，即如果收到连续的按序到达的报文，只对报文中的最后一个字节的数据进行确认，表示该确认号之前的数据都已经正确收到了。如果接收方收到的报文与前面缓存中的报文不连续，即报文没有按序到达，则不会对这样的报文进行确认，而是将其暂时存储在接收缓存中，等待前面的报文到达后再一起向发送方发送确认。比如，发送方连续发送了 7 个 TCP

报文，每个报文的数据长度都是 100B，这 7 个报文的序号分别是 101、201、301、401、501、601、701，接收方先后收到序号为 101、201、401 和 501 号的报文，序号为 301 的报文没有收到，那么，此时只能对序号为 101 和 201 的报文进行确认，发送给发送方的确认号是 301。如果在下一时刻接收方又陆续收到序号为 301 和 601 的报文，则发回的确认号就是 701。

3. TCP 的超时重传机制

基于确认的传输机制是 TCP 实现可靠传输的基础，但由于网络中的数据传输环境很复杂，数据可能会在传输中出现差错、丢失或长时间阻塞的情况，这些都会导致接收方不能正确、及时地接收到数据。考虑到传输的效率，发送方不会在发送数据后对接收方的确认无限制地等待下去，因此，发送方会在每一个报文发出之后都设置定时器，若在定时器超时后仍没有收到对该报文的确认，则会停止等待，重新发送该报文，这就是超时重传机制。

导致确认超时的原因有很多，但是 TCP 对这种超时情况的处理不会因为原因的不同而有所差别，而是统一使用超时重传机制。这种重传机制的思想很简单，但定时器的时间设置却很复杂。因为在网络中，影响数据传输时间的因素有很多，如不同速率的物理网络、用不同技术实现的局域网以及不同的路由策略等。传输距离越远、跨越的网络越多，这个时间就越难估计。如果定时器的时间设置得过短，会引起很多不必要的报文重传，增加网络的负载，浪费传输资源；如果定时器的时间设置得过长，又可能使网络长时间空闲，降低传输效率。那么，定时器的超时重传时间到底该怎样设置呢？

从理论上来说，超时重传的时间应该设置为报文在通信双方之间一次正常传输的往返时间再多一点。TCP 通过记录报文的发出时间和收到该报文确认的时间并在两个时间之间取差值来获得报文的一次正常往返时间，这个时间就是报文往返时间（RTT）。由于报文每一次的往返时间都会受到网络中各种传输因素的影响，不会是完全相同的，有时甚至相差很大，因此 TCP 采用了一种自适应的算法计算 RTT 的加权平均往返时间（RTT_S）。RTT_S 的计算方法是：RTT_S 的初始值是 TCP 测得的第一个报文的 RTT 值，之后，每一次再测得新的 RTT 时，都按照下面的公式重新计算 RTT_S。

$$新的 RTT_S 值 = (1 - \alpha) \times (旧的 RTT_S 值) + \alpha \times (新的 RTT 值) \tag{6-3}$$

这里，α 是一个平滑因子，决定了旧的 RTT_S 所占的比重，$0 \leqslant \alpha < 1$。显然，α 越接近 0，RTT 的值更新越慢；反之，α 越接近 1，RTT 的值更新越快。在 RFC 2988 中，α 的推荐值是 0.125。用这种方法计算得出的 RTT_S 比测量得出的 RTT 更加平滑，因此，RTT_S 也被称为平滑的往返时间。

定时器设置的超时重传时间（Retransmission Time-Out，RTO）应该比上面计算出的 RTT_S 略大一点。下面就来讨论 RTO 如何得出。

RFC 2988 建议使用下面的公式计算 RTO：

$$RTO = RTT_S + 4 \times RTT_D \tag{6-4}$$

其中，RTT_D 是 RTT 的偏差的加权平均值，与 RTT_S 和新的 RTT 值之差有关。RFC 2988 中规定，RTT_D 的初始值是 RTT 值的一半，然后，在后面的每一次测量中，按照下面的公式计算新的 RTT_D 值：

$$新的 RTT_D = (1 - \beta) \times (旧的 RTT_D) + \beta \times (RTT_S - 新的 RTT 值) \tag{6-5}$$

这里的 β 也是一个大于 0 且小于 1 的数，通常取值为 0.25。

从上面的讨论中可以看出，计算 RTO 的关键是测量 RTT，这在实际测量中并不简单。举个例子，假如发送方发送了一个报文，定时器超时后仍没收到该报文的确认，于是就重传这个报文。又经过一段时间，发送方收到了这个报文的确认，但是问题也出现了：如何确定这个确认报文是对最初发出的报文的确认，还是对重传报文的确认呢？因为重传的报文和原来的报文是完全一样的，对它们的确认也完全相同，因此发送方无法判断这个确认报文到底是对发出的哪个报文的确认。然而，这对于 RTT 的计算却有着很大的影响。如果收到的是对重传报文的确认，但却将其误认为是对原报文的确认，那么测量出的 RTT 就会偏大，导致计算出的 RTT_S 和 RTO 也会偏大；反之，如果收到的是对原报文的确认，却误认为是对重传报文的确认，计算出的 RTT_S 和 RTO 就会偏小，可能会造成不必要的重传。针对这一问题，一位名为 Karn 的无线电爱好者提出了一个建议，那就是在计算 RTT_S 时，只要报文重传了，就不采用其 RTT 作为计算 RTT_S 和 RTO 的样本，这样得到的 RTT_S 和 RTO 的值就比较准确了。

但是，新的问题又来了：如果现在网络中的传输环境变差，报文的往返时间突然延长了很多，那么在原来的超时重传时间内，发送方就会因为收不到确认而重传报文，但根据 Karn 的建议，这个重传报文的往返时间不予考虑，这样一来，RTO 就不会因为传输环境的改变而得到更新。因此，需要对 Karn 提出的算法进行改进，具体方法是：报文每重传一次，就把 RTO 增大一些，通常的做法是将新的 RTO 增大为旧的 RTO 的两倍。当不再发生报文重传时，再根据公式（6-4）计算 RTO。经过实践证明，这种改进的算法较为合理。

4. TCP 的选择确认机制

关于 TCP 的可靠传输，还有最后一个问题需要讨论：接收方将一些没有按序到达的报文接收下来暂存在缓存中，如果前面的没有到达的报文因为超时被发送方重传的话，那么这个报文后面的那些报文是不是也要一起重传？因为重传报文后面的一些报文可能在重传之前就已经被接收方正确接收了，如果再重传一遍的话，显然存在着资源和时间上的浪费。举个例子，发送方连续发送了 7 个 TCP 报文，每个报文的数据长度都是 100B，这 7 个报文的序号分别是 101、201、301、401、501、601、701，接收方先后收到序号为 101、201、401 和 501 的报文，因此向发送方发送的确认号是 301。此时，发送方只知道序号为 101 和 201 的报文已经被接收，301 号报文没有接收，也不了解 301 号报文之后的其他报文的接收情况，因此当定时器超时后，就会对 301 号报文及其后面的报文都进行重传，包括序号为 401 和 501 的报文。

那么，可不可以让发送方在超时后只对那些接收方没有收到的报文进行重传，而不重传已经到达接收方的非连续的报文？答案是肯定的。只要发送方能够了解接收方都接收了哪些没有按序到达的报文，就可以在重传时把这些报文排除在外，这就是选择确认机制的工作原理。

在前面介绍的 TCP 报文格式中提到过，在 TCP 首部的选项字段里，有一个选择确认选项字段，利用这个字段，就可以实现选择确认。在 RFC 2018 中规定，如果要使用选择确认选项字段，在建立 TCP 连接时，双方就要协商好，并且在 TCP 首部的选项中加上"允许 SACK"的选项。SACK 选项的作用是让接收方向发送方报告接收到的不连续报文的边界信息，即每一个不连续报文数据块的左边界和右边界。其中，左边界值就是这个数据块中第一个字节的序号，而右边界值则是这个数据块中最后一个字节的序号再加 1。如在上面的例子中，接收方就需要将 401 号报文和 501 号报文组成的数据块的左、右边界填入 SACK 选项。因为 401 号报文和 501 号报文的数据是连续的，所以这个数据块只有一个左边界和一个右边界，左边界的值是 401，右边界的值是 601（注意，不是 600 而是 601）。

使用了 SACK 选项的确认报文中，确认号字段的含义同没有选项的确认报文一样，反映了接收方已经接收到的连续的数据。发送方在收到包含 SACK 选项的确认报文后，除了知道哪些报文已经按序到达接收方，还能了解哪些不连续的报文已经被接收方接收了，在重传报文时，只选择那些没有到达接收方的报文进行重传。

由于 TCP 首部中选项字段的长度不能超过 40B，而一个边界信息就需要占用 4B（TCP 序号是 32 位），所以一个 TCP 报文中最多只能包含 4 个数据块的边界信息。RFC 2018 对 SACK 字段的格式进行了详细的规定，这里就不详细描述了。

6.3.5 TCP 的流量控制

TCP 流量控制的目的是：通过控制发送方的发送速度，来保证发出的每一个报文接收方都能够来得及接收。流量控制是 TCP 保证传输可靠性的一种重要手段。因为如果不进行流量控制的话，一旦发送速度过快，超出了接收方的接收能力，就会导致在短时间内有大量报文中的数据需要暂存在接收方的接收缓存中，而由于接收缓存的空间有限，一部分报文就会因为缓存溢出而被接收方丢弃。这对于 TCP 传输的可靠性和效率都会造成很大的影响。因为对于那些被丢弃的报文，发送方必须要对它们重传，这除了要消耗网络中更多的传输资源之外，如果重传的速度不降下来的话，还可能进一步加剧接收方的负担，导致更多的报文被丢弃。

1. 基于滑动窗口的流量控制机制

TCP 流量控制所采用的策略是让接收方来控制发送方的发送速度。具体的实现方法是：接收方在向发送方发送的每一个报文中，都把自己目前的接收窗口大小写入窗口字段告知发送方，发送方在收到接收方发来的报文后，就会根据其中的窗口值来调整发送窗口的大小，使其不超过接收窗口的容量。这里的接收窗口大小代表了接收方目前还能接收下多少数据，所以发送方发出的数据量一定不能超过这个值，否则就可能导致接收缓存的溢出。当然，发送窗口的大小与接收方报告的窗口值不一定是相等的，因为发送方在设置发送窗口时还要考虑到发送缓存的情况以及应用进程交付数据的情况，但只要不超过窗口值就是合理的。

下面用一个例子来看看 TCP 是如何利用滑动窗口来进行流量控制的。假设 A 向 B 发送数据，在连接建立时，B 向 A 报告其接收窗口的大小是 500（TCP 的窗口值都是以字节为单位的），那么 A 设置的发送窗口的初始值就不能超过 500，这里假设就设为 500。再假设每个 TCP 报文的数据部分长度都是 100B，初始序号为 1，那么开始时，A 就可以连续发送 5 个报文，如图 6-14a 所示。图中每个方框代表一个报文，框中的数字是该报文的序号，已经发送出去的报文用深色的方框表示，无色的方框则代表还没有发送的报文。当 A 连续发送了 4 个报文后，收到了 B 发来的确认报文，其中确认号（ack）是 201，窗口值（win）是 400，因此 A 将已经确认的报文从发送窗口中删除，窗口后沿和前沿同时向前移动，将窗口大小改为 400，如图 6-14b 所示。接下来，A 继续将窗口中剩下的 401 和 501 号报文发送出去，之后，由于 201 号报文的定时器超时，于是重传 201 号报文。到这时，A 的发送窗口中的数据已经全部发送出去，但还没有收到 B 的确认，因此不能再继续发送数据，如图 6-14c

所示。B 陆续收到了 A 发出来的全部报文（包括重传的 201 号），但应用进程从缓存中接收数据的速度较慢，假设此时 B 的缓存里只有 100B 的空闲空间，于是 B 就会向 A 发送一个确认号为 601、窗口值为 100 的确认报文。A 在收到这个确认后，会将 201~501 号报文从窗口中删除，窗口前沿和后沿向前移动，窗口大小为 100。此时，就仅有 601 号报文在窗口中，A 将 601 号报文发送出去之后，等待确认，如图 6-14d 所示。B 收到 601 号报文后，接收缓存已经被还没有来得及提交应用进程的数据占满，所以在发给 A 的确认报文中，窗口值就为 0，确认号是 701。当 A 收到 B 发来的窗口值为 0 的报文后，其发送窗口也要减为 0，这就意味着 A 不能再发送新的数据，直到 B 发来窗口值增大的报文，A 才能扩大发送窗口，继续发送数据，如图 6-14e 所示。

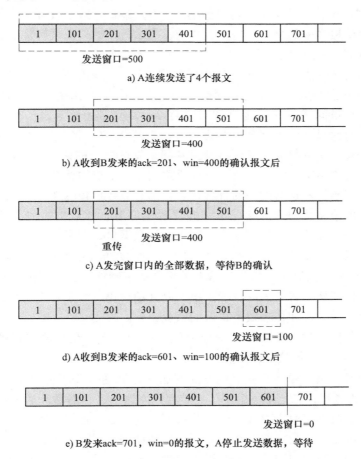

图 6-14　利用滑动窗口进行流量控制

从上面的例子中可以看出，利用滑动窗口大小可变的特性，发送方可以根据接收方的接收能力及时调整窗口大小，控制发送速度，避免因接收方来不及接收而造成报文丢失，从而达到流量控制的目的。

当接收方报告的窗口值为 0 时，发送方的发送窗口大小也要减为 0，此时发送方就不能再发送数据，直到收到接收方发来的窗口值大于 0 的报文时，才能恢复数据的发送。可见，如果接收方不把接收窗口大于 0 的情况告诉发送方的话，发送方就会一直等待下去。那么，可能遇到这样一种情况：在接收方向发送方报告了窗口为 0 之后不久，接收方的缓存空间有了空闲，于是就再次向发送方发送了一个窗口值大于 0 的报文，然而这个报文却在网络传输过程中丢失了，发送方由于没有收到这个报文，只能继续等待下去，而接收方却以为发送方已经收到了这个报文，就一直等待发送方发来数据，如此一来，双方就陷入了一种死锁的状态。如果此时不采取任何措施的话，这种死锁的局面将一直持续下去。

为了避免出现这种情况，TCP 为每一个连接都设置了一个持续计数器（Persistence Timer）。当 TCP 连接的一方（如 A）收到另一方（如 B）发来的窗口值为 0 的报文时，就要启动持续计数器。当持续计数器设置的时间到了后，若 A 还没有收到 B 发来的窗口值大于 0 的报文，就主动向 B 发送一个非常小的探测报文（只携带 1B 数据）。B 收到探测报文后要向 A 发送确认报文，如果确认报文中窗口值仍然为 0，那么 A 就继续等待，同时再次启动持续计数器；如果确认报文中的窗口值是大于 0 的，那么死锁的局面就解除了。

2. 流量控制中的传输效率问题

根据 TCP 面向字节流的工作原理，应用进程将要发送的数据送入 TCP 的发送缓存之后，这些数据何时被 TCP 封装成报文发送到网络上则完全是由 TCP 来决定的。而 TCP 在发送数据时，除了要考虑流量问题以保证接收方来得及接收之外，还要考虑传输的效率问题。比如，某个应用进程每次只产生 1 字节的数据，并将其送入 TCP 的发送缓存等待发送，如果 TCP 在收到应用进程提交的数据后立刻将其封装起来发送出去的话，那么这 1B 的数据经过 TCP、IP 以及数据链路层协议的封装后，至少要添加几十字节的首部信息，这样网络中的大部分资源实际上都用于传输这些附加的首部，真正的有效数据传输率非常低，这对于网络传输资源来说是极大的浪费。同样的情况也可能发生在 TCP 的接收方。如果使用单独的确认报文对收到的数据进行确认的话，那么这个报文中的数据量是非常少的，传输效率同样会非常低。因此，TCP 通常采用捎带确认的方式，即在一个发送大量数据的报文中将 ACK 字段置为 1，并填入确认号，由这个正常发送数据的报文捎带确认信息给对方，以节省单独发送确认报文的开销。但即使节省了大部分确认报文的开销，仍有由于发送的数据报文过短，而头部长度所占比重过大，以使传输效率很低的情况出现。

为了避免由于数据量过少导致的传输效率低的问题，TCP 在发送方和接收方分别采用 Nagle 算法和 Clark 算法来控制数据发送的时机。

在发送方，如果应用进程是逐字节地将要发送的数据送入 TCP 的发送缓存，发送方就会按照 Nagle 算法的思想，先把第一个字节封装起来发送出去，然后让后面陆续到达的数据在缓存中累积，直到收到接收方对第一个字节数据的确认后，再把缓存中累积的所有数据封装到一个报文中一起发送出去，同时继续对后面的数据进行缓存。只有在收到前一个报文的确认后，才将缓存中的数据封装成下一个报文发送出去。这种方法可以在应用进程产生数据的速度快而网络的传输速度慢的情况下，大幅减少对网络带宽资源的占用，提高传输效率。Nagle 算法还规定，当发送缓存中的数据量已经达到发送窗口大小的一半或已达到最大报文长度时，就立即将其封装成报文发送出去。

还有另外一种情况，当 TCP 接收方的接收缓存已满，就会通知发送方窗口大小为 0，发送方此时只能将应用进程交下来的数据放在缓存中等待。如果接收方应用进程读取数据的速度很慢，一次就读出 1B，那么接收方就会在缓存中有 1B 的空间后向发送方发送窗口值为 1 的报文，发送方根据这个窗口值就只能发送 1B 的数据，然后接收方再对这个报文进行确认，窗口值仍然是 1。这样一直进行下去的话，传输效率也是很低的。

为了解决这个问题，Clark 提出了一种方法，就是禁止接收方发送窗口值为 1 的报文。在这种情况下，可以让接收方等待一段时间，直到接收缓存中的空间可以容纳下一个最大长度的报文，或者接收缓存中空闲空间达到了总容量的一半时，才允许接收方向发送方报告窗口值。这样，发送方就不会发送很短的报文了。

6.3.6 TCP 的拥塞控制

1. 拥塞控制的基本原理

拥塞控制是 TCP 中最为复杂的一项工作，因为通信双方会经过多个类型不同的网络，网络中各种资源的状态随时都可能发生变化，这直接导致对拥塞的判断和控制都非常困难。所谓"拥塞控制"就是想办法控制网络拥塞的出现。那么，什么是网络拥塞？为什么会出现拥塞？拥塞控制有什么作用？又该如何控制呢？针对这些问题，下面一一来阐述。

当网络中的输入流量增大，对网络资源的需求超出了网络实际的提供能力时，就会导致网络性能的下降。主要表现在报文的传输延迟越来越大，报文的丢失率越来越高，网络的吞吐量随负载的增加而迅速下降，等等。这些现象都说明网络发生了拥塞。导致网络出现拥塞的原因有很多。比如，网络中某节点的缓存空间过小，到达该节点的分组就会由于无法找到暂存的空间而被丢弃；或者某节点的缓存空间足够，但由于其处理分组转发的能力较弱，处理延迟大，导致缓存中排队的分组越来越多，最后出现缓存溢出，分组被丢弃；又或者某段链路的带宽有限，无法满足该链路上多个节点同时发出数据的需求，等等。总的来说，网络中的可用资源无法满足传输对网络资源的需求是导致网络出现拥塞的根本原因。

那么，如果任意增加网络中的一些资源，是不是就能解决拥塞的问题呢？答案是否定的。暂且不谈任意增加资源的成本与可行性，仅从对拥塞问题的解决来看，这种做法不仅不能解决问题，反而可能会使网络拥塞加剧。比如，对于节点缓存容量不足的问题，若采取扩大缓存容量的办法，使到达该节点的分组都能够在缓存中暂存，等待转发处理。可由于节点的处理速度和输出链路的容量并没有增加，因此缓存中等待处理的分组队列就会越来越长，大部分分组的等待时间就会大幅增加，结果就导致发送方因为超时而对这些分组重传。可见，这种简单地增加节点缓存容量的方法并不能解决拥塞问题，反而还会因为没必要的重传造成传输资源的浪费。同时，重传分组又增加了网络中的流量，反而使拥塞变得更严重。再比如，对由于节点处理速度慢而导致拥塞的问题，如果简单地提高节点处理器的性能，使其能够快速地对分组进行转发，那么，短时间内就会有大量的分组被节点转发出去，而这可能会使节点的输出链路因为无法承受突发的大流量而再次造成拥塞。

由此可见，简单地通过增加资源的方式来防止拥塞是不可行的。因为拥塞控制是一个全局性的问题，它涉及网络中的所有主机、路由器以及与传输性能相关的因素，如果仅从局部解决问题，那只会将问题从一个地方转移到另外一个地方，问题仍然存在。只有做到网络中的各个部分性能都能够匹配，网络才能平衡，问题才能够得到解决。因此，制定拥塞控制的策略是非常困难的，也是非常复杂的。这与前面所讲的流量控制完全不同。流量控制通常是端到端的问题，主要是在通信的两点之间控制通信量，通过抑制发送方的发送速率来保证接收方能够来得及接收。而拥塞控制则是要防止过多的数据注入网络当中，造成网络中的链路或节点过载，这种控制是全局性的。但对 TCP 来说，拥塞最直接的表现就是报文迟迟得不到确认。因此，一旦 TCP 的发送方发现报文超时需要重传，就认为网络中出现了拥塞，此时就要启动对拥塞的控制。但是，TCP 的发送方无法知道拥塞发生在什么位置，也不清楚造成拥塞的原因，所以只能通过迅速降低发送速度，减少网络中的流量来进行控制，使拥塞可以尽快恢复。从这一点来看，发送方的做法与流量控制又很类似。

拥塞控制工作在保证网络可靠传输的过程中是非常必要的。因为一旦发生拥塞，它不仅不会自行恢复，还会因为得不到及时的控制而进入一种恶性循环。拥塞产生的根本原因是网络资源不能满足实际传输的需求，由于拥塞的出现，报文的传输时延就会变大，相当一部分报文会因为超时而被重传，这些重传的报文又进一步加重了网络的负担，导致网络资源变得更无法满足需求，从而导致拥塞会进一步加剧。如果任其发展下去，那么整个网络最终就会陷入瘫痪状态。拥塞控制的目的就是在网络刚刚出现拥塞时，及时减少网络流量，使过载的链路或节点能够尽快恢复正常的工作状态，避免拥塞恶化。

一个网络从初始状态开始，随着网络中负载的增加，吞吐量一定会逐渐增大，但这种增大的趋势不会一直持续。一种理想的情况是，在吞吐量达到饱和之前，随着网络负载的增加，吞吐量呈线性增长。当吞吐量达到最大值后，在理想的拥塞控制下，负载的增加不会对吞吐量造成影响，吞吐量可以一直处于饱和状态。然而在实际的网络中，这种理想的状态很难达到。图 6-15 所示，随着网络负载的增加，网络吞吐量的增长速率逐渐变小，在吞吐量还没有达到最大值之前，网络事实上就已经开始出现拥塞的情况。由于拥塞往往趋于恶化，如果此时对负载的增加和资源的占用不进行任何控制的话，网络的性能就会迅速变坏，最终导致网络瘫痪。有效的拥塞控制的加入可以在网络负载继续增加的情况下防止因资源受限而引起的拥塞崩溃，使网络吞吐量可以稳定在一个较高的水平。

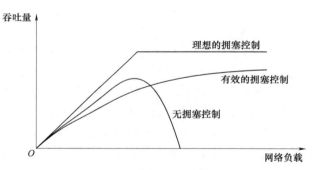

图 6-15 网络吞吐量与负载的关系

尽管知道了发生拥塞的根本原因，也了解了网络吞吐量与负载之间的关系，但是想要设计出有效的拥塞控制方案却不是一件容易的事，因为这是一个动态的问题，要时刻面临各种变化，包括拥塞的出现以及造成拥塞的原因等。但是，拥塞发生时最直接的表现就是出现数据的延迟和丢失，因此，从这个角度入手，TCP 针对拥塞问题提出了一系列的控制机制。下面就对这些 TCP 中的拥塞控制方法进行详细介绍。

2. TCP 的拥塞控制方法

TCP 的拥塞控制算法有四种，分别是：慢启动（Slow Start）、拥塞避免（Congestion Avoidance）、快重传（Fast Retransmit）和快恢复（Fast Recovery）。下面就来介绍这四种算法的原理。

TCP 的拥塞控制使用的是一种基于窗口的机制，即在发送方设置一个表示拥塞窗口大小的变量，其值会随着网络的拥塞程度动态地变化。发送方发送窗口的大小由接收方报告的窗口值和拥塞窗口值中的较小值来决定。即

$$AWin = min(RAdv, CWin) \tag{6-6}$$

其中，AWin（Allowed Window Size）表示允许发送的窗口，RAdv（Receiver Advertisement Size）表示接收方报告的窗口值，CWin（Congestion Window Size）表示拥塞窗口。

拥塞窗口变化的基本原则是：在网络没有发生拥塞时，拥塞窗口可以逐渐增大，这样发送窗口也会随之增大（或者由接收方报告的窗口值来控制），发送方就可以向网络中发送更多的数据，提高网络的利用率。而一旦发送方发现网络中可能出现了拥塞，就要迅速减小拥塞窗口的大小，从而减小发送窗口，降低发送速率，使拥塞尽快得到缓解。

发送方对网络是否出现拥塞的判断依据是报文的延时。因为拥塞发生时，有限的网络资源无法承受当前的传输需求，必然会导致一些分组被路由器丢弃，这就使得发送方等不到对这些分组中封装的报文的确认，出现延时的现象。当然，报文的丢失并不全是拥塞造成的，也有可能是链路本身的质量不好导致报文出错造成的，但是随着链路传输质量的提高，现在发生这种情况的概率已经很小了（远小于 1%），因此，发送方就将报文延时看作是拥塞发生的信号。一旦发送方判断网络可能出现了拥塞，就会立即启动慢启动算法。

慢启动算法是为了避免出现网络拥塞而使用的一种拥塞初期的预防方案。它的基本思想是：当主机刚刚开始发送数据时，并不了解当前网络中的负载情况，如果一下子发送太多的数据到网络中，可能就会引起网络拥塞，因此采用试探的方式，让发送窗口从小开始，先发送少量的数据，如果收到了对已发数据的确认，再慢慢扩大发送窗口，增加发送的数据量，直到发送窗口大小达到某个限定的阈值。

在慢启动算法中，发送窗口的大小主要就由 CWin 来控制。具体来讲，CWin 的初始值通常是一个最大报文段的大小（MSS），以字节为单位，但这里为了描述问题方便，令 CWin 以报文为单位，所以其初始值就是 1。关于 CWin 初始值的设置，在 RFC 5681 中有具体规定，这里就不做详细介绍了。

慢启动算法的具体内容是：在 TCP 连接建立后，刚刚开始发送数据时，或者在发送方发现网络拥塞时，令拥塞窗口 CWin = 1，发送方可以向网络中发送一个大小为 MSS 的报文。如果发送方在定时器超时之前收到了前一个报文的确认，就将 CWin 值加 1，即拥塞窗口的大小增加一个 MSS，发送窗口也随之增大。依此类推，每收到一个对新报文的确认，CWin 就加 1。如图 6-16 所示的例子。

开始时，发送方的 CWin = 1，发出第一个报文 M1，接收方在收到 M1 后发回确认报文，发送方在收到 M1 的确认后，将 CWin 加 1，即 CWin = 2。接下来，发送方发出报文 M2、M3，接收方均收到并发回确认。在发送方收到 M2 和 M3 的确认后，CWin 就变成了 4。于是，M4~M7 就可以全部发送出去了。当 M4~M7 全部被确认后，CWin 就增加到了 8。如果把从发出窗口中的全部报文到收到这些报文的确认为止的时间看作是一个 RTT 的话，从上面的例子中可以看出，每经过一个 RTT，CWin 的值就会加倍。

在实际运行中，CWin 的值并不是等窗口中全部报文都被确认后才翻倍增加的，而是每收到一个报文的确认，CWin 的值就加 1。实践证明，通过这种方法逐渐增大发送窗口的大小，让发送方以从小到大逐步试探的方式增加发送速率，可以有效地防止网络启动初期拥塞

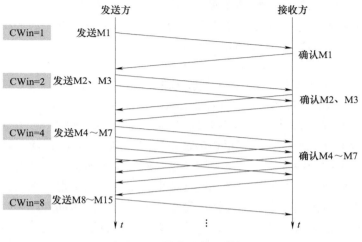

图 6-16　慢启动算法举例

的发生。

在慢启动算法中，拥塞窗口的增长速度实际上并不"慢"，只是相对于将发送窗口的初始值设得很大，一下子发送很多报文来说，这是一种缓慢增加网络流量的方法。当然，拥塞窗口的值是不能一直增大下去的，因为当拥塞窗口增加到一定程度，即使仍然比接收方报告的窗口值小（发送窗口大小仍由拥塞窗口决定），也可能会出现报文丢失的现象。而为了防止由于拥塞窗口增长过快导致拥塞，还要设置一个慢启动阈值（Slow Start Threshold，SS-Threshold）。当 CWin 达到或超过 SSThreshold 时，网络就进入拥塞避免状态，开始执行拥塞避免算法。

拥塞避免算法的目的是要降低拥塞窗口的增长速度。它的基本思想是：在收到当前发送窗口中全部报文的确认（即经过一个 RTT）后，CWin 的值加 1。与慢启动算法中每经过一个 RTT，CWin 的值就翻倍相比，拥塞避免算法可以让拥塞窗口的增长速度变慢很多。如在上面的例子中，如果将 SSThreshold 设为 8，则当发送方收到 M8~M15 的确认后，CWin 变为 9。然后发送方发出 M16~M24，当这 9 个报文的确认全部返回后，CWin 变为 10……在慢启动算法中，拥塞窗口的值和经过的 RTT 之间呈指数级增长关系，而进入拥塞避免状态后，拥塞窗口的值与经过的 RTT 就呈线性关系，如图 6-17 所示。

TCP 中规定，SSThreshold 的初始值是 64KB，即 65535 个 B。当发送方发现报文超时，就将 SSThreshold 设置为当前 CWin 值的一半，同时 CWin 值减为 1，重新开始慢启动算法。在慢启动算法中，当 CWin 再次达到新的 SSThreshold 值时，就开始执行拥塞避免算法，如图 6-17所示。

慢启动和拥塞避免可以很好地防止网络中拥塞的出现，并在拥塞初期能够尽快降低网络流量，使拥塞得到缓解。慢启动算法的触发时机是 TCP 的发送方发现报文超时，此时发送方会认为报文丢失是因为网络中出现了拥塞。但是，并不是所有报文的丢失都是网络拥塞造成的，如果每次报文丢失导致发送方定时器超时后，发送方都将拥塞窗口减为 1，并开始执行慢启动算法，那么在网络实际没有拥塞的情况下就会降低网络的传输效率。

因此，1990 年，在慢启动和拥塞避免算法的基础上，又新增了两个新的拥塞控制算法，

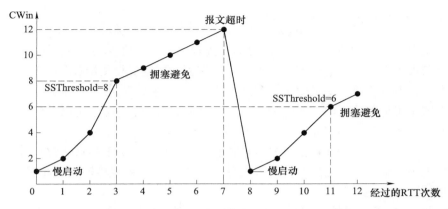

图 6-17 慢启动算法与拥塞避免算法中 CWin 的变化

分别是"快重传"和"快恢复"。这两个算法通常在一起配合使用。

　　快重传算法的思想是：当接收方收到一个没有按序到达的报文后，立即向发送方发送一个确认报文，而不用等到发送数据时再捎带确认，这样做可以让发送方尽快知道哪个报文没有到达接收方。比如，发送方从 M1 开始连续发送报文，接收方在收到 M1 和 M2 后，又收到了 M4（M3 在传输过程中丢失了），显然 M4 是没有按序到达的报文，接收方不会将它向上层提交，而是暂时存储在接收缓存中。按照快重传的思想，接收方在收到 M4 后，就立即向发送方发送对 M2 报文的确认，发送方就知道了 M3 还没有到。之后，接收方又陆续收到 M5 和 M6，于是又立刻向发送方连续发出两个确认报文，由于 M3 还是没有收到，所以这两个报文还是对 M2 的确认。这样发送方就连续收到了 3 个重复的确认报文。快重传算法规定，一旦发送方连续收到 3 个重复确认，就立即对接收方没有收到的报文进行重传，因此，发送方就会在收到 3 个对 M2 确认的报文后，立即重传 M3，而不必等到 M3 的定时器超时。由于尽快重传未被确认的报文，发送方就不会因为个别报文的丢失而开始慢启动算法。采用快重传算法后，网络的吞吐量可以提高大约 20%。

　　在快重传算法尽快发送了丢失的报文后，快恢复算法开始执行。快恢复算法的基本思想是：在发送方连续收到 3 个重复确认时，将慢启动阈值 SSThreshold 设置为当前窗口值的一半，即 SSThreshold = CWin/2，目的是预防网络拥塞。但由于发送方连续收到了 3 个确认，因此会认为当前网络并没有发生拥塞，所以不执行慢启动算法，而是将 CWin 的值设置为新的 SSThreshold 的值，然后开始执行拥塞避免算法，让拥塞窗口缓慢增大。快重传和快恢复算法的使用可以明显改善网络的性能。

6.4　UDP

　　TCP 由于其具有面向连接、能够进行差错控制与流量控制的特性，在很多需要可靠传输服务的网络应用中得到了广泛的使用。但是，为了保证传输的可靠性，TCP 使用了各种复杂的管理机制，在实现的过程中势必会增加处理的时延，无法保证传输的实时性。因此，在一些对实时性要求较高的网络应用中，使用 TCP 就不太合适，这时就需要使用传输层的另外一个协议——UDP。

6.4.1　UDP 概述

与 TCP 相比，UDP 最大的特点就是简单、实时性好。从功能上来看，UDP 只在 IP 提供的服务之上增加了端口的概念，能够对不同应用进程的数据进行复用和分用，并且可以对整个报文数据进行差错检验，除此之外，就没有其他更复杂的功能了。所以，UDP 不能保证数据一定能够正确地到达接收方，但使用 UDP 的网络应用可以通过应用层的协议来保证传输的可靠性。具体来说，UDP 的特性包括以下几个方面：

1) UDP 是无连接的。UDP 在数据传输之前不需要在发送方和接收方之间建立固定的连接，所以数据想发就发，不需要等待连接的建立。当然，在数据传输后也不需要释放连接，减少了连接管理的开销和时延。

2) 不保证传输的可靠性。因为是无连接服务，所以 UDP 无法保证传输的可靠性，但会尽最大努力进行交付。

3) UDP 是面向报文的。UDP 对应用进程交付下来的报文既不拆分也不合并，而是保留报文原来的边界直接对其进行封装，然后就交付给网络层。也就是说，应用层交给 UDP 多长的报文、UDP 就封装多长的报文。这就需要应用进程在封装应用层报文时，要选择合适的大小，报文过长可能会导致在网络层进行分片，报文过短又会降低传输效率。在接收方，UDP 将网络层提交上来的 UDP 报文去除首部之后，就原封不动地交给应用进程。

4) 没有流量控制和拥塞控制。在一些实时应用中，传输的连续性比数据的完整性更重要，因此 UDP 不进行流量控制和拥塞控制，在拥塞发生时不降低数据的发送速率，允许有少量数据的丢失。

5) 支持多种通信方式。UDP 支持一对一、一对多、多对一和多对多的通信方式，而 TCP 只支持一对一的单播通信，因此凡是需要广播和多播的应用都要使用 UDP。

目前，网络中有很多对实时要求很高的应用都使用 UDP，如 DNS、TFTP、SNMP、DHCP、RIP 等。使用 UDP 的知名应用进程及其端口号见表 6-3。

表 6-3　使用 UDP 的知名应用进程及其端口号

应用进程	端口号	进程描述
DNS	53	域名系统
TFTP	69	简单文件传输协议
SNMP	161	简单网络管理协议
DHCP	67	动态主机配置协议服务器用
DHCP	68	动态主机配置协议客户端用
RIP	520	路由信息协议

6.4.2　UDP 报文格式

UDP 报文格式比较简单，首部只有 8B，后面是数据部分。UDP 的首部共包括 4 个字段，分别是源端口、目的端口、长度和检验和，如图 6-18 所示。

（1）源端口　占 16 位，标识源主机发送 UDP 报文的端口，在需要目的主机返回应答时使用。该字段为可选字段，如不需要应答，则将该字段置为 0。

0	15 16	31
源端口	目的端口	
长度	检验和	
数据部分（长度可变）		

图 6-18　UDP 报文格式

（2）目的端口　占 16 位，标识目的主机接收 UDP 报文的端口。在接收时要与实际接收的 UDP 端口号进行匹配，如果匹配不成功，则该报文会被丢弃，并向源主机发送一个"端口不可达"的 ICMP 报文。

（3）长度　占 16 位，表示 UDP 报文的总长度（包括首部和数据部分），以字节为单位。若没有数据，则该字段的值为 8（此为该字段的最小值）。因为 UDP 报文通常要被网络层的 IP 封装，然后交给数据链路层继续封装成帧，在不同的物理链路上传输。而 IP 数据报的最大长度是 65535B，不同的物理网络也有不同的 MTU 规定，因此 UDP 报文的长度通常要考虑到下面各层协议的要求。

（4）检验和　占 16 位，检验 UDP 报文中首部和数据部分的内容在传输中是否出现差错。UDP 的差错检验方法和 TCP 的完全相同，只是伪首部中协议字段的值为 17。差错检验的详细过程见第 6.3.2 小节，这里就不再重复了。

由于 UDP 无连接管理、无流量控制、无差错控制，所以其工作内容非常简单，因此这里就不对其进行过多介绍了。但有一点是需要注意的，一些对实时性要求高的应用在使用 UDP 进行数据传输时，由于其没有流量控制和拥塞控制，如果网络中出现多个主机同时发出高速率的实时数据流时，就可能出现严重的拥塞情况，导致这些数据都无法被正常接收。一些使用 UDP 的实时应用可以在不影响实时性的前提下，在应用层采取一些能够保证数据可靠性的策略，如纠错或重传已丢失的报文等。

6.5 小　结

本章主要介绍了传输层的功能和作用，围绕传输层上的两个重要协议 TCP 和 UDP 对传输层的工作内容展开了详细的阐述。传输层是资源子网中的最底层，需要向应用层提供端到端的通信服务。本章首先介绍了传输层存在的必要性，对"端到端传输"的概念进行了详细介绍，并给出了端口的概念；然后，提出了传输层提供的两种服务类型，即面向连接的可靠传输服务和无连接的不可靠传输服务。

可靠性是几乎所有网络应用的需求，其中相当一部分网络应用是利用传输层提供的可靠的传输服务来实现的。为实现可靠的数据传输，差错控制和流量控制必不可少。本章首先概述性地介绍了差错控制与流量控制的基本原理，然后在提供可靠传输服务的 TCP 中，详细描述了这两种控制的具体实现方法。TCP 是一个面向连接的通信协议，在数据传输之前，首先通过"三次握手"的过程在通信两端之间建立连接，数据传输结束后，再通过"改进的三次握手"将连接释放。TCP 采用基于滑动窗口的连续 ARQ 协议，并加入适当的流量控制与拥塞控制，实现数据的可靠传输。

与 TCP 相比，传输层的另一个重要的协议 UDP 则简单得多。它不需要建立连接、没有差错控制和流量控制，只是在 IP 提供的分组传输服务的基础上增加了端口的概念和差错检验的功能。虽然不能保证数据传输的可靠性，但 UDP 的传输效率要比 TCP 高得多。因为 TCP 为了保证可靠传输而加入了很多控制机制，势必会产生一定的时延，而 UDP 则没有。因此，UDP 特别适合用在那些对实时性要求高的应用中。

综上，传输层上的两个主要的协议 TCP 和 UDP 各有优势：TCP 适用于对传输可靠性要求高的网络应用，而 UDP 则适用于对实时性要求高的网络应用。

习　　题

1. 请说明传输层在计算机网络体系结构中的作用和地位？它与网络层的通信有什么区别？

2. 为什么说 UDP 是面向报文的而 TCP 是面向字节流的？

3. 在 TCP 和 UDP 的报文中，端口（Port）字段有什么作用？

4. 在 Internet 中，端口号采用全局端口号与本地端口号相结合的方式。试论述采用这种编址方式的原因。

5. 简述 TCP 与 UDP 之间的相同点和不同点。

6. TCP 如何保证数据传输的可靠性？

7. 设 TCP 连接的两端为 A 和 B，A 向 B 发送了一个用户数据 TCP 报文后，又发送了 FIN = 1 的报文，由于 IP 投递不按序，是否可能 B 因为先收到 FIN = 1 的报文而终止连接，使之无法收到用户数据 TCP 报文？为什么？

8. 一个 TCP 报文的数据部分最多是多少字节？为什么？

9. 在使用 TCP 传输数据时，如果有一个确认报文丢失了，也不一定会引起发送方的重传，这种说法对吗？为什么？

10. 假定在互联网中，所有的链路传输都不出现差错，所有的节点都不会发生故障，试问在这种情况下，TCP 的"可靠交付"功能是否就是多余的？

11. 假设主机 A 与主机 B 采用 TCP 通信，主机 A 运行服务器程序，主机 B 运行客户端程序，主机 A 的初始序号是 20，主机 B 的初始序号是 40。请简要描述双方建立连接时的"三次握手"过程及 TCP 报文首部相关字段的值：SYN、ACK、序号（seq）、确认序号（ack）。（ACK 与确认序号仅限必要时）

12. 主机 A 向主机 B 连续发送了三个 TCP 报文，序号分别为 100、170 和 200。试问：

（1）第一个报文携带了多少字节的数据？

（2）主机 B 收到第一个报文后发回的确认报文中，确认号应当是多少？

（3）如果主机 B 收到第三个报文后发回的确认号是 260，试问主机 A 发送的第三个报文中最后一个字节的序号是多少？

（4）假设主机 A 发送的第二个报文丢失了，但第三个报文到达了主机 B，主机 B 在第三个报文到达后向 A 发送确认，试问这个确认号应为多少？

13. 从某协议的 TCP 连接中捕获的 TCP 首部的数据信息为（十六进制表示）：08 05 00 15 00 00 00 1E 00 00 00 00 70 02 40 00 C0 29 00 00，试问：

（1）源端口号和目的端口号各为多少？

（2）发送的序列号是多少？确认号又是多少？

（3）TCP 首部的长度是多少？

（4）这是一个使用什么协议的 TCP 连接？该 TCP 连接的状态是什么？

14. TCP 在进行流量控制时是以分组的丢失作为产生拥塞的标志。那么，有没有不是因为拥塞引起的分组的丢失？如果有，请列举三种情况。

15. 设 TCP 使用的最大窗口为 64KB（64×1024B），假定信道平均带宽为 1Mbit/s，报文段的平均往返时延为 80ms，并且不考虑误码、确认字长、头部和处理时间等开销，问该 TCP 连接所能得到的最大吞吐量是多少？此时传输效率是多少？

16. 通信信道带宽为 1Gbit/s，端到端时延为 10ms。TCP 的发送窗口为 65535B。试问：可能达到的最大吞吐量是多少？信道的利用率是多少？

17. 现有 10000B 的应用层数据需要发送，传输层使用 UDP，如果要在以太网中传输，则

（1）网络层需要分成几个数据片？

（2）指出每一个数据片的长度和片偏移值。

（3）在以太网上传输的总字节数是多少？

注：IP 使用固定首部长度。

18. Internet 中的某些应用采用的传输层协议是无连接的数据报——UDP，如 RIP、TFTP 等。试举例分析这些应用采用 UDP 而不采用 TCP 的原因。

19. 什么是"伪首部"？它在传输层中的作用是什么？

20. UDP 采用无连接的传输方式，不能保证传输的可靠性。那么，为什么不跳过传输层将应用层数据直接交给 IP 来封装呢？

21. 某主机收到一个 UDP 报文，其首部的十六进制表示是 27 26 00 35 00 1C F5 3B。试问：

（1）源端口、目的端口、报文总长度和数据部分长度分别是多少？

（2）该报文是从客户端发送给服务器还是服务器发送给客户端？

（3）使用该 UDP 报文的服务器程序是什么？

22. 假设 Internet 应用层当前只有 1B 数据到来，分别采用 TCP 和 UDP 作为传输层协议，网络层采用 IP，且都采用基本头部。试回答下列问题：

（1）采用 TCP 时，网络层的数据传输效率是多少？

（2）采用 UDP 时，网络层的数据传输效率是多少？

（3）若物理网络是 IEEE 802.3 网络，且传输层采用 TCP，则数据链路层的数据传输效率是多少？

第7章

应 用 层

7.1 应用层的功能

通过前面各章的学习，了解了计算机网络是如何建立数据传输通道，如何建立网络连接，如何为用户提供通信服务的。所有这些工作都是为最终面向用户的网络应用提供服务的，而这些用户所需要的网络应用的实现就是应用层的功能。应用层是计算机网络体系结构中的最高层，是计算机网络与用户之间的界面或接口，利用其下面各层提供的通信服务来实现各种各样面向用户的网络服务功能。与体系结构中的其他各层一样，应用层提供的也是一种服务，而不是具体的网络应用软件。

应用层上提供服务的实体是应用进程。这些应用进程之间在通信时需要共同遵守的规则和约定就是应用层协议的内容。随着网络技术的发展和人们对网络应用需求的变化，各种新的网络应用不断出现，为了支持这些应用，新的应用层协议也随之产生。一般来说，一个应用层协议是为了解决某一类的应用问题。但是，应用层协议与网络应用不是同一个概念。通常，一个网络应用功能的实现是网络中多台主机上的不同应用进程之间协同工作的结果，而应用层协议只定义了这些应用进程间通信的规则，也就是说，应用层协议只是网络应用的一部分。

应用层协议是在传输层提供的服务基础之上实现的。在发送方，应用层协议产生的报文需要交付给传输层进行封装，然后依次交给下面的网络层、数据链路层直到物理层，完成数据的发送工作；接收方则会从物理层开始，逐层向上提交数据，直到传输层将报文的首部去除之后，把数据部分提交给应用层协议处理。通过前面关于传输层的学习可知，传输层可以提供两种不同的服务：面向连接的可靠传输服务和无连接的不可靠传输服务。应用层协议在具体实现时，会根据该协议对应的网络应用对传输服务的需求来选择合适的传输层协议。比如，对数据可靠性要求高而不需要保证实时性的网络应用会选择 TCP，而要求数据传输具有强连续性，但可以接受少量差错的网络应用就会选择 UDP。

应用层协议的实现方式有两种：一种是非对称的客户端/服务器（C/S）模式，这里的客户端和服务器分别是两个应用进程，代表着服务与被服务的关系。请求服务的是客户端，其主要工作是确定如何向服务器提出服务请求；提供服务的是服务器，其主要工作是决定何时以及如何来向客户端提供服务。另外一种是对称的对等通信（P2P）模式，通信双方的地位和作用则完全平等。在实际应用中，大部分的网络应用都是基于 C/S 模式的，而 P2P 模式也可以看作是一种特殊的 C/S 模式。

应用层上的协议有很多，有些应用层协议是公开的标准。比如，HTTP（超文本传输协议）是万维网中浏览器与服务器之间数据传输过程中使用的协议，它是 RFC 7230 定义的，这意味着，凡是遵循该标准开发的浏览器都可以访问万维网的标准服务器，获得服务器上的资源。但也有一些应用层协议并不公开，只在特定的应用服务中使用。

应用层的网络应用服务也有很多，有一些服务随着网络技术的发展和人们对网络服务需求的改变而逐渐退出了历史舞台，而有一些服务则在现在的 Internet 中得到了广泛的应用。本章将主要介绍几个人们非常熟悉的、几乎每天都会使用的网络应用，包括域名系统、万维网和电子邮件。

7.2 域 名 系 统

域名系统（Domain Name System，DNS）是互联网中的命名系统，提供将人们熟悉的计算机主机名转换成其对应的 IP 地址的服务。当互联网用户通过一台主机的名字来对其进行访问时，在访问之前必须先通过 DNS 服务找到该主机的 IP 地址，然后再通过 IP 地址来进行访问。然而，从前面学习过的通信原理中可知，通过 IP 地址就可以直接访问网络中的一台主机，那么，为什么还要通过主机名来访问呢？主机名与 IP 地址的转换需要解决哪些问题呢？下面就先从 DNS 的必要性说起。

7.2.1 DNS 的必要性

从计算机通信原理来看，两台主机之间若要通信，就必须知道彼此的 IP 地址和要访问的应用进程的端口号（第 6 章讲过的 Socket）。作为网络层中使用的主机的唯一标识，IP 地址在主机通信过程中起到了非常重要的作用。直接使用 IP 地址来访问网络中的某主机是没有任何问题的，但是对于那些互联网中为用户提供各种网络应用服务、供全球用户公开访问的公用服务器来说，使用 IP 地址作标识就会有存在一些问题。

1. 使用 IP 地址标识的缺陷

为了获得互联网中的各种网络应用服务，用户需要记住提供这些服务的服务器地址以便对其进行访问。但是，对于用户来说，要记住一个 32 位的二进制 IP 地址是很困难的，即使是采用点分十进制的记法，也不容易记住。因此，为了方便记忆，通常这些服务器或主机都会设置一个与其提供的应用相关的主机名，相对于 IP 地址来说，记住这个主机名就要容易得多了，这就好像记住一个人的名字远远比记住他的身份证号码更容易。

除了不便记忆之外，如果用 IP 地址作为网络服务器的标识的话，一旦服务器因为位置移动而发生 IP 地址的改变，改变后的 IP 地址就必须告知给用户，否则就会造成用户因为无法访问到服务器而不能获得相应的服务。但对于互联网中一些通用的网络应用来说，其用户规模太大，遍布全球各地，要想让所有用户都知道 IP 地址的变化是非常困难的。而如果用户是通过主机名来访问服务器的话，IP 地址的改变对主机名不会造成任何影响，所以用户对服务器的访问也不会受到任何影响，根本感觉不到服务器的迁移和 IP 地址发生了变化。

此外，用 IP 地址作主机访问的标识还可能带来安全隐患。因为如果公开服务器的 IP 地址，就相当于将服务器完全暴露在互联网当中，容易被一些别有用心的人利用，对服务器进行攻击和破坏。这就像人们不会随便将自己的身份证号码公开一样。

综上所述，使用 IP 地址作主机访问的标识有很多不便之处，因此在现在的互联网中，都采用通过主机名的方式对网络中的主机或服务器进行访问。

2. 用 hosts 文件进行名字解析

如果通过主机名来访问主机，就涉及一个从主机名转换成 IP 地址的问题，因为在网络中访问主机最终需要使用的标识还是 IP 地址。在 DNS 出现之前，计算机曾经使用一个名为 hosts 的文本文件来存储网络中所有主机名和 IP 地址的对应关系，只要用户输入要访问的主机名，计算机就立即根据 hosts 文件中的记录找到该主机名对应的 IP 地址。hosts 文件的使用是在 ARPANET 时代，当时整个网络上只有几百台主机，因此 hosts 文件中的记录数也不过几百条，查询速度很快。但进入互联网时代后，随着主机数量的激增，使用 hosts 文件进行名字解析的方案逐渐显现出了弊端。

1）日益增长的主机数量使得对名字解析的需求变得越来越多，大量的主机向少数拥有 hosts 文件的服务器同时发出名字解析的请求，会造成服务器因无法承受如此重的负荷而出现瘫痪。

2）随着网络上主机数量的增多，hosts 文件中存储的主机名与 IP 地址映射的记录也越来越多，根据主机名查找 IP 地址的效率大幅下降，严重影响到通信的效率。

3）在使用 hosts 文件管理主机名时，对于命名方式和规则没有具体的管理方案，各大公司和机构在为自己的服务器命名时，难免会与其他公司的服务器出现重名现象，这就为 hosts 文件的查询带来了麻烦。

3. DNS 的出现

为了解决 hosts 文件在名字解析中存在的问题，一种基于"域"的分层命名方案 DNS（Domain Name System）应运而生，之后，计算机名字也称为"域名"。DNS 在设计时就考虑到如果只用一台服务器做 DNS 的域名解析工作的话，全网的主机都向它发送域名解析的请求，那么服务器肯定会因为负荷过大而无法正常工作，从而导致整个网络瘫痪。因此，DNS 被设计成一个联机的分布式数据库系统，所有的域名与主机 IP 地址的映射关系分散存储在全网多个 DNS 服务器上。这些服务器在存储域名信息的同时，还负责向主机提供域名解析的服务，常称为域名服务器。

每一个域名服务器都存储其所在区域的全部域名和 IP 地址的映射关系，主要负责本区域内主机的域名解析工作。所以，大部分的域名解析工作都是在本地完成的，只有少数域名需要通过互联网上的其他远程域名服务器来解析。域名解析的基本过程是：当一台主机上的某个应用进程需要将主机名解析成对应的 IP 地址，该应用进程就会调用解析程序，成为 DNS 的一个客户端，将需要解析的主机名封装到 DNS 的请求报文中，通过 UDP 发送到本地的域名服务器上，本地的域名服务器在收到该请求后，查找该域名对应的 IP 地址，然后把这个 IP 地址以 DNS 应答的方式发回给请求的应用进程，应用进程在获得要访问的主机的 IP 地址后，就可以与该主机进行通信了。如果应用进程要解析的域名在本地域名服务器上找不到其对应的 IP 地址的话，此时的本地域名服务器就变成了 DNS 的另一个客户端，向其他域名服务器发出查询请求。这种逐层请求查询的过程将一直进行下去，直到在一个域名服务器上找到该域名对应的 IP 地址为止。关于这种域名解析的方式，在后面的内容中还会详细介绍。

除了提供域名解析的工作之外，DNS 还规定了域名的命名规则。下一节就将具体介绍互联网的域名结构。

7. 2. 2　互联网的域名结构

在早期的计算机网络中，主机名是使用 hosts 文件中那种非等级的单一字符串来表示的。但随着互联网上主机数量的快速增长，用一个非等级名字空间来管理一个数量非常庞大且经常变化的名字集合是非常困难的。因此，DNS 使用了一种层次化树状结构的命名方法，接入互联网的每一台主机或路由器都有一个唯一的层次化结构的名字，即域名（Domain Name）。这种命名方式与全球邮政系统和电话系统的命名方式是一样的。域名中的"域"是一种对名字空间管理范围的划分，前面提到的本地域名服务器就是相对其所在的"域"来说的。每一个域中都会有其所属的域名服务器，也就是该域中的本地域名服务器，负责域内的域名解析工作。在一个域中可以划分子域，而子域还可以进一步划分出子域的子域，所以就形成了一个层次化的树状结构。最高一层的域为顶级域，其下面划分有二级域，二级域之下又划分出三级域……

与此相对应的，域名也是一个分层的结构，其中包括顶级域名、二级域名、三级域名等。从语法上看，域名是由一个标号序列组成的，每一个标号之间用"."进行分割。标号代表的域名级别从右至左依次降低。最右边的标号代表顶级域名，其左边的是二级域名，再往左是三级域名……整个域名最左边的是最低一级域名，也可以叫作本地计算机名。以东北大学邮件服务器的域名 mail. neu. edu. cn 为例，如图 7-1 所示。其中，cn 是顶级域名，edu 是二级域名，neu 是三级域名，mail 是邮件服务器名，也是四级域名。

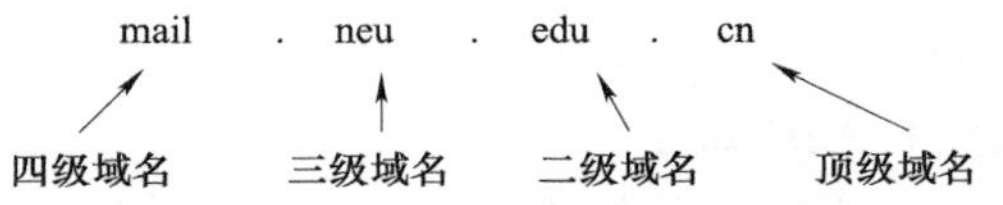

```
mail  .  neu  .  edu  .  cn
四级域名   三级域名   二级域名   顶级域名
```

图 7-1　域名举例

DNS 中规定，域名中的标号只能由英文字母、数字和连接符"-"组成，每个标号的长度不超过 63 个字符（实际上为了便于记忆，一般都不超过 12 个字符），不区分大、小写字母。整个域名的长度不超过 255 个字符。级别最高的顶级域名写在域名的最右边，级别最低的域名写在最左边。顶级域名的管理由互联网名称与数字地址分配机构（Internet Corporation for Assigned Names and Numbers，ICANN）来负责，顶级域名之下的各级域名都由其上一级域名管理机构来管理。这样的管理方式将整个域名空间划分为互不交叉的管理区域，分散了管理的压力，也保证了域名不会出现重复。

DNS 将整个互联网设计为一个树状的名字空间，因此，用域名树来表示域名空间是最清楚的。如图 7-2 所示，最上面的是域名树的树根，不代表任何域名；其下面一级就是顶级域名；顶级域名向下可以划分子域，也就是图中的子树，代表二级域名；二级域名再往下还可以再划分子域，设置三级域名；三级域名下面是四级域名……比如，图 7-2 中列出了三大类不同的顶级域名，其中 cn 就是一种国家类的顶级域名，代表中国；在 cn 的下面，又列出了几个二级域名，包括 com、gov、edu 和代表行政区域划分的 bj（北京）、ln（辽宁）等；在 edu 的下面，列出了其下面所属的三级域名，如 tsinghua（清华大学）、pku（北京大学）、neu（东北大学）等。一旦某个单位获得了自己的域名，就可以自己决定是否要进一步划分其下属的子域，而不用向上级的域名管理机构报告。比如，图 7-2 中在 neu 的下面就划分了四级域名 cse，代表东北大学计算机学院；而同为四级域名的 mail 是东北大学邮件服务器的名称，是一个计算机名，属于域名树中的叶子节点，因此其下面不能再划分子域了。

目前，互联网上注册的 DNS 域名主要是三个级别：顶级域名、二级域名和三级域名。

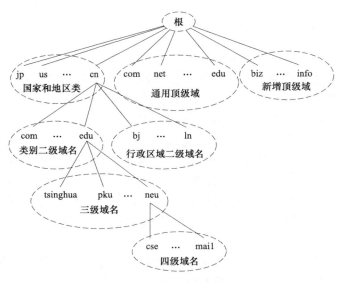

图 7-2　互联网的域名树

其中，顶级域名是 ICANN 统一管理、统一分配的，一般用户不可以申请；二级及其以下级别的域名才可由用户自己申请。

1. 顶级域名

顶级域名是域名树中根节点下面的第一级域名，它不能分配给单独的用户使用。目前顶级域名可分为三类：国家和地区类、通用域名类和新增通用域名类。其中，国家和地区类是为每个国家和地区分配使用的域名，如 cn 代表中国，us 代表美国，jp 代表日本等。通用类域名在 1985 年 1 月创立，当时共有 6 个顶级域名，主要供美国使用。1988 年 11 月，int 也加入到通用顶级域名中，通用类顶级域名数量增长到 7 个。到 20 世纪 90 年代中期，要求增加顶级域名的呼声越来越高，但受到美国政府的干预和压制，新的顶级域名一直没有出现。直到 1998 年 10 月，ICANN 成立并接管了域名管理的工作，新的顶级域名的设立才被提到日程上来。2000 年 11 月，ICANN 首先公布了 7 个新增通用顶级域名，并于 2001 年 6 月开始使用。随后，不断有新的域名被提出并通过讨论，成为新的通用类域名。目前常用的通用类顶级域名及部分新增顶级域名见表 7-1。

表 7-1　常用的通用类顶级域名和部分新增顶级域名

通用类顶级域名		新增顶级域名（部分）	
域名	含义	域名	含义
com	商业类公司或企业	biz	商业化的公司企业
net	网络服务供应机构	aero	航空运输企业
org	非营利性组织	coop	合作团体
gov	美国的政府部门	info	提供信息服务的组织
edu	美国的教育机构	museum	博物馆
mil	美国的军事部门	name	个人
int	国际组织	pro	有证书的专业人员

2. 二级域名

二级域名是顶级域名下面一级的域名，它又可以分为两类：一类是用户可以申请并单独使用的，代表了其在互联网上使用的名称，比如，一些国际知名的公司企业都有自己的二级域名，如 ibm、yahoo、microsoft 等；另外一类就是在国家顶级域名下由国家管理和分配的二级域名。我国的顶级域名是 cn，在顶级域名之下，二级域名又划分为类别域名和行政区域名两大类。

我国的类别域名共有 7 个，分别是用于科研机构的 ac、用于工商金融企业的 com、用于教育机构的 edu、用于政府机构的 gov、用于国防机构的 mil、用于互联网服务机构的 net 和用于非营利性组织的 org。行政区域名共有 34 个，分别代表我国的各省、自治区和直辖市，如 bj 代表北京、ln 代表辽宁，等等。

目前，我国允许互联网用户直接申请注册顶级域名 cn 之下的二级域名，如注册一个 abc. cn 的域名。中国互联网网络信息中心（China Internet Network Information Center，CNNIC）负责我国二级域名的管理和分配工作。

3. 三级域名

三级域名也是用户可以自行申请注册的，由二级域名管理机构负责管理和分配。

需要注意的是，域名只是计算机的一个逻辑上的名称，域名的构成是按照计算机所属机构的组织结构来划分的，与计算机的物理位置无关，与计算机所在的网络也无关。域名中的"."是对标号的分割，与 IP 地址点分十进制表示法中的"."的含义是不同的，也不存在一一对应的关系。

7. 2. 3　域名服务器

了解了 DNS 中的域名结构，那么，DNS 工作的具体实现是由哪些服务器来完成的呢？这些服务器就是 DNS 服务器，也称为域名服务器。本小节先来了解域名服务器的基本概念和特点，下一小节再学习域名解析的工作原理。

从理论上来讲，每一级域名都应该有与其对应的专门进行域名解析的服务器，这样，域名服务器就形成了和域名树一样的结构。但是全球有那么多域名，如果真的为每一个域名都配备一个域名服务器的话，服务器的数量就太多了，会影响整个域名系统的运行效率。因此，DNS 提出了一个针对域名管理范围的概念——区（Zone）。每个单位可以根据自己的实际情况划分域名管辖的范围，该范围内的所有节点必须是连通的，这个范围就是区。在每个区中，都要设置相应的权威域名服务器，用来保存该区内所有主机的域名与 IP 地址的映射关系，所以域名的管辖范围是以"区"为单位，而不是以"域"为单位的。

一个区的范围可以对应着一棵域名树的一部分，也可以是一棵域名树的全部，但是绝不能把几棵域名树划分到一个区中。也就是说，在图 7-3 所示的域名树中，可以将 abc. com 划分为一个区，xyz. com 划分为另一个区（见图 7-3a），也可以将 abc. com 这棵域名树划分为两个区，abc. com 和 op. abc. com（见图 7-3b），但是不能将 abc. com 和 xyz. com 划分成一个区，即不同的域名树不能划分为一区。从图中可以看出，"区"的范围可以和"域"相同，也可以是"域"的一部分，即"区"是"域"的子集。

与按域名设置域名服务器相比，按区设置的域名服务器数量要少得多。区的划分没有固

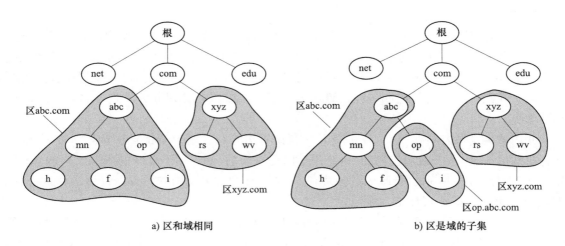

a) 区和域相同

b) 区是域的子集

图 7-3 DNS 中"区"的划分

定的规则，一般是管理员根据各级域名中应用服务器的数量及它们的物理位置来决定的、通常会尽量做到各区中域名数量的均衡，以保证各区域名服务器负担的域名解析工作的均衡。

为了更好地管理域名解析工作，DNS 按照分层的域名结构将用于域名解析的服务器也分成了四个不同的级别，分别是：根域名服务器、顶级域名服务器、权威域名服务器和本地域名服务器。

1. 根域名服务器

根域名服务器（Root Name Server）是互联网管理机构设置的最高级别的域名服务器。它管理着所有的顶级域名服务器，知道所有顶级域名服务器的 IP 地址和域名的映射关系。根域名服务器是非常重要的域名服务器，因为所有本地域名服务器在无法完成某个域名的解析工作时，都要先向根域名服务器求助，因此保证根域名服务器的稳定性和可靠性至关重要。为此，全球设置了对应 13 个不同 IP 地址的根域名服务器，这些服务器的名字使用了 a～m 这 13 个字母，对应的域名分别是 a. rootserver. net～m. rootserver. net。但要注意的是，这13 个 IP 地址对应的并不是只有 13 台服务器，而是 13 套，每一套根域名服务器中，都包括一台主根域名服务器和若干台辅助根域名服务器。这些根域名服务器分布在全世界各地，使大部分的域名服务器都能就近获取根域名服务器的解析服务。13 台主根域名服务器有 10 台在美国，2 台在欧洲，还有 1 台在日本。

对根域名服务器的访问采用的是任播（Anycast）技术，即 IP 数据报的终点是一组拥有相同 IP 地址但位于不同位置的主机，网络中的路由器会根据地理位置就近选择一个主机作为终点。因此，当 DNS 客户通过某根域名服务器的 IP 地址向其发出查询请求时，路由器会找到离该客户最近的一个根域名服务器。这样做可以大幅提高查询的效率，也节省了很多网络传输资源。

一般情况下，根域名服务器并不直接进行域名解析，因为在这些根域名服务器上没有保存也不可能保存全部的互联网域名记录。所以，根域名服务器的主要工作是告诉客户端接下来应该向哪个顶级域名服务器发出查询请求，即把该顶级域名服务器的 IP 地址返回给客户端。

2. 顶级域名服务器

顶级域名服务器（TLD Server）是每一个顶级域名都配有的域名服务器，负责管理其所对应的顶级域名下注册的所有二级域名及其解析工作。顶级域名服务器的名字也是用单个字母来命名的，比如，顶级域名 com 有 13 台对应的顶级域名服务器，其名称为 a～m，域名是 gtld-server. com。顶级域名服务器向客户端返回的结果可能是域名解析的最终结果，即域名所对应的 IP 地址，也可能是下一步应当访问的域名服务器的 IP 地址。

3. 权威域名服务器

权威域名服务器（Authoritative Name Server）就是前面提到的对域名进行"区"的划分后每个区内设置的专门负责本区域名解析的服务器。当权威域名服务器无法给出域名解析的最终结果时，会告诉客户端接下来应该向哪个域名服务器发出查询请求。

4. 本地域名服务器

广域网中的本地域名服务器（Local Name Server）是用户在操作系统配置的，由本地 Internet 服务提供商（ISP）提供的域名服务器。它是距离用户最近的域名服务器。本地域名服务器通常也称为默认域名服务器，当用户需要进行域名解析时，首先是向本地域名服务器发出请求，当本地域名服务器不能完成解析工作时，再将请求发送给本区的权威域名服务器。除 ISP 外，很多单位和机构也可以提供本地域名服务器，用户通过在操作系统中进行设置，就可以完成本地域名服务器的配置。

为了保证域名解析工作的可靠性，所有的域名服务器都采取了备份机制，将服务器中的域名数据复制到几个域名服务器中进行保存。其中，负责主要解析工作的服务器是主域名服务器（Master Name Server），其他的是辅助域名服务器（Secondary Name Server）。当主域名服务器出现故障不能工作时，就要启动辅助域名服务器来完成域名解析的工作。为了保证所有域名服务器上数据的一致性，主域名服务器会定期地把数据复制到辅助域名服务器上，而数据更改的操作只能在主域名服务器上进行。

7. 2. 4　域名解析的工作原理

DNS 服务采用的是 C/S 工作模式，发出域名解析请求的是 DNS 客户端，接受请求并提供解析服务的是 DNS 服务器。域名解析的实质就是主机通过域名服务器查询某域名对应的 IP 地址，要查询的域名被主机封装在请求报文中，发送给本地域名服务器。如果本地域名服务器上有该域名对应的 IP 地址的记录，则将该 IP 地址通过应答报文发回给请求的主机；如果本地域名服务器上查不到该域名对应的 IP 地址，本地域名服务器就会成为 DNS 客户端，继续向其根域名服务器发出查询请求的报文。

DNS 的报文既可以通过 TCP 的 53 号端口进行传输，也可以通过 UDP 的 53 号端口进行传输。具体使用传输层的哪个协议，通常从以下几个方面来考虑：

1）当 DNS 报文的长度超过 512B 时，需要使用 TCP。因为 UDP 报文的最大长度是 512B。

2）在主域名服务器向辅助域名服务器传输数据进行备份时，考虑到数据的可靠性，必须使用 TCP。

3）当 DNS 报文的长度小于 512B 时，具体使用 TCP 还是 UDP 由 DNS 服务器来决定。一般在递归查询中使用 UDP。

由于本地域名服务器的缓存容量有限，且缓存内容存在着有限的生存时间，因此能够直接在本地域名服务器上直接完成的域名解析并不多，大多数的域名解析都需要本地域名服务器通过根域名服务器找到要查询的域名所在区的权威域名服务器，才能查询到对应的 IP 地址。在域名查询的过程中，DNS 有两种查询方式：递归查询（Recursive Query）和迭代查询（Iterative Query）。

递归查询是一种代理查询方式，主机向本地域名服务器的查询一般都采用递归查询。如果主机询问的本地域名服务器不知道要查询的域名对应的 IP 地址，本地域名服务器就成为主机的代理，后面的查询工作都由本地域名服务器代替主机来完成，最后再把查询到的最终结果返回给主机。这个最终结果可能是查找到的 IP 地址，也可能是错误信息，表示无法查询到相应的 IP 地址。

迭代查询则是一种由始至终都由最初发出查询请求的 DNS 客户端来进行查询的方式。每一次的查询都是 DNS 客户端根据从上级域名服务器得到的信息依次向下级域名服务器进行查询。通常本地域名服务器向根域名服务器的查询就采用这种方式。当根域名服务器收到本地域名服务器的查询请求时，要么直接将查询到的 IP 地址返回给本地域名服务器，要么告诉本地域名服务器下一步应该向哪个顶级域名服务器进行查询，返回该顶级域名服务器的 IP 地址，而不是代替本地域名服务器继续进行查询。如果本地域名服务器从根域名服务器上没有得到最终的解析结果，则要按照根域名服务器提供的 IP 地址继续向指定的顶级域名服务器发出查询请求。当顶级域名服务器收到本地域名服务器的查询请求后，要么返回要查询的 IP 地址，要么告诉本地域名服务器接下来要向哪个权威域名服务器进行查询，本地域名服务器再继续向指定的权威域名服务器发出查询请求。对于这样的迭代查询，本地域名服务器将一直进行下去，直到得到要查询的域名对应的 IP 地址，然后把这个结果返回给最初发出查询请求的主机。域名解析过程中的递归查询与迭代查询如图 7-4 所示。

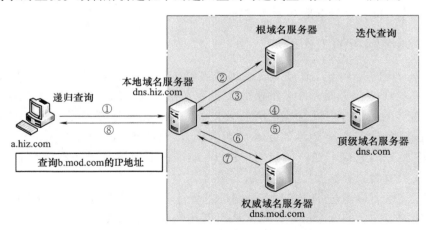

图 7-4　域名解析中的递归查询和迭代查询

图中的主机 a.hiz.com 想知道另一台主机 b.mod.com 的 IP 地址，于是通过以下 8 个步骤完成了一次域名解析，具体的过程如下：

1）主机 a.hiz.com 首先使用递归查询方式向其本地域名服务器 dns.hiz.com 发出查询请求。

2）在本地域名服务器上找不到要查询的 IP 地址，于是它成为主机 a.hiz.com 的查询代理，采用迭代查询方式向根域名服务器继续进行查询。

3）根域名服务器根据要查询的域名，告诉本地域名服务器接下来应该向顶级域名服务器 dns.com 进行查询，并把 dns.com 的 IP 地址返回给本地域名服务器。

4）本地域名服务器继续向顶级域名服务器 dns.com 进行查询。

5）顶级域名服务器 dns.com 告诉本地域名服务器下一个要查询的权威域名服务器是 dns.mod.com，并返回该服务器的 IP 地址。

6）本地域名服务器继续向权威域名服务器 dns.mod.com 发出查询请求。

7）权威域名服务器 dns.mod.com 将查询到的 IP 地址返回给本地域名服务器。

8）本地域名服务器最后把查询结果返回给主机 a.hiz.com。

在上面的例子中，主机 a.hiz.com 向本地域名服务器发出的查询是递归查询，而本地域名服务器则使用迭代查询得到最终的结果，最后再把结果返回给主机 a.hiz.com。当然，本地域名服务器也可以采用递归方式进行查询（见图 7-5），到底使用哪种查询方式取决于最初的查询请求报文中的相关设置。

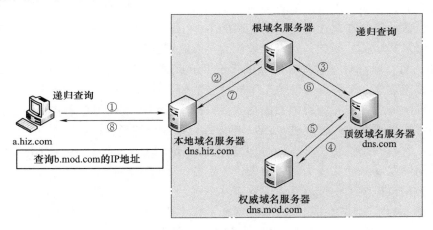

图 7-5　本地域名服务器使用递归查询

从上面域名解析的过程中可以看出，如果每一次的域名解析都需要通过本地域名服务器向根域名服务器发出查询请求，并逐步通过对顶级域名服务器和权威域名服务器等的查询获得最终结果，显然查询的效率不会很高，而且所有的查询都要通过根域名服务器来进行，会使根域名服务器承受过重的负荷。另外，一些频繁被访问的主机的域名信息经常重复地在网络中进行查询也会浪费很多传输资源。因此，为了提高 DNS 的查询效率，减轻根域名服务器的负荷和网络中传输的 DNS 报文的数量，在几乎所有的域名服务器上，都会维护一个高速缓存，用于存放最新查询过的域名以及从何处获得该域名对应的 IP 地址的记录。如在上面的例子中，如果在主机 a.hiz.com 发出查询请求前，刚刚有用户查询过域名为 b.mod.com 的 IP 地址，那么这个域名与 IP 地址的映射关系就会存放在本地域名服务器的高速缓存中。当主机 a.hiz.com 再次向本地域名服务器查询这个域名时，本地域名服务器就不需要再向根域名服务器发出查询请求，而是直接将缓存中保存的与这个域名对应的 IP 地址返回给主机 a.hiz.com。显然，这样不仅减轻了根域名服务器的负荷，也大幅减少了网络中传输的 DNS

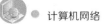

请求报文和回答报文。

有关域名映射信息的高速缓存不仅设置在域名服务器上，在一般的主机中也需要设置，这样很多域名解析的工作在一台主机的内部就可以完成，而不需要再向域名服务器进行查询。无论是域名服务器上还是主机上的高速缓存，都需要保证信息的准确，因此必须对缓存中的内容进行及时的维护。比如，为每一条记录设置合理的生存时间，定期清理超出时效的映射记录。主机通常在启动时从本地域名服务器获得映射记录，并定期检查域名服务器以获得新的映射信息。

7.3　万　维　网

7.3.1　万维网概述

万维网（World Wide Web，WWW），是目前应用最为普及，使用频次最高的一种网络应用。它将互联网中种类丰富、形式多样的各种资源有效地组织起来，并向人们提供一种方便的信息获取方式，使人们可以随时快速地访问到所需要的资源。正是由于万维网的出现，在过去只有少数计算机专家才能使用的互联网中，出现了越来越多的普通用户，互联网的用户量出现了爆发式增长。因此，万维网被认为是互联网发展中的一个非常重要的里程碑。

1989 年 3 月，欧洲粒子物理实验室的 Tim Berners-Lee 首先提出了万维网的概念。其最初的目的是希望建立一个可以方便位于不同地区的研究人员沟通交流、共享资源的平台。后来，随着万维网概念在实际应用中的成功实践，越来越多的人利用它来共享信息和资源，万维网的使用形式也不断地进行改进。1993 年 2 月，第一个图形界面浏览器 Mosaic 开发成功，之后又出现了著名的浏览器 Navigator 和微软的 Internet Explorer。浏览器的出现和广泛使用加速了万维网的发展，使其成为互联网中最重要的一个应用。

万维网为用户提供了一个超级大的资源共享平台，用户通过万维网可以方便地获取所需要的各种信息。为了实现这一功能，万维网的工作主要围绕着以下几个方面展开：

1）用什么样的形式组织网络中各种丰富的信息资源。

2）对于网络中的各种资源如何标记它们的位置以方便获取。

3）采用什么方式传输这些网络资源。

4）如何在浏览器中将用户获取到的资源展现出来。

万维网中的资源种类丰富、形式多样，对于这些资源的组织和存储，万维网构建了一个分布式的超媒体系统。所谓超媒体是超文本的扩充。而超文本则是指内容中包含指向其他文本的链接的文本，这些文本中的链接也称为超链接。每个超文本中链接的数量没有上限，通过一个链接，用户就可以找到另外一个文本，而在另外一个文本中，再通过其中的超链接，还可以找到更多的文本。通过这种链接的方式，万维网就可以把位于世界上任何一台主机或服务器上的文本都组织起来。因此，超文本是万维网的基础。与超文本相比，超媒体文本中包含的内容与形式更多，除了超文本中的文本信息之外，还可以有图形、动画、声音甚至是视频等信息。

万维网中的各种资源遍布整个互联网，要想快速找到用户要访问的某个资源，必须要有一种方便用户使用的关于资源位置的标识方式。统一资源定位符（Uniform Resource Locator，

URL）就是这样一种标识方式。它不仅可以让每一个互联网中的资源都拥有一个唯一的位置标识，还指定了应该以何种方式对该资源进行访问。

万维网采用 C/S 方式工作，发出资源访问请求一方的是客户端，提供资源和服务的一方是服务器。客户端提出的资源访问请求和服务器提供的资源都通过超文本传输协议（Hypertext Transfer Protocol，HTTP）进行传输。为保证数据的可靠性，HTTP 在传输层选择 TCP 进行端到端的传输。

当万维网中的客户端收到服务器发回的超媒体文本后，浏览器使用超文本标记语言（Hypertext Markup Language，HTML）将文本中的内容及包含的超链接都显示在浏览器中。用户在网页中可以浏览文本中包含的信息，也可以通过页面上的链接从当前页面链接到另一个页面上，实现超媒体内容的浏览。

上面提到的万维网中的几个关键技术将在下面的几个小节中陆续介绍。

7.3.2 URL

要想在茫茫浩瀚的互联网中找到某一个特定的需要访问的资源，如果没有一个基于全球范围的该资源位置的标识的话，那将是很难实现的。因此，万维网使用 URL 来标识互联网中的资源，并指定对其进行操作或获取该资源的方法。这里的"资源"可以是互联网中可以访问的任何对象，包括文件目录、文件、文档、图片、图像、声音或视频等。比如，在浏览器的地址栏里输入一个网站的网址，就能轻松地打开这个网站的页面，获取其中的资源，这个网址就是 URL。

URL 采用全球统一的格式来标识万维网上资源的位置，以保证每个资源都有全球范围内唯一的一个地址标识。URL 就像是一个指针，指向网络中任意一台主机上的一个可以被访问的资源，从内容上看，它就像是这个资源的文件名在网络中的扩展。因为网络中不同资源的访问方式还是存在差别的，因此在 URL 中通常还需指出要访问其指向的资源应该使用什么协议。一个 URL 的一般格式由四部分组成：

<协议>：//<主机>：<端口>/<路径>

最左边的<协议>表明了访问该资源应该使用哪个协议，如最常见的 http（代表超文本传输协议）和 ftp（代表文件传输协议），此外还有 telnet、file、mailto 等。这里需要说明的是，在浏览器的地址栏里输入网址的时候，通常不输入 http 也可以打开网页，这并不是因为<协议>这个字段是可以省略的，而是因为浏览器默认使用的传输协议就是 HTTP，因此在用户没有自行输入协议的时候，浏览器就默认使用 HTTP 来传输用户的访问请求，并在 URL 中自动添加"http：//"。

<协议>后面的"：//"是不能省略的，其右边是<主机>，表示要访问的资源在网络中的哪一个主机或服务器上。<主机>的内容可以是主机名或服务器的域名，也可以是主机或服务器的 IP 地址。如果使用主机名或域名的话，就需要 DNS 对其进行解析。

后面的<端口>和<路径>有时可以省略。<端口>指定在建立连接时使用的传输层端口号，与前面的<主机>用"："分隔开。当使用常规协议默认的端口号时，<端口>就可以省略。比如，HTTP 默认的端口号是 80，FTP 默认的端口号是 21，TELNET 默认的端口号是 23。当然，使用常规协议时，也可以不使用默认的端口号，这时就必须将<端口>写在 URL 中。比如，自己开发了一个网站，其服务器使用的 TCP 端口号是 8080，那么就要在访问这

个网站时将 ": 8080" 写在<主机>后面。

<路径>指出了要访问的资源在主机或服务器中的具体文件路径,其格式和意义与本地主机上的文件路径一样,以根目录(/)开始。如果要访问的是网站首页的话,则可以省略这个部分。

下面举一个具体的例子。假如要访问东北大学的网站,可以首先从其主页开始访问,使用的 URL 就是:

http: //www. neu. edu. cn

其中 "www. neu. edu. cn" 是东北大学网站服务器的域名,因为使用 HTTP 默认的端口号 80,所以后面省略了<端口>。又因为访问的是首页,所以<路径>部分也省略了。

进入网站首页后,可以通过页面上的链接继续访问网站中的各种信息。比如,可以通过以下的 URL 进入 "东北大学章程" 解读页面

http: //www. neu. edu. cn/constitution/2019/0304/c179a817/page. htm

在上面的 URL 中,使用了指向某个页面的路径,而最后面的 "page. htm" 则是该页面在服务器上的文件名。

URL 中的字母是不区分大小写的,即使有些网站为了表示醒目,将网址设为大写字母,但在实际使用中依然可以用小写字母来访问。

7.3.3　HTTP

HTTP 是一个面向文本的应用层协议,使用传输层的 TCP 服务,默认的端口号为 80。它定义了万维网的客户端,即浏览器,以何种方式向万维网服务器请求资源,以及万维网服务器如何将资源回传给客户端。HTTP 是万维网工作的基础,每个万维网服务器上都有一个端口号为 80 的应用进程,时刻监听着客户端发来的 HTTP 请求报文,并及时做出响应,返回 HTTP 响应报文。

1. HTTP 的工作过程

用户在浏览器中可以通过两种形式请求万维网上的资源:一种是在浏览器地址栏中输入要访问资源的 URL,另一种是在已经打开的网页中通过超链接访问其链接到的资源。无论采用哪种方式,对资源的请求都需要通过 HTTP 传输给资源所在的服务器。下面以在地址栏中输入要访问资源的 URL 这种方式为例,来介绍 HTTP 1.0 在资源访问中的工作过程。

如图 7-6 所示,万维网用户想要访问东北大学网站,①在浏览器的地址栏中输入网站的 URL "www. neu. edu. cn";②浏览器首先向 DNS 请求解析 www. neu. edu. cn 的 IP 地址,DNS 将东北大学网站服务器的 IP 地址 201. 118. 1. 7 返回给浏览器;③浏览器程序与服务器程序之间建立 TCP 连接,端口号是 80;④在建立好的 TCP 连接之上,浏览器程序向服务器发送 HTTP 请求报文;⑤服务器收到请求报文后,将网站首页的信息封装到 HTTP 响应报文中返回给浏览器程序;⑥释放 TCP 连接。

关于 TCP 连接释放的时机,在不同版本的 HTTP 中有不同的规定。在 HTTP 1.0 及以前的版本中,每一个 HTTP 请求—响应的过程之后,就会关闭所使用的 TCP 连接,下一次要使用 HTTP 请求时,再重新建立一个新的 TCP 连接。这种 HTTP 的工作方式称为非持续连接。这种每请求一次资源就要建立一次 TCP 连接的做法,其最大的问题就是会因为频繁建立和释放 TCP 连接而造成过多的开销。在 HTTP 1.1 之后,HTTP 允许浏览器在同一个 TCP

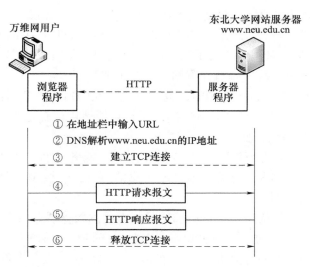

图 7-6　HTTP 1.0 的工作过程

连接之上对同一个网站服务器上的多个页面进行连续的访问，直到用户关闭该网站，TCP
连接才会释放。这种工作方式称为持续连接，如图 7-7 所示。

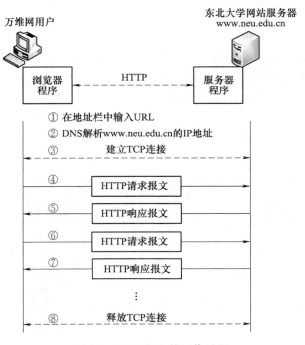

图 7-7　HTTP 1.1 的工作过程

2. HTTP 的主要特性

从 HTTP 的工作过程可以看出，HTTP 的主要任务就是消息的传递，其中包括万维网用
户向万维网服务器提交的 HTTP 请求报文和万维网服务器向万维网用户返回的 HTTP 响应报
文。在了解具体的 HTTP 报文格式之前，先来了解一下 HTTP 的主要特性。

总的来说，HTTP 的主要特性包括以下几个方面：

1）使用 C/S 模式。与大多数的网络应用服务一样，HTTP 也采用 C/S 模式工作，在万维网的客户端（浏览器）只需要运行 HTTP 的客户端程序就可以访问万维网服务器上的各类网站，而 HTTP 服务器程序只运行在网站服务器上即可。

2）无连接。HTTP 本身是无连接的，也就是说，在 HTTP 传输用户的请求和服务器的响应时，不需要专门建立应用层的会话连接，而是直接使用传输层建立的 TCP 连接。这与一些面向应用层连接的协议，如 Telnet、SMTP 等是不同的。

3）具有高可靠性。因为 HTTP 使用传输层的 TCP 服务，而 TCP 是一个可靠的传输协议，因此，尽管 HTTP 本身是一个无连接的不可靠的协议，但在 TCP 提供的传输服务之上，也能保证数据传输的可靠性。

4）无状态。所谓"无状态"（Stateless）是指万维网服务器对用户的访问不进行任何记录，不知道有哪些用户访问过、访问多少次。因此，当同一个用户第二次访问服务器上的同一个页面时，服务器给出的响应和用户第一次访问时的响应是完全相同的。

5）简单、快速。HTTP 内容很简单，用户在通过 HTTP 访问服务器时，只需要在请求报文中指出要访问的资源的路径和请求方法，就可以从服务器上得到资源的响应。请求方法代表了对要请求的对象进行的操作类型，它对应着服务器程序中的一些命令，具体的方法会在后面的 HTTP 报文格式中介绍。由于 HTTP 简单，所以服务器程序的规模通常都很小，通信的速度也很快。

3. HTTP 的报文格式

HTTP 的报文主要分为两类：请求报文和响应报文。其中，请求报文是用户向服务器请求资源时使用的；而响应报文则是服务器向用户的应答，服务器每收到一个用户的请求报文，都要向其发送一个响应报文，以告知用户对其请求的处理情况。请求报文和响应报文的具体格式如图 7-8 所示。

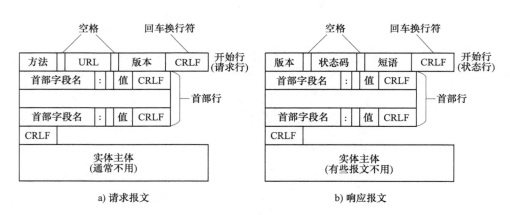

图 7-8　HTTP 的报文格式

HTTP 的请求报文和响应报文都是由三部分组成：开始行、首部行和实体主体。每个字段都由一些 ASCII 编码的字符串组成，没有固定长度。从结构上来看，两种报文仅有开始行的结构不同。下面由前至后依次介绍一下报文中各部分的含义。

（1）开始行　用于区分是请求报文还是响应报文，因此在结构上两种报文是不同的。

在请求报文中，该行称为"请求行"，字段依次为方法、URL 和版本，各字段之间以空格分隔，该行的最后是回车换行符。方法字段表明该请求报文中使用的 HTTP 操作类型，也就是对请求对象的操作，实际上就是一些命令。具体的请求报文的方法见表 7-2，其中最常用的两种方法就是 GET 和 POST。

表7-2　HTTP 请求报文的方法

方法	含　义
GET	请求服务器发送 URL 所标识的页面信息
HEAD	请求服务器发送 URL 所标识的页面的头部信息，而不是全部
PUT	请求在指定的 URL 下存储一个文档
POST	在 URL 所指定的位置添加一些信息，如海报、注释等
DELETE	请求删除 URL 所标识的资源
TRACE	表示这是一个用来进行回环测试的报文
CONNECT	用于连接代理服务器
OPTIONS	请求查询一些选项信息

在响应报文中，该行称为"状态行"，字段依次为版本、状态码和短语各字段之间以空格分隔，该行最后是回车换行符。状态码是一个三位数，用来表示服务器对请求响应的不同状态。比如，请求是否被正常响应，如果没有响应，是什么原因等。短语字段就是对状态码的简短描述。状态码共分为五大类，具体的类型见表 7-3。

表7-3　响应报文中的状态码类型

状态类型	含　义	示　例
1XX	通知类响应，表示请求已收到，或正在处理	100——服务器同意处理客户请求
2XX	成功类响应，表示请求已被成功接收	200——请求成功；204——无内容，也表示请求成功
3XX	重定向类响应，表示要完成请求必须进行进一步的操作	301——页面重定向
4XX	客户端错误类响应，表示客户端的请求有语法错误或请求无法实现	400——客户端请求有错误；401——请求未授权；403——服务器收到请求，但拒绝服务；404——请求的资源不存在
5XX	服务器端错误类响应，表示服务器不能实现用户的请求	500——服务器发生了不可预期的错误；503——服务器当前不能处理客户端请求，可稍后再试

（2）首部行　包括一系列的首部及其对应的值，用来表示关于浏览器、服务器或报文主体的一些信息。首部行的数量不固定，每一行中都有一个首部字段名和其对应的值，中间用冒号+空格分隔，每行最后是回车换行。当整个首部行结束时，在后面再加一空行，将其与后面的实体主体分开。

（3）实体主体　一般请求报文中都不用这个字段，仅在一些 POST 请求中填入用于向服

务器提供的用户凭据信息，如登录时提交的用户名、密码等。而在响应报文中，也可以没有这个字段。

下面来看一个请求报文的例子：

GET /constitution/pages/introduce. html HTTP/1.1　　//请求行，使用相对 URL

Accept-Encoding：gzip，deflate　　//首部行的开始，表明客户端浏览器支持的压缩编码格式

Accept-Language：zh-CN　　//客户端接受的语言是中文简体

Connection：Keep-Alive　　//告诉服务器采用持续连接方式

Host：www. neu. edu. cn　　//客户端要访问的服务器域名

User-Agent：Mozilla/5.0　　//客户端使用的浏览器版本是 Mozilla 5.0

　　//请求报文的最后还有一个空行

下面是对上面请求报文的响应报文示例：

HTTP/1.1 200 OK　　//状态行，显示 HTTP 版本为 1.1，请求成功

Server：OpenBSD httpd　　//首部行开始，表示服务器

Date：Thu，28 Mar 2019 01：24：18 GMT　　//表示服务器发送此响应报文的时间和日期

Connection：Keep-Alive　　//表示采用持续连接方式

Content-Type：text/html　　//表示所请求页面支持的 MIME 类型为 text 和 html

Content-Encoding：gzip　　//表示所请求页面采用的压缩编码格式是 gzip

　　//该响应报文没有实体主体部分，最后还有一个空行

7.3.4　HTML

万维网用户使用的操作系统和浏览器多种多样，它们所使用的开发语言也可能完全不同，为了能使不同用户的计算机上都能正确地显示出万维网服务器上的网页信息，必须解决页面显示的标准化问题。HTML 就是可以解决这个问题的一种全球统一的页面制作语言。由于 HTML 易于掌握且容易实施，因此已经成为万维网的重要基础。目前，其最新版本是 HTML 5.0，已经全面进入实用阶段。

作为一种万维网的标记语言，HTML 将页面信息结构化，通过标签的标记方式形成如标题、段落和列表等部分，也可以描述文本的外观和语义。这里的"标签"就是 HTML 中定义的用于排版的命令，由尖括号"< >"及中间包含的关键词组成，如<html>。HTML 标签通常成对使用，前面出现的标签是开始标签，后面的标签里多加一个"/"符号，作为结束标签，如<head>和</head>。前后两个标签之间的内容就是按照标签含义排版的内容。但是，也有一些标签不需要成对使用，如标签
和<p>。HTML 标签的种类有很多，不是每一种浏览器都支持所有的标签。一旦某个浏览器遇到无法识别的标签，就会将这个标签忽略，但一对标签之间的文本信息仍然会被显示出来。

嵌入了标签的万维网页面就是 HTML 文本。它是一种可以使用任何文本编辑器创建的 ASCII 码文件，文件扩展名为 . html 或 . htm。图 7-9 所示是一个简单的 HTML 文本示例。通过这个例子，可以具体了解一下 HTML 标签的使用。

用图 7-9 所示的 HTML 脚本制作出来的页面如图 7-10 所示。页面中除了有常规的标题、文本信息之外，还插入了图片和超链接。

关于 HTML 的详细知识及使用方法这里就不多做介绍了，感兴趣的读者可以参考其他

```
<html>
  <head>
    <title>这是一个简单的HTML例子</title>
  </head>
  <body>
    <h1>这是一个一级标题</h1>
    <h2>这是一个二级标题</h2>
    <p>这是一个段落</p>
    <img src="pic.jpg" /> <br>
    <a href="http://链接">跳转下一个页面</a>
  </body>
</html>|
```

图 7-9　一个简单的 HTML 文本示例

图 7-10　一个简单的 HTML 页面

相关的书籍或资料。下面来讨论一下不同类型的 HTML 文档。

1. 静态 HTML 文本

上面的 HTML 示例文本是所有 HTML 文本中最基本的一种类型，它以 . html 为文件扩展名存储，其中的内容在保存之后不会改变，每一次打开展现出的页面都是完全相同的，除非人为地对文本进行编辑和修改。这种就是静态 HTML 文本。静态 HTML 文本最大的优点就是制作简单。网页制作人员不需要掌握计算机的编程技能，降低了对开发人员的要求。但静态文本的缺点是不够灵活，不能在网页中显示随机的，或经常会发生变化的信息，页面内容的改变必须由开发人员手工修改。

2. 动态 HTML 文本

在静态 HTML 文本不能满足显示内容随时可变的信息的需求时，就需要使用动态 HTML 文本。与静态文本的内容持久地保存在文件中不同，动态文本中的内容是在万维网用户访问服务器时由服务器上的应用程序动态创建的。当浏览器发出的请求到达服务器时，服务器会启动另外一个应用程序来对浏览器发来的请求数据进行处理，该应用程序根据用户的请求生成 HTTP 响应报文，服务器就把这个报文作为对浏览器请求的响应发回给用户。由于响应报文是应用程序在收到用户请求后临时生成的，因此应用程序可以将用户所请求资源的最新状态和信息通过响应返回给用户，这样用户就可以看到随时更新变化的内容。

这种动态 HTML 文本的优点是文本内容可以随请求的改变而不断变化，显示最新的资源信息，而不需要人工干预。但这种动态文本的制作难度比静态文本要高，要求开发人员必须能够编写出正确的应用程序，以保证输入的有效性。

无论是动态 HTML 文本还是静态 HTML 文本，在浏览器看来，并没有什么区别，因为两种文本都遵循 HTML 的格式，对它们的获取和显示方法完全相同。这两种文本的差别主要体现在服务器。为了实现动态 HTML 文本，服务器必须进行功能上的扩充，增加一个叫作通用网关接口（Common Gateway Interface，CGI）的机制。CGI 是一种标准，它定义了基于浏览器的输入，以及在服务器上创建并运行应用程序的方法，包括如何创建动态文本、浏览器输入的数据如何传递给应用程序、服务器又如何将应用程序的结果返回给浏览器，等等。遵循 CGI 创建的应用程序就叫作 CGI 程序或 CGI 脚本，它通常是一些可执行命令的集合，需要调用其他程序来解释或执行，如 Perl、JavaScript 和 VBScript 等。

3. 活动 HTML 文本

随着万维网技术的发展和用户对万维网需求的增加，动态 HTML 文本也不能满足这种发展的需要了。因为动态文本一旦创建，其所包含的内容就固定下来，不会根据服务器上信息的变化而在同一个页面上及时更新。这时，就需要一种能让浏览器页面连续更新的技术，这种技术就是活动 HTML 文本。

活动文本的核心思想是把所有的工作都从服务器转移到浏览器。每当浏览器请求一个活动文本时，服务器就返回一段活动文本程序的副本，让这段程序在浏览器运行。活动文本程序可以直接与用户交互，并可以连续地对页面进行刷新，只要用户运行程序，文本的内容就可以连续地改变。但是，从存储和传输的角度来看，活动文本与静态文档一样，一旦生成，其内容就不变，这和动态文本是不同的。

Java 语言是创建和运行活动文本的主要技术，其中的小应用程序（Applet）就是专门用来描述活动文本的。当用户从服务器获得一个嵌入了 JavaApplet 的 HTML 文本后，用户就可以在浏览器中应用这个小程序获得能够连续更新的功能。

7.4 电 子 邮 件

7.4.1 电子邮件概述

电子邮件（email）是一种利用互联网传输的电子化邮件传递方式，是互联网中使用非常广泛，也非常受用户欢迎的一种应用。电子邮件服务将邮件发送到收件人使用的邮件服务器上，并放入收件人的邮箱中，只要收件人通过互联网登录自己的邮箱，就能够随时读取邮件。与传统的邮件服务相比，电子邮件速度更快、可靠性更高，而且不需要支付邮费，因此，自 20 世纪 90 年出现以来，迅速得到普及和广泛的应用。

电子邮件也是一种采用 C/S 模式工作的应用服务，分为电子邮件客户端和电子邮件服务器。完整的电子邮件系统主要有三个组成部分：用户代理、邮件服务器以及邮件发送和读取协议。

　　用户代理是用户与电子邮件系统的接口，通常就是运行在用户计算机中的一个应用程序，也称为电子邮件客户端软件。它为用户提供了一个友好的操作界面，用于邮件的撰写、显示、发送和接收。微软的 Outlook Express 和腾讯的 Foxmail 都是目前使用非常广泛的电子邮件用户代理。

　　电子邮件不是直接从发送方传输到接收方的，而是通过双方的邮件服务器转发和保存的。因此，邮件服务器就相当于一个存储电子邮件的仓库和用于非即时转发的电子邮件中转站。邮件服务器具有容量很大的邮件存储区，也就是邮箱，每一个电子邮件用户都可以在邮件服务器上申请到属于自己的一块邮件存储空间，即个人的电子邮箱。邮件服务器 24h 运行，负责邮件的发送和接收，同时还要向发件人报告邮件传送的结果，如已交付、被拒绝、丢失等。邮件服务器按照 C/S 模式工作，主要使用两种不同的协议对邮件进行发送和接收。

　　发送邮件使用的协议是简单电子邮件传输协议（Simple Mail Transfer Protocol，SMTP），主要用于从用户代理向邮件服务器发送邮件或从发件人邮件服务器向收件人邮件服务器发送邮件。接收邮件的协议是邮局协议的第 3 个版本（Post Office Protocol，POP3），或网际报文存取协议（Internet Message Access Protocol，IMAP），用于用户代理从邮件服务器读取邮件。图 7-11 描述了电子邮件系统的各组成部分及工作过程。

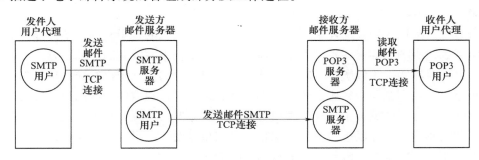

图 7-11　电子邮件系统的组成及工作过程

　　电子邮件的发送者通过计算机中的用户代理程序撰写和编辑要发送的电子邮件，之后，就将电子邮件的发送工作交给用户代理。

　　发件人的用户代理通过 SMTP 将邮件首先发送到发送方的邮件服务器上。SMTP 采用 C/S模式工作，在传输层建立的 TCP 连接之上传输电子邮件。发件人的用户代理是 SMTP 的客户端，发送方的邮件服务器相当于 SMTP 的服务器。

　　电子邮件到达发送方服务器后，服务器将其暂时存放在邮件缓存队列里，等待向接收方的邮件服务器发送。

　　发送方邮件服务器中的 SMTP 客户端程序和接收方邮件服务器中的 SMTP 服务器程序之间建立 TCP 连接，然后把邮件缓存队列中的邮件依次发送出去。电子邮件的传输必须在双方邮件服务器建立好的 TCP 连接之上进行。如果连接因故没有建立，邮件就必须在发送方的邮件服务器上等待，直到连接建立成功为止。若邮件在发送方的邮件服务器上等待的时间过长，发送方邮件服务器就会把这种情况通知用户代理，用户代理把这种情况再告知发件人，由发件人决定如何处理该邮件。

接收方的邮件服务器收到邮件后，把邮件放入收件人注册的邮箱中，等待收件人对邮件的读取。

收件人通过运行在计算机中的用户代理读取邮件时，需要使用 POP3 或 IMAP（图 7-11 中以 POP3 为例）。POP3 也是基于 C/S 模式工作的，收件人的用户代理相当于 POP3 的客户端，主动向接收方邮件服务器上的 POP3 服务器程序发出读取邮件的请求，之后在用户代理的 POP3 客户端程序和接收方邮件服务器上的 POP3 服务器程序之间建立 TCP 连接，邮件从接收方的邮件服务器传输到收件人的主机中。

从电子邮件传输的过程可以看出，邮件服务器既是客户端又是服务器。在邮件服务器上同时有 SMTP 服务器程序、SMTP 客户端程序和 POP3 服务器程序，分别在接收发件人用户代理发来的邮件、向接收方邮件服务器发送邮件和收件人用户代理读取邮件时运行。电子邮件的传输之所以采取从用户主机到邮件服务器再到用户主机的方式，而不是直接在发送方和接收方的主机之间传输，是因为邮件服务器的工作并不适合在用户主机上实现。因为邮件服务器需要 24h 工作，随时都能发送和接收邮件，而一般用户主机不可能一直连接在互联网中时刻准备着发送或接收邮件。使用独立的邮件服务器，一般用户在发送邮件时只要通过主机上用户代理将邮件发送出去之后，后面的邮件传输工作就不用管了；而在接收邮件时，用户可以选择在任意合适的时间通过用户代理读取邮件服务器上的邮件，而不是邮件一到就必须立刻读取。因此，这样的工作方式可以使用户更方便地使用电子邮件服务。

随着万维网应用的普及，几乎所有的门户网站和一些大的公司机构、学校都提供基于万维网的电子邮件服务，甚至还有一些专门提供电子邮件服务的网站。在基于万维网的电子邮件系统中，浏览器取代了传统电子邮件服务中的用户代理软件，用户发送和接收电子邮件的操作都可以直接在浏览器中完成，而不用再额外安装用户代理软件。当用户需要发送或接收电子邮件时，首先在浏览器中打开其邮箱所在邮件服务器的主页，在用户登录界面输入自己的用户名和密码后，就可以进入自己的邮箱。在邮箱页面上，提供了撰写、编辑、发送、接收等功能，用户可以根据自己的需要进行相应的操作。

这种基于万维网的电子邮件系统因为使用浏览器作为用户代理，所以在用户主机与邮件服务器之间，就不再使用 SMTP 和 POP3（或 IMAP）进行邮件的发送和接收，而是统一使用 HTTP，但邮件服务器之间的邮件传输还是使用 SMTP。基于万维网的电子邮件工作过程如图 7-12 所示。

7.4.2　电子邮件的格式

与传统的信件类似，一封电子邮件也由信封和内容两部分组成。电子邮件传输程序根据信封中的信息来传递邮件。信封中主要包括收件人信息、发件人信息、邮件主题以及发送时间等内容。其中最重要的就是收件人的地址，因为电子邮件传输程序就是根据这个地址将邮件送入收件人的邮箱的。在 TCP/IP 体系结构中规定，电子邮件地址的格式如下：

收件人邮箱名 @ 收件人邮箱所在主机的域名 (7-1)

其中，收件人邮箱名也称为用户名，是收件人向邮件服务器申请邮箱时使用的名字，它是用户邮箱在邮件服务器上的标识，因此在每个邮件服务器上，用户的邮箱名都必须是唯一

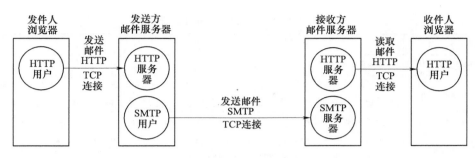

图 7-12　基于万维网的电子邮件工作过程

的，这样，所有的电子邮件地址在全球范围内就都是唯一的了。符号"@"读作"at"，表示"在"的意思，其后面是用户邮箱所在的邮件服务器域名。

电子邮件的内容是电子邮件的主体部分，由发件人自由撰写。

为了方便书写和阅读电子邮件，也使电子邮件的传输能够标准化、统一化，必须对电子邮件的信息格式制定统一的标准。电子邮件信息格式的标准最早是在 RFC 822 中制定的，后来又在 RFC 2822 中做了改进。这是一个采用纯 ASCII 编码的格式，主要规定了邮件中的首部格式，即邮件的信封，而邮件的主体部分（也就是邮件内容）则由用户随意撰写。用户在写好首部内容后，不用再填写信封，而是由邮件系统从首部内容中直接提取出相关内容生成信封。

RFC 2822 中规定的邮件首部包含多个字段，每个字段占一行，每行包括一个关键字和一个其对应的值，中间用"："分隔，每行最后有一个回车换行符（CRLF）。常用的关键字包括 Date（发送电子邮件的日期）、From（发件人的邮箱地址）、Subject（邮件主题）、To（收件人的邮箱地址）、Cc（抄送）、Bcc（密送）、Reply-To（回信地址）等。其中，Date 和 From 通常是邮件系统自动生成的；Subject 是邮件的主题，反映了邮件的主要内容；To 后面填写收件人的邮箱地址，可以填一个或多个（当有多个收件人时）；Cc 的含义是抄送，来自于"Carbon copy"，其值可以是一个或多个邮箱地址，表示要向这些地址发送一个邮件的副本，这些抄送的邮箱地址在收件人的邮件中是可以看到的；Bcc 是密送，也叫暗送，来自于"Blind carbon copy"，其作用于 Cc 基本相同，唯一的区别是 Bcc 后面的地址收件人是看不到的；Reply-To 表示对方回信时要使用的地址，它可以与 From 相同，也可以不同，这意味着允许使用不同的邮箱分别进行发信和收信。

由于 RFC 2822 中规定的邮件格式只能传输 ASCII 编码的内容，而一些非 ASCII 编码的内容，如非英语国家的文字、二进制文件、图像、声音等就不能通过电子邮件进行传输了。这显然不能满足人们对电子邮件的实际使用需求，于是，就出现了一种扩展的电子邮件消息格式——通用因特网邮件扩充（Multipurpose Internet Mail Extension，MIME）。它在 RFC 2822 格式的基础上，增加了邮件主题的结构，并定义了传送非 ASCII 码的编码规则，解决了 SMTP 只能传送 7 位 ASCII 码的问题。

MIME 的主要内容包括以下三部分：MIME 扩展首部，用于间隔首部与信件主体的空行和信件主体。

增加了五个新的邮件首部字段，提供邮件主体的相关信息。这五个字段可以包含在 RFC 2822 的邮件首部中。具体的字段名和含义见表 7-4。

表 7-4   MIME 中新的五个邮件首部字段

字段名	含　义
MIME-Version	MIME 的版本，目前都是 1.0
Content-Description	表示邮件阅读程序处理邮件主体内容的方式，有 inline 和 attachment 两种方式。inline 为直接处理；当邮件包含图像、视频、声音等内容时，采用 attachment 方式，按照附件处理
Content-Id	邮件的唯一标识符，在 HTML 格式的正文中可以使用这个标识符来引用相对应的内嵌资源
Content-Transfer-Encoding	表示邮件主体内容中数据所采用的编码格式。可以有 7 位 ASCII、8 位 ASCII、Binary、Quoted-Printable 和 Base-64 等编码格式的选择
Content-Type	表示邮件内容的数据类型，以便数据可以被恰当的处理。字段中包含类型和子类型两部分，中间用 "/" 分隔。常用的 MIME 数据类型包括 7 个类型中的 15 个子类型

MIME 可以传输的数据类型包括各种文本、图像、声音、视频以及各种应用程序专用的数据等，大幅扩展了电子邮件消息的数据类型。目前，MIME 不仅在电子邮件服务中使用，在各种浏览器中也得到了广泛的应用。

7.4.3   SMTP

SMTP 是电子邮件系统中发送电子邮件时使用的应用层协议，它采用常见的 C/S 模式工作，发送邮件的一方是客户端，运行 SMTP 客户端程序，接收邮件的一方是服务器，运行 SMTP 服务器程序。SMTP 客户端使用 "推"（Push）的方式发送邮件，即由邮件的发送方主动发起与 SMTP 服务器的连接请求，并主动将邮件传送过去。由于 SMTP 可能运行在发送邮件的用户主机和发送方邮件服务器之间，也可能运行在发送方邮件服务器和接收方邮件服务器之间，因此，SMTP 的客户端可能是发送邮件的用户主机，此时发送方邮件服务器就是对应的 SMTP 服务器；而有时候 SMTP 的客户端也可能是发送方的邮件服务器，此时对应的 SMTP 服务器就是接收方的邮件服务器。

SMTP 的工作内容比较简单，只负责邮件在 SMTP 客户端和 SMTP 服务器之间的传输工作，而对于邮件内容的格式、邮件在服务器上的存储以及邮件系统的传输速度等，都不做考虑。SMTP 在工作时采用 "请求—应答" 的方式，通常用 4 字符组成的命令表示要请求的内容，用 3 个数字构成的代码表示对请求的应答，代码后可附上简单的文字说明。SMTP 共规定了 14 条命令和 21 种应答代码，具体内容这里就不一一列出了，在下面关于 SMTP 工作过程的介绍中会举例说明几种常用的命令和应答代码。

SMTP 是一个面向连接的传输协议，在发送邮件之前，SMTP 的客户端程序和 SMTP 的服务器程序之间必须先建立 SMTP 连接。该连接建立在传输层的 TCP 连接之上，使用 25 号端口。传输结束后，还需要撤销双方之间的连接。因此，SMTP 的传输分为三个阶段：连接建立、邮件传输和连接释放。下面就以在发送方邮件服务器和接收方邮件服务器之间传输邮件为例，对 SMTP 工作过程中的这三个阶段进行详细的介绍。

1. 连接建立阶段

发送方邮件服务器上的 SMTP 客户端程序每隔一段时间，就会对服务器上的邮件缓存进行扫描，一旦发现其中有待发送的邮件，就会使用 25 号端口与接收方邮件服务器上的 SMTP 服务器程序建立 TCP 连接。后续 SMTP 传输邮件的工作就是在这条 TCP 连接上进行的。

TCP 连接建立好后，接收方邮件服务器上的 SMTP 服务器程序就要发出 "220 Service ready"（服务就绪）。接下来，发送方的 SMTP 客户端向接收方的 SMTP 服务器发送 HELO 命令，并在后面附上发送方的主机名，向接收方表明自己的身份。SMTP 服务器收到命令后，若同意接收邮件，就向客户端返回一条 "250 OK" 的应答消息，表示已经做好邮件接收的准备；若服务器不能接收邮件，则返回 "421 Service not available"（服务不可用）的信息。SMTP 的客户端在得到服务器不可用的应答消息之后，会等待一段时间，再次尝试与 SMTP 服务器建立连接，如此反复，直到连接成功为止。若尝试连接的时间超出了邮件发送等待时间的上限，邮件服务器就要把这种情况报告给发件人。

2. 邮件传输阶段

SMTP 连接建立好之后，就进入了邮件传输阶段。SMTP 客户端首先从 MAIL 命令开始，后面附上发件人的邮箱地址，如 MAIL FROM：<aaa@ mail. neu. edu. cn>。若接收方的 SMTP 服务器做好了接收邮件的准备，则回复 "250 OK"；否则，回复错误代码，指明原因，如 451（处理时出错），452（存储空间不够），500（命令无法识别）等。

若服务器返回 "250 OK"，客户端再接下来通过 RCPT 命令发送收件人的邮箱地址，格式为 RCPT TO：<收件人地址>。如果邮件要发送给多个收件人，客户端就要发送多个 RCPT 命令。SMTP 服务器每收到一个 RCPT 命令，都要向客户端返回一个应答，如果收件人邮箱在接收方邮件服务器上，就回复 "250 OK"，若不在，就回复 "550 No such user here"（无此用户）。

当以上两条命令发送后，如果发送方收到的都是代码为 250 的应答，SMTP 客户端就可以通过 DATA 命令开始正式传输邮件了。在邮件内容全部传输完毕之后，再发送一条<CRLF>.<CRLF>消息（两个回车换行符中间用一个 "." 分隔），表示邮件内容结束。若接收方正确收到了邮件，就会返回一条 "250 OK" 消息。

3. 连接释放阶段

邮件发送结束后，SMTP 客户端要发送一条 QUIT 命令表示结束这一次 SMTP 的传输工作，服务器相应地会返回代码为 221 的应答消息，代表同意释放连接。邮件传输的全部过程到此结束。

7.4.4 POP3 和 IMAP

前面介绍的 SMTP 采用 "推" 的方式将邮件从发件人的用户主机发送到发送方的邮件服务器，再从发送方的邮件服务器发送到接收方的邮件服务器。但是，接收方邮件服务器不会再用 SMTP 把邮件 "推" 到收件人的主机上，因为收件人并不知道何时会有人发送邮件给他，收件人的主机也不可能 24h 地运行在互联网上随时做好接收邮件的准备。所以，只有在收件人方便收取邮件时，才将邮件从邮件服务器读取到自己的主机中。

现在常用的邮件读取协议有两个：POP3 和 IMAP。

1. POP3

POP3 是 POP 的第 3 个版本。POP 最早是在 1984 年公布的（RFC 918），后面经过几次修改，最后在 1996 年形成了现在常用的第 3 个版本（RFC 1939）。POP3 是一个非常简单的、仅用于邮件读取的协议，也工作在 C/S 模式下。在接收邮件的用户计算机中，负责读取邮件的用户代理就要运行 POP3 的客户端程序，通过与运行在接收方邮件服务器上的 POP3 服务器程序连接，来读取邮件服务器上的电子邮件。POP3 客户端与 POP3 服务器之间的通信建立在端口号为 110 的 TCP 连接上。POP3 客户端首先通过 110 端口向 POP3 服务器发出连接请求，服务器在接受连接之后，通过对客户端进行身份验证来决定是否允许客户端读取或操作邮件服务器上的相关邮件。

与 SMTP 一样，POP3 的客户端和服务器之间也是通过传递请求命令和应答消息来工作的。这些请求命令和应答消息都是 ASCII 码的格式。请求命令由 3~4 个字母组成，每个命令包含一个关键字和一些参数，各部分之间用空格分隔；应答消息则由一个状态码和一些附加信息组成。

早期的 POP3 在用户读取了某个邮件后，会立刻将该邮件从邮件服务器中删除。这种做法在有些时候会使用户感觉特别不方便。因为，如果用户在某台计算机上读取了一封邮件，那么这封邮件就会被服务器删除，当用户换到另外一台计算机上的时候，就无法再读取到这封邮件了。而有些工作就是要在不同的计算机上进行，所以这种邮件读取方式非常不便。针对这一问题，POP3 进行了改进，现在的 POP3 允许用户将邮件保存在邮件服务器中，用户也可以把邮件从邮件服务器下载到自己的计算机中，并在客户端对是否要在服务器上继续保留该邮件做出选择。

2. IMAP

另一个读取邮件的协议是 IMAP，目前普遍使用的是它的第 4 个版本，因此也称为 IMAP4。与 POP3 相比，IMAP 要更复杂，功能也更强大。

IMAP 也工作在 C/S 模式下，IMAP 的客户端程序运行在接收邮件的用户主机中，服务器程序则在接收方的邮件服务器上。IMAP 服务器工作在 TCP 的 143 端口上，IMAP 客户端通过端口号 143 与服务器建立 TCP 连接，并在该连接之上读取邮件。IMAP 改进了 POP3 的一些不足，主要体现在以下几个方面：

（1）IMAP 可以在邮件服务器上保存邮件副本　在默认情况下，POP3 客户端程序在将邮件下载到收件人主机上后，就会将邮件从邮件服务器上删除。而 IMAP 却可以在邮件服务器上保留所有邮件的副本，包括已经下载到收件人主机上的，这样，用户就可以通过不同的计算机读取到同一封邮件。

（2）IMAP 是一种联机协议　使用 POP3 读取邮件时，POP3 的客户端程序会先将邮件下载到收件人的主机中，然后收件人再通过主机中的用户代理阅读已经下载到本地的邮件。收件人的主机仅需要在下载邮件的时间里接入网络，与接收方的邮件服务器相连，之后就可以断开与邮件服务器的连接，直接在本地操作邮件。因此，POP3 是一个脱机协议。而 IMAP 在读取邮件的过程中则使用了完全不同的另一种方式。当 IMAP 客户端与接收方邮件服务器上的 IMAP 服务器建立了 TCP 连接后，用户就可以通过自己的计算机直接操作邮件服务器上的电子邮件，就像在本地操作一样。因此，IMAP 是一种联机协议。当收件人通过 IMAP 客户端程序打开邮件服务器上的邮箱时，可以浏览到邮件的首部，进而了解到哪些邮件是有用的，哪些是没用的。对于有用的邮件，IMAP 客户端程序就将它们下载到收件人的主机中，供用户对邮件做进一步的处理，同时这些邮件的副本仍然保留在邮件服务器上，除非用户人为地删除它们。而对于那些没有用的邮件，用户可以通过 IMAP 客户端程序直接将它们在邮件服务器上删除，而不必下载下来，节省了网络的传输资源。另外，IMAP 还允许收件人只读取邮件的一部分。比如，在读取一封带有较大附件的邮件时，如果当时的网络环境不好，传输速度慢，就可以先下载邮件的正文部分，等到网络传输质量好的时候再继续下载附件。

（3）IMAP 允许多个客户端同时连接到一个邮箱　POP3 在同一时间、同一个邮箱，只允许一个客户端与其连接，而 IMAP 则允许多个不同的用户在同一时间访问同一个邮箱，并且提供了一种机制让客户能够感知当前连接到这个邮箱的其他用户的操作。这种机制对一些共享邮箱的应用非常有用。

关于用于发送电子邮件的 SMTP 和用于读取电子邮件的 POP3 和 IMAP，这几个协议的概念和用途，请一定不要混淆。在电子邮件传输的过程中，从发件人的用户代理向发送方邮件服务器发送邮件，以及从发送方邮件服务器向接收方邮件服务器发送邮件，都是使用 SMTP，而 POP3 和 IMAP 则是收件人的用户代理从接收方邮件服务器上读取邮件时使用的。

7.5　小　　结

应用层是计算机网络体系结构中的最高层，其作用是为网络用户提供各种各样功能丰富的网络应用服务，用于实现这些服务的就是各种应用层协议。由于当前 Internet 上的网络应用非常多，因此本章只选取了三个最常见的网络应用进行介绍。

域名系统（DNS）在互联网中提供将人们熟悉的计算机名转换成对应主机的 IP 地址的服务，为访问网络中的主机和服务器提供了方便。因为，相对于抽象的数字化的 IP 地址来说，由具有特定含义的字母或单词组成的主机域名更便于人们记忆。DNS 被设计成一个联机的分布式数据库系统，所有域名与主机 IP 地址的映射关系分散地存储在全网多个域名服务器上，这些服务器在存储域名信息的同时，还负责向主机提供域名解析的服务。本章在介绍 DNS 应用时，首先介绍了互联网的域名结构以及域名服务器的设置，然后重点描述了域名解析的工作原理和过程。

万维网（WWW）是目前 Internet 中使用最广泛的一种网络应用。它将互联网中种类丰富、形式多样的资源有效地组织起来，并向人们提供一种方便的信息获取方式。万维网的工作主要围绕着四个问题展开：如何组织网络中的资源？如何标记资源的位置？资源如何在网络中传输？资源在客户端如何呈现？本章对解决这四个问题的关键技术一一进行了较详细的介绍：互联网中的所有资源组成了一个超媒体数据库，利用统一资源定位符（URL）来标识它们的位置，并使用超文本传输协议（HTTP）请求并获得这些资源，最终在客户端利用超文本标记语言（HTML）脚本将资源显示在浏览器中。

第三个介绍的网络应用是电子邮件（email）。首先简单介绍了电子邮件的信息格式，然后重点描述了电子邮件的传输过程及传输中需要使用的协议。其中，简单电子邮件协议（SMTP）是发送电子邮件时使用的应用层协议，POP3 和 IMAP 是读取电子邮件时使用的协议。本章对这几种协议都进行了简单的介绍。

习　　题

1. 域名系统的主要功能是什么？

2. 域名服务器中高速缓存的作用是什么？

3. 试比较 ARP 与 DNS，它们有哪些相似？又有什么不同？

4. 同一个域名向 DNS 服务器发出好几次的 DNS 请求报文后，每一次得到的 IP 地址都不一样，这可能吗？

5. DNS 使用 UDP 而不是 TCP。如果一个 DNS 分组丢失了，没有自动恢复，会出现问题吗？如果会，应如何解决？

6. 请简述 HTTP 的特点和工作过程。

7. 当用户在 Web 浏览器中输入 www. neu. edu. cn 访问东北大学网站时，可能会使用到 TCP/IP 体系结构中的哪些协议？

8. 电子邮件地址的格式是怎样的？请说明各部分的含义。

9. 在电子邮件传输过程中，可能使用的应用层协议有哪些？它们的作用分别是什么？

10. POP3 与 IMAP 的区别是什么？

11. 电子邮件服务使用 TCP 传输邮件，为什么还会出现邮件发送失败或者对方无法收到邮件的情况？

参 考 文 献

［1］邓世昆．计算机网络［M］．北京：北京理工大学出版社，2018．

［2］溪利亚，彭文艺，苏莹．计算机网络教程［M］．北京：北京邮电大学出版社，2014．

［3］张胜，赵珏．计算机网络基础［M］．成都：电子科技大学出版社，2014．

［4］FALL K R，STEVENS R. TCP/IP 详解：第 1 卷协议 第 2 版［M］．北京：机械工业出版社，2012．

［5］库罗斯，罗斯．计算机网络：自顶向下方法 第 7 版［M］．陈鸣，译．北京：机械工业出版社，2018．

［6］史蒂文斯．TCP/IP 详解：卷 1［M］．吴英，张玉，许昱玮，译．北京：机械工业出版社，2016．

［7］塔能鲍姆，韦瑟罗尔．计算机网络：第 5 版［M］．严伟，潘爱民，译．北京：清华大学出版社，2012．

［8］谢希仁．计算机网络［M］.7 版．北京：电子工业出版社，2017．

［9］王达．深入理解计算机网络［M］．北京：中国水利水电出版社，2017．

［10］彼得森，戴维．计算机网络：系统方法 第 5 版［M］．王勇，张龙飞，李明，等译．北京：机械工业出版社，2015．

［11］HUITEMA C. Routing in the Internet［M］. Upper Saddle River：Prentice Hall，1995．

［12］MOY J T. OSPF：anatomy of an Internet Routing Protocol［M］. Upper Saddle River：Addison-Wesley，1998．

［13］刘勇，邹广慧．计算机网络基础［M］．北京：清华大学出版社，2016．